2026 산업안전지도사
산업보건지도사 시험대비

합격할 만큼만 공부하자!

★ 최종 정리용 1일 특강 자료
★ 기출 지문 중심 요약 정리
★ 기출문제 및 지문별 해설수록

12시간 공부하고 60점 받는

최종정리
기업진단지도

이남영 · 이동호 공편저

이 책의
머리말
PREFACE

기업진단지도를 출간하면서

본 교재는 기업진단지도 시험 대비를 위한 기본서가 아니라, 마무리 정리 수험서이다. 시험 직전에 단기간 시험의 주요내용을 훑어보고, 정리하고, 합격을 위한 최소한의 점수를 받기 위한 교재이다. 수험생 각자 학습량에 따라 하루 만에 혹은 3일 만에 1회독이 가능하도록 하였다.

기업진단지도는 표면적으로는 1과목이지만 실질적으로는 문과계열학문인 경영학, 산업심리학, 이과계열학문인 산업위생학 등 3과목으로 구성되어 있다. 100점을 받기 위해서는 엄청난 분량을 공부해야 한다. 따라서 100점이 아니라 합격을 위한 최소한의 점수인 60점을 받기 위해 교재를 구성하였다.

교재의 구성은 기본적인 전공 요약 내용과 관련 기출문제를 100% 수록하였다. 요약 내용은 단순히 기존의 전공교재를 정리한 것이 아니라, 기출문제를 하나하나 분석하여 기출지문을 토대로 주요 내용을 요약 정리하였다. 요약 내용을 학습하고서 관련 기출문제를 풀면 바로 정답을 고르는 효과가 있을 것이다.

관련 기출문제의 경우 지문별로 해설을 수록하였다. OX지문 문제집을 활용한다는 기분으로 공부를 할 수 있을 것이다. 지나치게 단순한 문제의 경우 정답만을 표기하였다. 계산문제 또한 정답 도출 과정을 수록하였다. 기출문제를 풀어보면 알겠지만, 주요 지문은 반복출제 된다는 것을 알 것이다. 시간이 없는 수험생들은 관련 기출문제라도 반복 학습하길 바란다.

어느 정도 공부가 되신 분들은 마무리 정리 교재로 충분하다고 본다. 하루만에라도 전 내용을 훑어 볼 수 있을 것이다. 아직 공부가 다소 부족한 수험생의 경우에도 최소한 이 교재에 나오는 내용만이라도 공부하면 합격을 위한 최소 점수 획득이 가능할 것이라고 생각한다.

공편저자들은 각자의 학위전공에 맞추어서 경영학과 산업심리학 일부분은 이동호 강사, 산업심리학 기타 부분과 산업위생학 부분은 보건학 전공자인 이남영 노무사가 각각 교재내용을 담당하였다.

수험생들의 건승을 빈다.

2025년 11월
공편저자 씀

이 책의 차 례
CONTENTS

CHAPTER 01 경영학

- Topic 01 고전경영이론 ········· 6
- Topic 02 직무분석, 직무평가, 직무설계 ······ 10
- Topic 03 인사선발 및 교육 훈련 ······ 19
- Topic 04 경력개발 ········· 26
- Topic 05 평가관리 ········· 30
- Topic 06 보상관리 : 임금관리 ······ 40
- Topic 07 노사관계관리 ······ 43
- Topic 08 조직구조 ········· 52
- Topic 09 팀(team) ········· 62
- Topic 10 집단의사결정 ······ 71
- Topic 11 권력(power) ······ 77
- Topic 12 협상 ·············· 79
- Topic 13 리더십 ············ 81
- Topic 14 조직문화 ·········· 86
- Topic 15 조직변화 ·········· 94
- Topic 16 생산관리 ·········· 96
- Topic 17 프로젝트 관리 : PERT/CPM ····· 103
- Topic 18 수요예측 ·········· 108
- Topic 19 공급사슬관리(SCM) ······ 115
- Topic 20 유연생산시스템 : JIT ······ 119
- Topic 21 수율관리(yield management) ····· 123
- Topic 22 재고관리 ·········· 125
- Topic 23 품질관리 ·········· 131
- Topic 24 생산관리 최신이론 ······ 139

CHAPTER 02 산업심리학

- Topic 01 타당도와 신뢰도 ······ 144
- Topic 02 주의(attention) ······ 149
- Topic 03 직무만족(job satisfaction) ····· 150
- Topic 04 유동적 작업일정 ······ 152
- Topic 05 일과 삶의 균형 ······ 154
- Topic 06 반생산적 업무행동 ······ 157
- Topic 07 조직몰입, 조직시민행동 등 ····· 160
- Topic 08 동기부여 ·········· 164
- Topic 09 산업재해 ·········· 178
- Topic 10 휴먼에러 ·········· 185
- Topic 11 인간의 정보처리 ······ 193
- Topic 12 조명 ·············· 202
- Topic 13 직업(작업, 직무)스트레스 ····· 206
- Topic 14 인간의 특성과 인간관계 ····· 215

CHAPTER 03 산업위생개론

- Topic 01 산업위생의 의의 ······ 218
- Topic 02 작업환경노출기준 ······ 229
- Topic 03 작업환경 측정 및 평가 ····· 244
- Topic 04 국소배기시스템 ······ 259
- Topic 05 개인보호구 ········ 267
- Topic 06 특수건강진단 ······ 270
- Topic 07 유해인자의 인체영향 ······ 276

CHAPTER 01

경영학

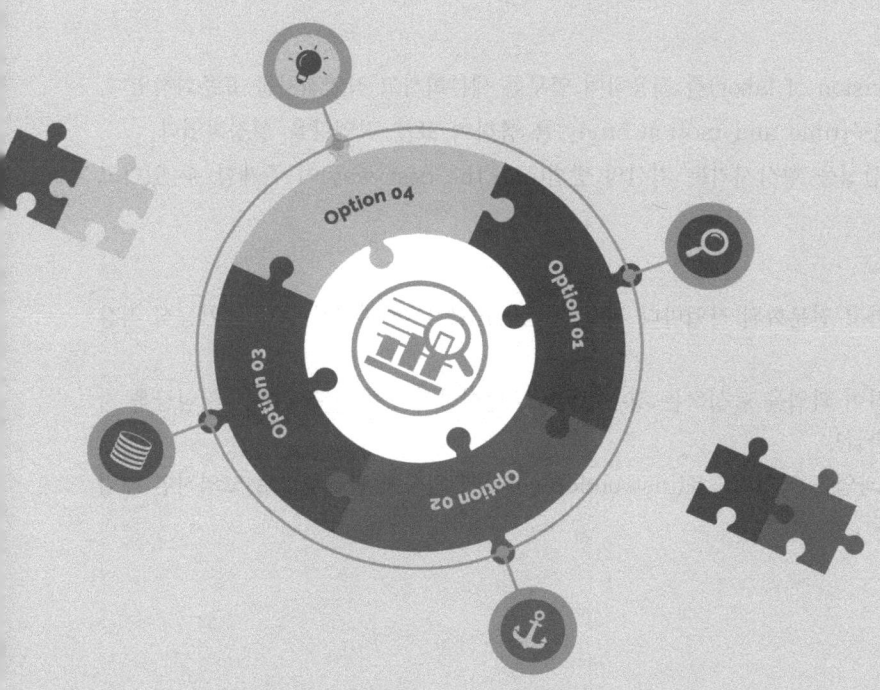

Topic 01 고전경영이론

1 막스 베버(M. Weber)의 관료제론

(1) 개념 : 기계적 구조
① 대규모 조직을 효율적으로 운영하기 위한 이상적 원리로 관료제(bureaucracy)를 제시
② 권한의 유형을 전통적 권한(왕권신수설), 카리스마적 권한(히틀러), 합리적·법적 권한을 구분
③ 합리적·법적 권한에 기반한 관료제 모형이 근대사회의 대규모 조직을 설명하는 데 가장 적절함.

(2) 이상적 관료조직의 원칙
① 분업과 전문화 강조 : 과업전문화에 기반한 체계적인 노동의 분화
② 계층제적 권한 : 수직적 조직구조와, 상하 간 엄격한 지배 복종관계, 하급자는 상급자의 감독과 통제를 받음
③ 공식적인 규칙과 절차 강조
④ 시험을 통한 공식적 채용
⑤ 연공이 아닌 능력·경력에 의한 승진
⑥ 문서주의와 공사의 엄격한 구분(비개인성)
⑦ 능률성 강조

2 과학적 관리론

(1) 개념
① 분업의 원리(division of labor)를 적용하여 업무를 세분화하고 작업절차를 표준화하였다.
② 시간과 동작 연구(time and motion study)를 통하여 표준 작업량을 설정하였다.
③ 작업능률과 생산성을 향상시키는 최선의 방법(one the best way)이 존재할 수 있다고 주장하였다.

(2) 특징
① 작업을 전문화하고 전문화된 작업마다 직장(foreman)을 두어 관리하게 한다(기능식 직장제도).
② 동일작업에 대하여 과업을 달성하는 경우 고임금, 달성하지 못하는 경우에는 저임금을 지급한다(차별성과급).
③ 개별 근로자의 과업은 작업지도표(instruction card)에 의하여 관리되므로 고의적인 태업을 막을 수 있다.

(3) 평가 및 한계

과업 중심의 관리로 인간의 심리적, 사회적 측면에 대한 문제의식이 부족하다.

3 포드 시스템(Ford System)

① 이윤동기가 아닌 봉사주의, 저가격, 고임금의 원리 중심
② 부품을 표준화하고, 작업이 동시에 시작하여 동시에 끝나므로 동시관리라고도 한다.
③ 생산의 표준화를 위해 제품의 단순화, 부품의 표준화(규격화), 공장의 전문화, 기계 및 공구의 전문화, 작업의 단순화를 지향하였다.

4 Mayo의 인간관계론 : 호손 실험

(1) 의의

호손(Hawthorne) 실험은 원래 "종업원의 작업능률은 임금, 작업시간, 노동환경 등 물적·인적 제조건의 함수"라는 산업심리학적 가설을 검증하려고함.

(2) 호손실험

① 제1차 실험(조명실험) : 통제집단(조명도 일정 유지)과 실험집단(조명 점차 밝게 해 줌) 간의 생산성 비교
② 제2차 실험(계전기조립실험) : 물리적인 작업조건의 변화보다는 심리적 변화가 더 중요성을 가짐
③ 제3차 실험(면접조사) : 종업원의 태도, 감정 등의 심리적 요인들이 생산성에 영향을 줌
④ 제4차 실험(배전기권선실험) : 비공식조직의 인간관계(비공식적 규칙)는 생산성에 영향을 줌.

(3) 결론

① 작업능률을 좌우하는 것은 물리적 조건뿐 아니라 종업원의 심리적 요인이 중요함
② 종업원의 태도나 감정을 좌우하는 것은 임금, 작업환경보다는 개인의 사회적 환경(상사·동료와의 관계, 집단내의 분위기, 비공식집단)임

Topic 01 관련 기출 문제

01 막스 베버(M. Weber)가 제시한 관료제의 특징은? `2013년`
① 조직의 활동을 합리적으로 조정하기 위해서는 업무처리를 위한 절차가 명확하게 규정되어야 한다.
② 조직구성원 간 의사소통의 활성화를 위해 수평적 조직구조를 선호한다.
③ 환경에 대한 적절한 대응을 위해 조직구성원 간의 정보공유를 중시한다.
④ '기계적 관료제'라 불리며 복잡한 환경의 대규모 조직에 효과적이다.
⑤ 하급자는 상급자의 감독과 통제 하에 놓이게 되나 성과 평가를 할 때에는 하급자도 상급자의 평가과정에 참여한다.

> **정답** ①
> **해설** ② (×) 수직적 조직구조를 선호한다.
> ③ (×) 정보공유는 학습조직에 대한 설명이다.
> ④ (×) 단순하고 안정적 환경에 효과적이다.
> ⑤ (×) 성과평가를 할 때에도 상급자가 하급자를 하향적으로 평가한다.

02 테일러(Taylor)의 과학적 관리법(scientific management)에 관한 설명으로 옳은 것만을 모두 고른 것은? `2013년`

> ㄱ. 부품을 표준화하고, 작업이 동시에 시작하여 동시에 끝나므로 동시관리라고도 한다.
> ㄴ. 과업 중심의 관리로 인간의 심리적, 사회적 측면에 대한 문제의식이 부족하다.
> ㄷ. 동일작업에 대하여 과업을 달성하는 경우 고임금, 달성하지 못하는 경우에는 저임금을 지급한다.
> ㄹ. 작업을 전문화하고 전문화된 작업마다 직장(foreman)을 두어 관리하게 한다.
> ㅁ. 작업환경에 관계없이 작업자의 동기부여가 작업능률을 증가시키는 결과를 보여주었다.

① ㄱ, ㅁ ② ㄷ, ㄹ
③ ㄴ, ㄷ, ㄹ ④ ㄴ, ㄹ, ㅁ
⑤ ㄱ, ㄷ, ㄹ, ㅁ

> **정답** ③
> **해설** ㄱ. (×) 포드 시스템(Ford System)에 관한 설명이다.
> ㅁ. (×) 메이요(Mayo)의 인간관계론에 관한 설명이다. 작업자에 대한 동기부여 즉, 심리적 요인이 작업능률을 증가시킨다.

03 인간관계론의 호손실험에 관한 설명으로 옳지 않은 것은? 2016년

① 종업원의 작업능률에 영향을 미치는 요인을 연구하였다.
② 조명실험은 실험집단과 통제집단을 나누어 진행하였다.
③ 작업능률향상은 작업장에서 물리적 작업조건 변화가 가장 중요하다는 것을 확인 하였다.
④ 면접조사를 통해 종업원의 감정이 작업에 어떻게 작용하는가를 파악하였다.
⑤ 작업능률은 비공식조직과 밀접한 관련이 있다는 것을 발견하였다.

정답 ③
해설 ③ (×) 과학적 관리론에 대한 설명이다.

04 테일러(F. Taylor)의 과학적 관리법 (scientific management)에 관한 설명으로 옳은 것을 모두 고른 것은? 2024년

| ㄱ. 고임금 고노무비 | ㄷ. 차별성과급 제도 | ㅁ. 작업장의 사회적 조건 |
| ㄴ. 개방체계 | ㄹ. 시간연구 | ㅂ. 과업의 표준 |

① ㄱ
② ㄴ, ㅁ
③ ㄱ, ㄷ, ㅂ
④ ㄴ, ㄹ, ㅁ
⑤ ㄷ, ㄹ, ㅂ

정답 ⑤
해설 ㄱ. (×) 고임금, 저노무비가 맞는 표현이다. 테일러는 생산성 향상을 통한 고임금, 저노무비 시스템을 고축함으로써 노사 간의 공동 번영을 실현할 수 있다고 보았다.
ㄴ. (×) 환경을 고려하지 않는 폐쇄체계에 입각해있다.
ㅁ. (×) 작업장의 물리적 조건이 맞는 표현이다. 작업장의 사회적 조건은 인간관계론에서 강조하는 내용이다.

Topic 02 직무분석, 직무평가, 직무설계

1 인적자원관리의 의의

(1) 개념

인적자원관리(HRM : human resources management)란 인적자원의 체계적 관리를 통해 사람과 일(직무) 간의 적합성(fit)을 높이려는 활동을 의미

(2) 인적자원관리의 과정
- ① 직무관리
  - ㉠ 직무분석
  - ㉡ 직무평가
  - ㉢ 직무설계
- ② 확보관리
  - ㉠ 인력의 예측 및 계획
  - ㉡ 모집 및 선발
  - ㉢ 인력배치
- ③ 개발관리, 평가관리
- ④ 보상관리, 유지관리

2 직무분석

(1) 개념
- ① 직무의 내용을 체계적으로 분석하여 인사관리에 필요한 직무정보를 제공하는 과정이다.
- ② 직무분석의 1차적 목적은 직무기술서나 직무명세서를 작성하는 것이며, 2차적으로는 조직, 인사관리를 위한 자료를 제공하는 것이다.

(2) 접근 방법

직무분석 접근 방법은 크게 과업 중심(task-oriented)과 작업자 중심(worker-oriented)으로 분류할 수 있다.

- ① 과업 중심 절차
  - ㉠ 수행하는 작업을 이해하기 위하여 작업에서 중요하거나 자주 수행하는 과업들을 찾아내는 작업분석 절차이다.
  - ㉡ 작업수행에 관한 활동에 초점을 둔다. 절차는 작업의 의무, 책임, 기능을 고려하는 것으로부터 시작된다.
  - ㉢ 과업 중심 직무분석 방법의 대표적인 예는 기간-동작연구, 기능적 직무분석, 중요사건 기법 등이 있다.

② 작업자 중심 절차
　㉠ 작업자 중심 직무분석은 직무를 성공적으로 수행하는데 요구되는 인적 속성들을 조사함으로써 직무를 파악하는 접근 방법이다.
　㉡ 작업자 중심 직무분석에서 인적 속성은 지식(knowledge, K), 기술(skill, S), 능력(ability, A), 기타 특성(other characteristic, O) 등으로 분류할 수 있다.
　㉢ 작업자 중심 직무분석 방법의 대표적인 예는 면담법, 직무요소방법론, 직위분석질문지법, 데이컴법, 인지적과업분석 등이 있다.

(3) 특징
① 기업에서 필요로 하는 업무의 특성과 근로자의 자질을 파악할 수 있다.
② 해당 직무를 수행하는 근로자들에게 필요한 교육훈련을 계획하고 실시할 수 있다.
③ 직무분석은 교육훈련 내용과 안전사고 예방에 관한 정보를 제공한다.
④ 근로자에게 유용하고 공정한 수행 평가를 실시하기 위한 준거(criterion)를 획득할 수 있다.

(4) 정보수집 방법

	내용	장점	한계
면접법	숙련된 직무담당자의 직접 진술 확보	직무에 대해 다양한 관점을 얻는다.	면접대상과 호의적 관계의 구축이 필요, 면접의 목적을 미리 알려주고 편안한 분위기를 조성해야 한다.
질문지법	설문지 응답 및 답변 확보	동일한 직무를 수행하는 재직자 간의 차이를 보여준다. 효율적이며 비용이 적게 든다.	직무가 수행되는 상황을 무시한다.
관찰법	직무수행 관찰		구조화된 설문지 필요
직접수행 (경험법)	분석자 자신이 직무활동을 체험	직무에 대해 매우 세부적인 내용을 얻을 수 있다.	분석가에게 폭넓은 훈련이 필요하다.
중대사건 기법	효율적 행동사례 수집과 분석	직무행동과 성과 간 관계 파악 용이	평가에 많은 시간과 비용이 소요됨

(5) 직무분석 기법
① 기능적 직무분석(Functional Job Analysis : FJA)
　직무정보를 모든 직무에 존재하는 자료(data), 사람(people), 사물(things) 기능으로 분석하는 기법이다.
② 직위분석질문지(Position Analysis Questionnaire : PAQ)
　㉠ 작업자 중심 직무분석의 대표적인 예이다.
　㉡ 직무수행에 관한 6가지 주요 변수는 정보입력, 정신적 과정, 작업의 결과, 타인과의 관계, 직무맥락, 기타 직무특성 등의 범주로 조직화되어 있다.
　㉢ 표준화된 분석도구이다.

③ 과업질문지(Task Inventory : TI)
  ㉠ 분석 대상 직무에서 수행될 수도 있는 특정한 과업들의 목록을 담고 있는 질문지이다.
  ㉡ 과업에 걸리는 시간, 직무를 잘하기 위하여 과업이 중요한 정도, 과업 학습의 난이도, 과업의 중요도
④ 직무요소질문지(Job Components Inventory : JCI)
  ㉠ 직무상 요구되는 KSAO와 개인의 KSAO 모두를 산출하여 비교
  ㉡ 도구와 장비의 사용, 지각 요건과 신체 조건, 수학, 의사소통, 의사결정과 책임으로 구성
⑤ 직무분석 시스템(Job Analysis System : JAS)
  ㉠ 직무의 특성보다 작업자의 특성에 관한 정보를 취득하는 직무분석기법
  ㉡ 직무에서 요구하는 능력에 대하여 정보를 제공하여 경력개발, 교육훈련 등의 인적자원 활용에 유용함

(6) **직무분석의 결과물**
① 직무기술서(job description) : 직무특징
  ㉠ 직무에 관한 사실과 정보를 정리하여 기술한 양식
  ㉡ 직무의 명칭과 내용, 직무수행방법과 절차, 작업조건 등(직무조건)이 기록된다.
  ㉢ 직무가치와 직무확대에 대한 구체적인 지침이 제시되어 있다.
② 직무명세서(job specification) : 인적특징
  ㉠ 직무수행자가 갖추어야 할 자격요인인 인적특성을 파악하기 위한 것이다.
  ㉡ 직무수행에 요구되는 기능, 지식, 육체적 능력과 교육수준이 기술되어 있다.

(7) **역량모델링** : 역량에 기반한 직무분석
① 조직내 종업원들에게 요구되는 바람직한 특성이나 성공적인 수행을 예측해주는 '인적 특성이나 자질'을 찾아내는 과정
② 직무분석에서는 조직 내에 존재하는 서로 다른 직무들 각각의 수행에 요구되는 독특한 KSAO를 찾아낸다(예 비서 vs 관리자). 역량모델링에서는 조직에 존재하는 모든 직무에서 일하는 종업원들 모두에게 일반적으로 적용될 수 있는 역량(핵심역량)을 찾아낸다.

3 직무평가

(1) **개념**
① 직무분석의 결과를 토대로 직무들 간 상대적 가치를 결정하는 체계적인 활동
② 직무평가는 직무의 상대적 가치를 평가하는 활동이며, 직무평가 결과는 직무급의 산정에 활용된다.

(2) **방법**
① 서열법
  다른 직무와 비교하여 상대적 중요성에 따라 직무를 주관적으로 서열을 매기는 방법

② 분류법
직무를 사전에 규정된 등급에 따라 분류
③ 점수법
직무평가요소를 정한 후 중요도에 따라 점수를 부여
④ 요소비교법
기준직무(key job)를 선정, 기준직무의 평가요소와 평가하려는 직무의 평가요소를 비교하여 직무의 상대적 가치를 계량적으로 평가

	비계량적(정성적) 방법	계량적(정량적) 방법
직무와 직무 상호비교 상대평가 계열적	서열법 (직무와 직무 비교)	요소비교법 (기준이 되는 대표직위와 각 직위 비교)
직무와 척도(기준표) 절대평가 계급적	분류법 (직무와 등급기준표 비교)	점수법 (직무평가기준표에 따라 평가한 점수를 총합하는 방식)

4 직무설계

(1) 개념
  ① 일을 어떻게 나누고 직원들에게 어떤 방법으로 할당할 것인지, 기존 업무의 재설계가 필요한지, 근무시간은 어떻게 할 것인지를 결정하는 것
  ② 직무설계는 직무 담당자의 업무 동기 및 생산성 향상 등을 목표로 한다.

(2) 직무설계 방법
  ① 직무전문화 : 분업의 원리 적용, 과도해질 경우 만족도 저하 발생
  ② 직무순환 : 직무의 순환 배치
  ③ 직무확대(job enlargement) : 직무의 수평적(다양성) 확대
  ④ 직무충실화(job enrichment) : 직무의 수직적(책임과 권한) 확대

Topic 02 관련 기출 문제

01 인적자원관리에서 이루어지는 기능 또는 활동에 관한 설명으로 옳은 것은? `2015년`
① 직접보상은 유급휴가, 연금, 보험, 학자금지원 등이 있다.
② 직무평가는 구성원들의 목표치와 실적을 비교하여 기여도를 판단하는 활동이다.
③ 현장직무교육은 직무순환제, 도제제도, 멘토링 등이 있다.
④ 직무분석은 장래의 인적자원 수요를 파악하여 인력의 확보와 배치, 활용을 위한 계획을 수립하는 것이다.
⑤ 직무기술서의 작성은 직무를 성공적으로 수행하는데 필요한 작업자의 지식과 특성, 능력 등을 문서로 만드는 것이다.

> **정답** ③
> **해설** ① (×) 간접보상에 관한 설명이다.
> ② (×) 평가관리에 관한 설명이다.
> ④ (×) 확보관리 중 인력의 예측 및 계획에 관한 설명이다.
> ⑤ (×) 직무명세서에 관한 설명이다.

02 직무와 관련된 설명으로 옳은 것은? `2013년`
① 직무충실화는 허즈버그(F. Herzberg)가 2요인 이론을 직무에 구체적으로 적용하기 위하여 제창한 것이다.
② 직무분석에는 서열법, 분류법, 점수법, 요소비교법 등의 방법들이 활용된다.
③ 직무기술서에는 직무수행에 요구되는 기능, 지식, 육체적 능력과 교육수준이 기술되어 있다.
④ 직무명세서에는 직무가치와 직무확대에 대한 구체적인 지침이 제시되어 있다.
⑤ 직무평가의 1차적 목적은 직무기술서나 직무명세서를 작성하는 것이며, 2차적으로는 조직, 인사관리를 위한 자료를 제공하는 것이다.

> **정답** ①
> **해설** ② (×) 직무분석이 아니라 직무평가에 관련된 설명이다.
> ③ (×) 직무명세서에 관련된 설명이다.
> ④ (×) 직무기술서에 관련된 설명이다.
> ⑤ (×) 직무분석에 관련된 설명이다.

03 직무관리에 관한 설명으로 옳지 않은 것은? `2019년`

① 직무분석이란 직무의 내용을 체계적으로 분석하여 인사관리에 필요한 직무정보를 제공하는 과정이다.
② 직무설계는 직무 담당자의 업무 동기 및 생산성 향상 등을 목표로 한다.
③ 직무충실화는 작업자의 권한과 책임을 확대하는 직무설계방법이다.
④ 핵심직무특성 중 과업중요성은 직무담당자가 다양한 기술과 지식 등을 활용하도록 직무설계를 해야 한다는 것을 말한다.
⑤ 직무평가는 직무의 상대적 가치를 평가하는 활동이며, 직무평가 결과는 직무급의 산정에 활용된다.

> **정답** ④
> **해설** ④ (×) 해크만과 올드햄의 직무특성이론 중 과업(직무) 중요성이란 개인이 수행하는 직무가 조직 내 또는 조직 밖의 다른 사람들의 삶과 일에 얼마나 큰 영향을 미치는가를 의미한다.

04 직무분석에 대한 설명으로 옳지 않은 것은? `2013년`

① 특정직무에 대한 훈련 프로그램을 개발하기 위해서는 직무의 속성과 요구하는 기술을 알아야 한다.
② 효과적인 수행을 하기 위한 직무나 작업장을 설계하는데 도움을 준다.
③ 작업시 시간과 노력의 낭비를 제거할 수 있고 안전 저해요소나 위험요소를 발견할 수 있다.
④ 특정직무에 대한 직무분석을 하는 기법으로 면접법, 질문지법, 관찰법, 행동기법, 중대사건기법, 투사기법 등이 있다.
⑤ 과업수행에 사용되는 도구, 기구, 수행목적, 요구되는 교육훈련, 임금수준 및 안전저해요소 등에 대한 정보가 포함되어 있다.

> **정답** ④
> **해설** ④ (×) 행동기법(action techniques)은 심리치료기법의 일종이다(예 예술치료, 심리극, 놀이치료 등). 투사기법(projective test)은 소비자행동을 조사하는 마케팅 조사 기법에 해당한다.

05 직무분석을 위한 정보를 수집하는 방법의 장점과 한계에 관한 설명으로 옳은 것을 모두 고른 것은?
2015년

> ㄱ. 관찰의 장점은 동일한 직무를 수행하는 재직자 간의 차이를 보여준다는 것이다.
> ㄴ. 면접의 장점은 직무에 대해 다양한 관점을 얻는다는 것이다.
> ㄷ. 질문지의 장점은 직무에 대해 매우 세부적인 내용을 얻을 수 있다는 것이다.
> ㄹ. 질문지의 한계는 직무가 수행되는 상황을 무시한다는 것이다.
> ㅁ. 직접수행의 한계는 분석가에게 폭넓은 훈련이 필요하다는 것이다.

① ㄱ, ㄷ, ㄹ
② ㄴ, ㄷ, ㄹ
③ ㄴ, ㄷ, ㅁ
④ ㄴ, ㄹ, ㅁ
⑤ ㄷ, ㄹ, ㅁ

정답 ④
해설 ㄱ. (×) 질문지법에 관한 설명이다.
ㄷ. (×) 직접수행(경험법)에 관한 설명이다.

06 조직내 종업원들에게 요구되는 바람직한 특성이나 성공적인 수행을 예측해주는 '인적 특성이나 자질'을 찾아내는 과정은?
2016년

① 작업자 지향 절차
② 기능적 직무분석
③ 역량모델링
④ 과업 지향적 절차
⑤ 연관분석

정답 ③

07 직무분석에 관한 설명으로 옳은 것을 모두 고른 것은?
2019년

> ㄱ. 직무분석 접근 방법은 크게 과업중심(task-oriented)과 작업자중심(worker-oriented)으로 분류할 수 있다.
> ㄴ. 기업에서 필요로 하는 업무의 특성과 근로자의 자질을 파악할 수 있다.
> ㄷ. 해당 직무를 수행하는 근로자들에게 필요한 교육훈련을 계획하고 실시할 수 있다.
> ㄹ. 근로자에게 유용하고 공정한 수행 평가를 실시하기 위한 준거(criterion)를 획득할 수 있다.

① ㄱ, ㄴ
② ㄴ, ㄷ
③ ㄴ, ㄹ
④ ㄱ, ㄷ, ㄹ
⑤ ㄱ, ㄴ, ㄷ, ㄹ

정답 ⑤

08 직무분석과 직무평가에 관한 설명으로 옳지 <u>않은</u> 것은? `2021년`
① 직무분석은 인력확보와 인력개발을 위해 필요하다.
② 직무분석은 교육훈련 내용과 안전사고 예방에 관한 정보를 제공한다.
③ 직무명세서는 직무수행자가 갖추어야 할 자격요건인 인적특성을 파악하기 위한 것이다.
④ 직무평가 요소비교법은 평가대상 개별직무의 가치를 점수화하여 평가하는 기법이다.
⑤ 직무평가는 조직의 목표달성에 더 많이 공헌하는 직무를 다른 직무에 비해 더 가치가 있다고 본다.

정답 ④
해설 ④ (×) 점수법에 관한 설명이다.

09 직무분석을 위해 사용되는 방법들 중 정보입력, 정신적 과정, 작업의 결과, 타인과의 관계, 직무맥락, 기타 직무특성 등의 범주로 조직화되어 있는 것은? `2021년`
① 과업질문지(Task Inventory : TI)
② 기능적 직무분석(Functional Job Analysis : FJA)
③ 직위분석질문지(Position Analysis Questionnaire : PAQ)
④ 직무요소질문지(Job Components Inventory : JCI)
⑤ 직무분석 시스템(Job Analysis System : JAS)

정답 ③

10 직무분석에서 사용하는 직위분석 설문지(Position Analysis Questionnaire)의 주요 차원이 아닌 것은? `2025년`
① 신체 과정(body processes)
② 정보 입력(information input)
③ 타인과의 관계(relationships with other persons)
④ 작업 결과(work output)
⑤ 직무 맥락(job context)

정답 ①
해설 (×) 신체 과정이 아니라, 정신적 과정이 맞는 표현이다.

11 직무분석에 관한 설명으로 옳지 않은 것은?

① 직무분석가는 여러 직무 간의 관계에 관하여 정확한 정보를 주는 정보 제공자이다.
② 작업자 중심 직무분석은 직무를 성공적으로 수행하는데 요구되는 인적 속성들을 조사함으로써 직무를 파악하는 접근 방법이다.
③ 작업자 중심 직무분석에서 인적 속성은 지식, 기술, 능력, 기타 특성 등으로 분류할 수 있다.
④ 과업 중심 직무분석 방법의 대표적인 예는 직위분석질문지(Position Analysis Questionnaire)이다.
⑤ 직무분석의 정보 수집 방법 중 설문조사는 효율적이며 비용이 적게 드는 장점이 있다.

> **정답** ④
> **해설** ④ (×) 직위분석질문지(Position Analysis Questionnaire)는 작업자 중심 직무분석 방법의 대표적인 예이다.

12 직무평가에 관한 설명으로 옳은 것을 모두 고른 것은?

> ㄱ. 직무평가 대상은 직무 자체임
> ㄴ. 다른 직무들과의 상대적 가치를 평가
> ㄷ. 직무수행자를 평가
> ㄹ. 종업원의 기업목표달성 공헌도 평가
> ㅁ. 직무의 중요성, 난이도, 위험도의 반영

① ㄱ, ㄷ
② ㄱ, ㄴ, ㄹ
③ ㄱ, ㄴ, ㅁ
④ ㄷ, ㄹ, ㅁ
⑤ ㄴ, ㄷ, ㄹ, ㅁ

> **정답** ③
> **해설** ㄷ. (×) 직무평가는 직무수행자(person)가 아니라 개개의 직무(job)의 상대적 가치를 평가하여 모든 직무를 직무가치체계로 종합하는 것을 말한다.
> ㄹ. (×) 직무평가가 아니라, 인사(person)평가에 대한 설명이다.

Topic 03 인사선발 및 교육 훈련

1 선발도구의 평가기준

(1) 신뢰도(reliability)
   ① 개념 : 내적 일관성
   어떤 시험을 동일한 환경에서 동일한 사람이 몇 번 다시 보았을 때, 그 결과가 서로 일치하는 정도를 말한다.
   ② 신뢰성 측정방법
      ㉠ 검사-재검사법 : 동일한 시험을 동일한 집단에 시간차를 두고 실시하여 그 결과를 비교
      ㉡ 복수양식법(대체형식법) : 유사한 문제로 구성된 대체형식 시험을 실시하여 그 결과를 비교
      ㉢ 양분법 : 평가항목을 반으로 나누어 시험을 실시한 뒤 그 결과의 유사성을 검토, 크론바하 알파

(2) 타당도(validity)
   ① 개념
   선발도구(예 시험)가 측정하고자 하는 것, 즉 직무수행성과를 얼마나 잘 측정하고 있는가를 가리킨다.
   ② 기준 타당성
      ㉠ 개념 :
      ㉡ 동시타당성 : 현재의 종업원의 예측 기준치와 성과기준치를 비교하여 타당성을 계산한다.
      ㉢ 예측타당성 : 선발시험 합격자들의 시험성적과 입사 후 그들의 직무성과간의 상관관계에 의해 평가된다.
      ㉣ 상관계수 : 두 변수의 상관관계의 크기는 상관계수를 통해 정량화되어 계산된다. -1과 1사이의 값을 가진다. 0일때는 상관관계가 없다고 본다.
      ㉤ 결정계수 : 회귀분석에서 독립변수들이 종속변수를 얼마나 설명하느냐를 보여주는 계수. 결정계수는 상관계수를 제곱한 값으로 사용된다(예 0.4의 제곱은 0.16).
   ③ 내용타당성
   선발도구에 측정하고자 하는 내용이 포함되어 있는 정도를 말한다.
   ④ 구성타당성
      ㉠ 선발도구의 측정항목들이 이론적인 속성에 부합하고 논리적인 특징을 가지고 있는 정도를 의미한다.
      ㉡ 추상적 개념을 측정하기 위한 조작적 정의가 정확한가를 의미한다.

(3) 선발률(selection ratio)
  ① 개념
    전체 지원자 중 최종 선발되는 사람의 비율(선발인원/총 지원자)을 말한다.
  ② 선발오류의 유형(통계적 오류)
    ㉠ 제1종 오류 : 합격선에 미달했지만 선발되었더라면 만족스러운 직무성과를 올릴 수 있었던 지원자를 탈락시키는 것에서 발생하는 오류
    ㉡ 제2종 오류 : 합격은 했지만 채용 후 직무성과가 만족스럽지 못한 지원자를 선발하는 오류
    ㉢ 선발률이 0에 가까우면 제1종 오류는 늘어나지만, 제2종 오류는 줄어들게 된다.
    ㉣ 선발률이 1에 가까우면 제1종 오류는 줄어들지만, 제2종 오류는 늘어나게 된다.
    ㉤ 선발도구를 개선함으로써 선발과정의 전체적인 타당성을 높일 때 이들 오류의 정도는 줄어들게 된다.

(4) 기초율(success base ratio)
  ① 총 지원자 가운데 성공적 직무수행자의 비율을 말한다.
  ② 기초율이 100%라면 새로운 선발도구의 사용은 의미가 없다.

2 5요인(Big 5) 성격 모델 : OCEAN 모델

(1) 의의
  1949년 D. Fiske가 5요인 모델을 제시. 1981년 골드버그가 성격의 5요인을 재발견, 빅 파이프라는 용어로 정리. Costa와 McCrae에 의해 집대성

(2) 유형
  ① 경험에 대한 개방성(openness to experience)
    상상력, 호기심 등으로 새로운 경험은 언제나 환영
  ② 성실성(conscientiousness)
    목표를 성취하기 위해 성실하게 노력하는 성격
  ③ 외향성(extraversion)
    대인관계에서 사교력이 있고 자극과 활력을 중요하게 생각하는 성격
  ④ 친화성(agreeableness)
    타인에게 반항적이지 않고 협조적인 관계를 유지하는 성격
  ⑤ 신경성(neuroticism)
    분노, 우울, 불안과 같은 감정적 정서에 쉽게 휘둘리는 성격
  ⑥ 최근 6요인 모델
    기존의 5요인에 정직-겸손(honesty-humility) 요인이 추가됨

3 교육 훈련

(1) 현장직무교육(OJT : on-the-job training)

① 직무순환제(job rotation) : 종업원에게 여러 가지 직무기술을 습득시키기 위해 일정기간마다 새로운 직무로 전환시키도록 하는 훈련방법

② 도제제도(apprenticeship) : 초보자(도제)에게 전문가(장인)이 직무수행에 필요한 이론과 실무를 훈련시킴

③ 멘토링(mentoring) : 멘토(mentor)가 멘티(mentee)에게 자신의 여러 가지 경영기법을 오랜 기간에 걸쳐 전수해 주는 교육훈련방법이다. 비공식적으로 진행되는 특징이 있다.

(2) 직장외 교육훈련(Off JT : off-the-job training)

① 행동학습(action learning)

② 조직개발(OD : organizational development) : 감수성 훈련

③ 역할연기법(role playing)

④ 강의실 교육, 시청각 교육

Topic 03 관련 기출 문제

01 "신입사원 선발시험점수(예측점수)와 업무성과(준거점수)의 상관계수가 0.4이다."의 설명으로 옳은 것은? <small>2014년</small>

① 선발시험점수가 업무성과 변량의 16%를 설명한다.
② 입사 지원자의 16%가 합격할 것이다.
③ 선발시험점수가 업무성과 변량의 40%를 설명한다.
④ 입사 지원자의 40%가 합격할 것이다.
⑤ 입사 지원자의 선발시험점수가 40점 이상일 경우 합격한다.

> **정답** ①
> **해설** ① (O) 0.4의 제곱은 0.16이며, 이는 16%를 의미한다.

02 선발도구의 효과성에 관한 설명으로 옳은 것만을 모두 고른 것은? <small>2014년</small>

> ㄱ. 선발률이 1 이상이 되어야 선발도구의 사용은 의미가 있다.
> ㄴ. 선발도구의 타당도가 높을수록 선발도구의 효과성은 증가한다.
> ㄷ. 선발률이 낮을수록 선발도구의 효과성 가치는 작아진다.
> ㄹ. 기초율이 100%라면 새로운 선발도구의 사용은 의미가 없다.
> ㅁ. 선발도구의 효과성을 이해하는데 중요한 개념은 기초율, 선발률, 타당도이다.

① ㄱ, ㄴ
② ㄱ, ㄹ
③ ㄴ, ㄷ, ㅁ
④ ㄴ, ㄹ, ㅁ
⑤ ㄷ, ㄹ, ㅁ

> **정답** ④
> **해설** ㄱ. (×) 선발률이 1 이하가 되어야 선발도구의 사용은 의미가 있다.
> ㄷ. (×) 선발률이 낮을수록 선발도구의 효과성 가치는 커진다.

03 인사선발에 관한 설명으로 옳은 것은? `2015년`

① 선발검사의 효용성을 증가시키는 가장 중요한 요소는 검사 신뢰도이다.
② 인사선발에서 기초율이란 지원자들 중에서 우수한 지원자의 비율을 말한다.
③ 잘못된 불합격자(false negative)란 검사에서 불합격점을 받아서 떨어뜨렸고, 채용하였더라도 불만족스러운 직무수행을 나타냈을 사람이다.
④ 인사선발에서 예측변인의 합격점이란 선발된 사람들 중에서 우수와 비우수 수행자를 구분하는 기준이다.
⑤ 선발률과 예측변인의 가치 간의 관계는 선발률이 낮을수록 예측변인의 가치가 더 커진다.

> **정답** ⑤
> **해설** ① (×) 선발검사의 효용성을 증가시키는 가장 중요한 요소는 검사 타당도이다.
> ② (×) 인사선발에서 기초율이란 지원자들 중에서 성공적 직무수행자의 비율을 말한다.
> ③ (×) 올바른 불합격자에 관한 설명이다.
> ④ (×) 인사선발에서 예측변인의 합격점이란 선발된 사람들 중에서 합격자와 불합격자를 구분하는 기준이다.

04 인사선발에서 활발하게 사용되는 성격측정 분야의 하나로 5요인(Big 5) 성격 모델이 있다. 성격의 5요인에 해당되지 않는 것은? `2016년`

① 성실성(conscientiousness)
② 외향성(extraversion)
③ 신경성(neuroticism)
④ 직관성(immediacy)
⑤ 경험에 대한 개방성(openness to experience)

> **정답** ④

05 인사선발에 관한 설명으로 옳은 것은? 〔2018년〕

① 올바른 합격자(true positive)란 검사에서 합격점을 받아서 채용되었지만 채용된 후에는 불만족스러운 직무수행을 나타내는 사람이다.
② 잘못된 합격자(false positive)란 검사에서 불합격점을 받아서 떨어뜨렸지만 채용하였다면 만족스러운 직무수행을 나타냈을 사람이다.
③ 올바른 불합격자(true negative)란 검사에서 불합격점을 받아서 떨어뜨렸고 채용하였더라도 불만족스러운 직무수행을 나타냈을 사람이다.
④ 잘못된 불합격자(false negative)란 검사에서 합격점을 받아서 채용되었고 채용된 후에도 만족스러운 직무수행을 나타내는 사람이다.
⑤ 인사선발 과정의 궁극적인 목적은 올바른 합격자와 잘못된 불합격자를 최대한 늘리고 올바른 불합격자와 잘못된 합격자를 줄이는 것이다.

> **정답** ③
> **해설** ① (×) 올바른 합격자(true positive)란 검사에서 합격점을 받아서 채용되었고, 채용된 후에는 만족스러운 직무수행을 나타내는 사람이다.
> ② (×) 잘못된 합격자(false positive)란 검사에서 합격점을 받아서 채용하였지만, 채용 후에는 불만족스러운 직무수행을 나타냈을 사람이다.
> ④ (×) 잘못된 불합격자(false negative)란 검사에서 불합격점을 받아서 떨어뜨렸고 채용하였다면 만족스러운 직무수행을 나타내는 사람이다.
> ⑤ (×) 인사선발 과정의 궁극적인 목적은 올바른 합격자와 올바른 불합격자를 최대한 늘리고 올바른 불합격자와 잘못된 합격자를 줄이는 것이다.

06 유용성이 높은 인사 선발 도구에 관한 설명으로 옳지 않은 것은? _{2024년}

① 예측변인(predictor)의 타당도가 커질수록 전체 집단의 평균적인 준거수행(criterion)에 비해 합격한 집단의 평균적인 준거수행은 높아진다.
② 선발률(selection ratio)이 낮을수록 예측변인의 가치는 커진다.
③ 기초율(base rate)이 높을수록 사용한 선발 도구의 유용성 수준은 높아진다.
④ 선발률과 기초율의 상관은 0이다.
⑤ 예측변인의 점수와 준거수행으로 이루어진 산점도(scatter plot)가 1사분면은 높고 3사분면은 낮은 타원형을 이룬다.

정답 ③, ④
해설 ③ (×) 기초율이 100%라면 새로운 선발도구의 사용은 의미가 없다. 따라서, 기초율(base rate)이 높을수록 반드시 사용한 선발 도구의 유용성 수준은 높아지는 것은 아니다.
④ (×) 상관(相關)이 0이라는 것은 두 변수(선발률과 기초율)사이에 선형적인 관계가 없다는 것을 뜻한다. 선발률이 높을수록 기초율이 낮아질 가능성이 크다고 할 수 있다. 왜냐하면, 선발률이 높으면 대부분의 지원자들이 합격할 것이기 때문에 성공적 직무수행자의 비율은 낮아질 가능성이 커질 것이다.
① (○) 예측변인(predictor)이란 다른 변수 즉 종속변수를 예측하는 데 사용되는 변수이다. 독립변수라고 할 수 있다. 따라서, 예측변인의 타당도가 커질수록 (우수한 지원자를 선발할 것이기 때문에) 전체 지원자 평균 준거수행보다 합격한 집단의 평균 준거수행이 높을 것이다.
② (○) 선발률이 낮을수록 즉, 최종 선발인원을 적게 뽑기 때문에 우수한 지원자를 더더욱 잘 가려내야 할 필요성이 커진다. 따라서, 예측변인의 가치는 커진다고 할 수 있다.
⑤ (○) 유용성이 높은 인사 선발 도구란 예측변인과 준거수행 간 양의 관계가 존재한다고 할 수 있다. 산점도(scatter plot)란 도표를 이용해 좌표상의 점(plot)들을 표시함으로써 두 개 변수 간의 관계를 나타내는 그래프 방법이다. 오른쪽 위에서 시계 반대방향으로 1, 2, 3, 4사분면이다. 따라서 1사분면은 높고 3사분면은 낮다.

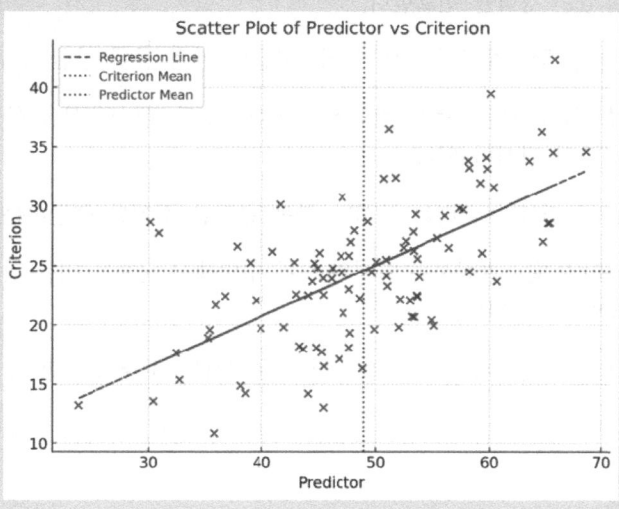

Topic 04. 경력개발

1 개념

개인의 경력목표를 달성하기 위한 경력계획을 수립하여 조직의 욕구와 개인의 욕구가 합치될 수 있도록 개인의 경력을 개발하는 활동

2 기본원칙

(1) 적재적소배치의 원칙

(2) 승진경로의 원칙

(3) 후진양성의 원칙

(4) 경력기획개발의 원칙

3 Schein의 개인의 경력욕구(경력의 닻) 8가지 유형

(1) **전문역량 닻** : 일의 실제 내용에 주된 관심이 있으며 전문분야에 종사하기를 원한다.

(2) **관리역량 닻** : 특정 전문영역보다 관리직에 주된 관심이 있다.

(3) **자율성·독립 닻** : 조직의 규칙과 제약조건에서 벗어나려는데 주된 관심이 있으며 스스로 결정할 수 있는 경력을 선호한다.

(4) **안전(안정)성 닻** : 자신의 직업 안정, 고용의 안정 등에 강한 욕구를 가지고 있다.

(5) **봉사(헌신) 닻** : 타인을 돕는 직업에서 일함으로써 타인의 삶을 향상시키고 사회를 위해 봉사하는 데 주된 관심이 있다.

(6) **도전 닻** : 해결하기 어려운 문제나 극복 곤란한 장애를 해결하는 데 주된 관심이 있다.

(7) **라이프스타일 닻** : 관심사는 인생의 모든 영역에서 균형을 얻는 것이다. 가정과 조직경력활동 간의 조화를 추구한다.

(8) **기업정신 닻** : 자신의 사업을 설립하고 운영하는 것을 선호한다.

4 Hall의 경력단계 모델

(1) 탐색단계

① 25세 이하, 자아개념을 정립, 경력지향을 결정

② 다양한 진로와 분야를 탐색하는 단계

(2) 확립단계
① 25세~45세
② 해당 분야(직업)에 정착하려고 노력하는 단계

(3) 유지단계 : 중년 정체기
① 45세~55(65)세
② 중년의 위기가 나타나는 단계
③ 자신의 전문성과 업무상 확고한 지위를 유지하려고 하는 단계

(4) 하강(쇠퇴)단계
① 55(65)세 이후, 은퇴를 준비하는 단계
② 신체적, 인지적 능력의 한계를 느껴 직업 활동의 감소로 이어지는 단계임

5 경력정체(career plateau)

(1) 개념

종업원이 조직 내에서 임금의 인상이 낮거나 승진의 지연, 보상분배의 공평성을 낮게 지각할 때 나타나게 되며, 일반적으로 업무에 대한 노력이 감소하게 되면서 유발되는 현상이다.

(2) 정체된 관리자의 유형

현실인식		행동유형	
		수동	능동
	인정	성과미달형	이상형
	왜곡	절망형	방어형

① 방어형 : 경력정체의 책임을 조직에 전가하며, 타인을 비난하고 조직에 대해 부정적 행동을 보인다.
② 절망형 : 경력정체 현실을 의도적으로 인정하지 않으며, 정체된 상황을 극복하기 위한 대안을 찾는 노력에도 소극적이다.
③ 성과미달형 : 경력정체의 이유를 자신에게 있다고 하지만 현실에 안주하고 상황을 개선하기 위한 노력에는 소극적이다.
④ 이상형(건설형) : 경력정체를 자신에게 책임이 있다고 생각하고, 이를 극복하기 위해 자기개발 노력 등을 한다.

6 경력경로(career path)

(1) 개념
개인이 조직에서 여러 종류의 직무를 수행함으로써 경력을 쌓게 될 때 수행할 직무들의 배열을 말한다.

(2) 유형
① 전통적(traditional) 경력경로
  ㉠ 개인이 경험하는 조직 내 직무들이 수직적으로 배열된 형태(예 대리→과장→팀장→상무)
  ㉡ 전문성이 강화될 수 있으며, 경력경로를 예측할 수 있다는 장점이 있다.
  ㉢ 전체적인 관리능력이 떨어질 수 있고, 의사결정 속도가 느리고, 환경에 대한 유연한 대응이 곤란해진다는 단점이 있다.

② 네트워크(network) 경력경로
  ㉠ 개인이 조직에서 경험하는 직무들이 수평적 뿐만 아니라 수직적으로 배열되어 있는 경우이다.
  ㉡ 다양한 직무경험으로 인해 인력배치의 유연성을 기할 수 있다.
  ㉢ 전문성 제고에는 한계가 존재한다.

③ 이중(dual) 경력경로 : 이중 사다리 시스템
  ㉠ 주로 연구자나 (기술)개발자 등의 인력을 위한 경로이다. 관리직 경로와 전문직 경로 중 하나를 선택할 수 있다.
  ㉡ 계속 기술직종에 머물게 하여 전문성을 높일 수 있고, 핵심 인재의 성과나 만족성을 높여 조직 이탈율을 낮출 수 있다.
  ㉢ 권한, 보상수준에 있어서 양 경로 간 형평성 유지가 필요하다.

7 개인의 경력욕구 형성과정(Leach 모형)

(1) 경력욕구는 경력역할과 경력상황에 의해 결정된다.
(2) 경력역할이란 조직이 개인에게 기대하는 행동을 의미한다.
(3) 경력상황이란 조직이 제공하는 경력기회(경력경로)를 의미한다.

Topic 04 관련 기출 문제

01 경력개발에 관한 설명으로 옳은 것은? `2017년`

① 경력 정체기에 접어들은 종업원들이 보여주는 반응유형은 방어형, 절망형, 성과미달형, 이상형으로 구분된다.
② 샤인(E. Schein)은 개인의 경력욕구 유형을 관리지향, 기술-기능지향, 안전지향 등 세 가지로 구분하였다.
③ 홀(D. Hall)의 경력단계 모델에서 중년의 위기가 나타나는 단계는 확립단계이다.
④ 이중 경력경로(dual-career path)는 개인이 조직에서 경험하는 직무들이 수평적 뿐만 아니라 수직적으로 배열되어 있는 경우이다.
⑤ 경력욕구는 조직이 개인에게 기대하는 행동인 경력역할과 개인 자신이 추구하려고 하는 경력방향에 의해 결정된다.

> **정답** ①
> **해설** ② (×) 샤인(E. Schein)은 개인의 경력욕구 유형을 8유형으로 구분하였다.
> ③ (×) 유지단계에 관한 설명이다.
> ④ (×) 네트워크 경력경로(network career path)에 관한 설명이다.
> ⑤ (×) 개인의 유전적 특성, 형성요인(사회문화적 특성, 부모, 교육 수준 등), 연령 및 단계요인(관심, 태도, 가치관의 변화 등) 등이 합쳐져서 자아개념이 형성되며, 이를 토대로 경력방향이 정해진다.
>
> 자아개념 ⇨ 경력방향 ⇨ 경력역할 ⇨ 경력욕구

Topic 05 평가관리

1 상대평가와 절대평가

상대평가는 여러 피평가자들과 비교하여 상대적으로 평가하는 방식, 절대평가는 평가자가 다른 피평가자를 비교하지 않고 피평가자가 해당 평가항목에 보여주는 사항을 평가하는 방식이다.

상대평가	절대평가
• 서열법 • 쌍대비교법 • 강제할당법	• 체크리스트법 • 평정척도법 • 중요사건기술법 • 행위기준고과법(BARS) • 행위관찰고과법(BOS)

2 비교를 목적으로 하는 평가

(1) 서열(ranking)법

피평가자를 최고부터 최저순위까지 상대서열을 결정하는 방법. 등위를 부여해 평가하는 방법으로, 평가 비용과 시간을 절약할 수 있다.

(2) 쌍대비교법(paired-comparison ranking)

순위를 매기기 위해 종업원들을 서로 짝을 지우는 것이다. 비교해야할 인원이 많을 때는 적절하지 못한 방법이다.

(3) 강제할당법

사전에 일정한 범위와 수(예 정규분포)를 결정해 놓고 종업원을 비율에 따라 강제로 할당하는 것

3 개인특성평가

(1) 체크리스트법(대조법)

① 평가에 적당한 표준행동을 구체적으로 기술한 문장을 리스트에 기재한 뒤 고과자가 체크하는 방법

② 평가자로 하여금 피평가자의 성과, 능력, 태도 등을 구체적으로 기술한 단어나 문장을 선택하게 하는 인사고과법이다.

(2) 강제선택기술법

① 둘 중 하나를 선택하게끔 되어 있는 쌍으로 된 복수의 서술문항들로 구성된 고과기법

② 반드시 한 문항을 선택해야 하므로 신뢰성이 우수하지만, 고과자로 하여금 심리적 갈등을 유발시킬 수 있음

(3) 평정척도법(rating scale)
① 개인특성(지식, 의사소통, 팀워크, 독창성 등)을 목록화하고 각 특성에 평가척도(수, 우, 미, 양, 가)를 적용하는 방법이다.
② 평정척도(rating scale)법은 평가 항목에 대해 리커트(Likert) 척도 등을 이용해 평가한다.
③ 도식적 평정법은 작업자의 수행을 평가할 때 평가자에 의한 관대화 오류가 가장 많이 발생할 수 있는 방법이다.

4 행동평가

(1) 중요사건기록법
평가기간에 일어난 중요사건(효과적 또는 비효과적 성공 또는 실패한 업적)을 관찰·기록해 두었다가 이것을 토대로 평가하는 방법

(2) 행동기준평가법(BARS) : 평정척도법+중요사건기록법
① 가장 이상적인 과업행태에서부터 가장 바람직하지 못한 행태까지를 몇 개의 등급으로 구분
② BARS(Behaviorally Anchored Rating Scale) 평가법은 성과 관련 주요 행동에 대한 수행정도로 평가한다.
③ 중요과업의 선정-척도설정 및 기준행동의 기술-과업행동의 평가 순으로 이루어진다.

(3) 행위관찰고과법(BOS)
① 인사고과에서 평가문항의 '발생빈도'를 근거로 피고과자를 평가하는 방법
② 중요사건기록법을 기초로 하며, 행위기준평가법(BARS)의 변형이다.
③ 행동기준고과법 개발위원회 구성 → 중요사건의 열거 → 중요사건의 범주화 → 중요사건의 재분류 → 중요사건의 등급화 → 확정 및 실시

(4) 평가센터법(ACM)
① 다수의 대상자를 특정 장소에서 일정 기간 여러 종류의 평가도구를 동시에 적용하여 지원자들을 종합적으로 평가하는 방법
② 다수의 평가자(예 인사분야 전문가, 해당기업의 인사담당자)로 구성된다.
③ 관리적 잠재능력을 평가하는데 사용되는 기법

5 성과(결과)평가 : 목표관리법(MBO : Management By Objectives)

(1) 드러커(P. Drucker)와 맥그리거(McGregor)에 의해 개발된 개념으로서, 평가자와 피평가자가 협의를 통하여 목표를 설정하고 설정된 목표와 실적을 비교하여 평가한다.
(2) 종업원과 상사의 니즈(needs)가 모두 반영되어 고과하기 쉬우며, 정기적 피드백으로 수용도가 높은 평가방법이다.
(3) 목표관리법(MBO)의 장점 중 하나는 권한위임이 이루어지기 용이하다는 것이다.

6 종합적 평가

(1) 균형성과표(BSC) : R. Kaplan & D. Norton
   ① 재무적 측정치뿐만 아니라 다양한 비재무적 측정치도 포함한 종합적 성과평가 모델이다.
   ② 균형잡힌 성과 측정을 위한 것으로 대개 재무와 비재무지표, 결과와 과정, 내부와 외부, 단기와 장기, 정량적 측정치와 정성적 측정치간의 균형을 추구하는 도구이다.
   ③ BSC의 실행을 위해서는 관리자들이 조직에서 어느 개인, 어느 부서가 어떤 지표의 달성에 책임을 지는지 확인하여야 한다.
   ④ 전략 모니터링 또는 전략 실행을 관리하기 위한 도구로 활용하는 경우에는 성과 평가 결과를 보상에 연계시키지 않는 것이 바람직하다는 견해가 있다.

관 점	핵심 성과 지표(KPI)
재무적 관점 (후행지표)	매출액, 매출액총이익률, 매출액증가, 원가절감, 이익률 등
고객 관점	시장점유률, 고객유지율, 고객확보율, 고객수익성, 고객만족도 등
업무처리 (내부프로세스) 관점	프로세스타임, 프로세스품질, 프로세스원가, 종업원의 능력, 생산성 등
학습·성장 관점	개발역량강화, 지식습득, 교육프로그램 이수율 등

(2) 자기고과법(self-evaluation)
   종업원이 작업성과에 대해 자기 스스로 평가하는 방법이다. 동료고과에 비해 관대화 경향이 나타나며, 조직 상위자가 고과를 할 때 기초자료로 활용된다.

(3) 360° 다면평가
   ① 상사 및 동료, 하급자와 외부이해관계자인 고객이나 공급자 등에 의해서 평가 및 피드백이 이뤄진다.
   ② 연공서열 위주에서 팀 성과 위주로 인적자원관리의 형태가 변화하면서 다면평가의 필요성이 증대되었다.
   ③ 업무 성격이 고도의 지식과 기술을 요구하는 경우가 많아 다면평가가 더욱 필요하게 되었다.
   ④ 원칙적으로 다면평가의 결과는 본인에게 공개되며, 평가결과에 대한 피드백을 통해 인적자원의 개발을 촉진하게 된다.

7 평가오류

(1) 후광오류(halo effect) : 현혹효과,연쇄효과
   ① 하나의 평정 요소가 다른 평정 요소에 영향을 미치는 것
   ② 인사고과를 직원별이 아닌 평가요소별로 실시하거나 여러 고과담당자들이 한 직원을 평가하면 줄일 수 있음

(2) 중심화 경향(central tendency)
① 평가점수들이 평정척도상의 중간 등급에 집중되는 경향
② 강제배분법을 통해 방지

(3) 관대화 경향(leniency tendency)
① 고과대상자의 능력이나 성과를 실제보다 더 높게 평가하는 경향
② 강제배분법을 통해 방지

(4) 엄격화·가혹화(severity) 경향
실제보다 열등 쪽에 치우치게 평가하는 것

(5) 근접오류(proximity error)
평가시점과 가까운 시점에 일어난 사건이 평가에 큰 영향을 미치게 되는 오류를 말한다(기억력의 한계).

(6) 대비오류(contrast error) : 대조효과
① 다른 사람을 판단함에 있어서 절대적 기준에 기초하지 않고 다른 대상과의 비교를 통해 평가하는 오류를 말한다.
② 예컨대, 면접시 우수한 지원자 바로 뒷 순서의 지원자는 중간 이하의 평가점수를 받게 될 가능성이 크다.

(7) 유사성 효과
자신과 생각이나 행동방식이 유사한 사람을 호의적으로 평가하는 오류이다.

Topic 05 관련 기출 문제

01 BSC(Balanced Score Card)에 관한 설명으로 옳지 않은 것은?　　2013년

① 내부 프로세스 관점과 학습 및 성장 관점도 평가의 주요 관점이다.
② 재무적 관점 이외에 고객관점도 평가의 주요 관점이다.
③ 로버트 카플란(R. Kaplan)과 노튼(D. Norton)이 제안한 성과 평가 방식이다.
④ 균형잡힌 성과 측정을 위한 것으로 대개 재무와 비재무지표, 결과와 과정, 내부와 외부, 노와 사간의 균형을 추구하는 도구이다.
⑤ 전략 모니터링 또는 전략 실행을 관리하기 위한 도구로 활용하는 경우에는 성과 평가 결과를 보상에 연계시키지 않는 것이 바람직하다는 견해가 있다.

정답 ④
해설 ④ (×) 노(勞)와 사(使)간의 균형은 BSC에 관한 설명에 해당하지 않는다.

02 관찰 및 측정이 가능하고 직무와 관련된 피평가자의 행동을 평가기준으로 하는 행동기준고과법(BARS: behaviorally anchored rating scales)의 개발 절차를 순서대로 옳게 나열한 것은?　　2014년

① 행동기준고과법 개발위원회 구성 → 중요사건의 열거 → 중요사건의 범주화 → 중요사건의 재분류 → 중요사건의 등급화 → 확정 및 실시
② 행동기준고과법 개발위원회 구성 → 중요사건의 열거 → 중요사건의 범주화 → 중요사건의 등급화 → 중요사건의 재분류 → 확정 및 실시
③ 행동기준고과법 개발위원회 구성 → 중요사건의 열거 → 중요사건의 등급화 → 중요사건의 재분류 → 중요사건의 범주화 → 확정 및 실시
④ 행동기준고과법 개발위원회 구성 → 중요사건의 열거 → 중요사건의 등급화 → 중요사건의 범주화 → 중요사건의 재분류 → 확정 및 실시
⑤ 행동기준고과법 개발위원회 구성 → 중요사건의 열거 → 중요사건의 재분류 → 중요사건의 범주화 → 중요사건의 등급화 → 확정 및 실시

정답 ①

03 카플란(Kaplan)과 노턴(Norton)에 의해 개발된 균형성과표(BSC: balanced scorecard)의 운용체계는 4가지 관점에서 파생되는 핵심성공요인(KPI : key performance indicators)들의 유기적 인과관계로 구성되는데, 4가지 관점으로 모두 옳은 것은? `2014년`
① 재무적 관점, 고객 관점, 외부 경쟁환경 관점, 학습·성장 관점
② 재무적 관점, 고객 관점, 내부 프로세스 관점, 학습·성장 관점
③ 재무적 관점, 자재 관점, 외부 경쟁환경 관점, 학습·성장 관점
④ 재무적 관점, 고객 관점, 외부 경쟁환경 관점, 직무표준 관점
⑤ 재무적 관점, 자재 관점, 내부 프로세스 관점, 직무표준 관점

정답 ②

---

04 균형성과표(BSC : Balanced Score Card)에서 조직의 성과를 평가하는 관점이 아닌 것은? `2022년`

① 재무 관점
② 고객 관점
③ 내부 프로세스 관점
④ 학습과 성장 관점
⑤ 공정성 관점

정답 ⑤

---

05 A기업에서는 평가등급을 5단계로 구분하고 가능한 정규분포를 이루도록 등급별 기준인원을 정하였으나, 평가자에 의하여 다음의 표와 같은 결과가 나타났다. 이와 같은 평가결과의 분포도상의 오류는? (평가등급의 상위순서는 A, B, C, D, E 등급의 순이다.) `2015년`

평가등급	A등급	B등급	C등급	D등급	E등급
기준인원	1명	2명	4명	2명	1명
평가결과	5명	3명	2명	0명	0명

① 논리적오류
② 대비오류
③ 관대화경향
④ 중심화경향
⑤ 가혹화경향

정답 ③
해설 ③ (O) A등급이 10명 중 5명이나 되며, B, C등급 또한 합하면 나머지 인원인 5명이 된다. 따라서 고과대상자의 능력이나 성과를 실제보다 높게 평가하는 경향인 관대화경향이 나타났다고 할 수 있다.

06 카플란(R. Kaplan)과 노턴(D. Norton)이 주창한 BSC(Balance Score Card)에 관한 설명으로 옳은 것은?　　　　2016년

① 균형성과표로 생산, 영업, 설계, 관리부문의 균형적 성장을 추구하기 위한 목적으로 활용된다.
② 객관적인 성과 측정이 중요하므로 정성적 지표는 사용하지 않는다.
③ 핵심성과지표(KPI)는 비재무적요소를 배제하여 책임소재의 인과관계가 명확한 평가가 이루어지도록 한다.
④ 기업문화와 비전에 입각하여 BSC를 설정하므로 최고경영자가 교체되어도 지속적으로 유지된다.
⑤ BSC의 실행을 위해서는 관리자들이 조직에서 어느 개인, 어느 부서가 어떤 지표의 달성에 책임을 지는지 확인하여야 한다.

> **정답** ⑤
> **해설** ① (×) 재무적 관점, 고객 관점, 내부 프로세스 관점, 학습·성장 관점의 균형을 강조한다.
> ② (×) 정성(quality)적 지표와 정량(quantity)적 지표를 동시에 사용한다.
> ③ (×) 재무적요소 뿐만 아니라 비재무적요소 또한 같이 평가한다.
> ④ (×) 최고경영자가 교체될 경우 기업문화와 비전이 바뀌게 된다.

07 인사고과에 관한 설명으로 옳은 것을 모두 고른 것은?　　　　2017년

> ㄱ. 캐플란(R. Kaplan)과 노턴(D. Norton)이 주창한 균형성과표(BSC)의 4가지 핵심 관점은 재무관점, 고객관점, 외부환경관점, 학습·성장관점이다.
> ㄴ. 목표관리법(MBO)의 단점 중 하나는 권한위임이 이루어지기 어렵다는 것이다.
> ㄷ. 체크리스트법(대조법)은 평가자로 하여금 피평가자의 성과, 능력, 태도 등을 구체적으로 기술한 단어나 문장을 선택하게 하는 인사고과법이다.
> ㄹ. 대부분의 전통적인 인사고과법과는 달리, 종합평가법 혹은 평가센터법(ACM)은 미래의 잠재능력을 파악할 수 있는 인사고과법이다.
> ㅁ. 행동기준평가법(BARS)은 척도설정 및 기준행동의 기술-중요과업의 선정-과업행동의 평가 순으로 이루어진다.

① ㄱ, ㅁ
② ㄷ, ㄹ
③ ㄱ, ㄴ, ㄷ
④ ㄷ, ㄹ, ㅁ
⑤ ㄱ, ㄷ, ㄹ, ㅁ

> **정답** ②
> **해설** ㄱ. (×) 재무적 관점, 고객 관점, 내부 프로세스 관점, 학습·성장 관점이다.
> ㄴ. (×) 목표관리법(MBO)의 장점 중 하나는 권한위임이 이루어지기 용이하다는 것이다.
> ㅁ. (×) 중요과업의 선정-척도설정 및 기준행동의 기술-과업행동의 평가 순으로 이루어진다.

08 인사평가의 방법을 상대평가법과 절대평가법으로 구분할 때 상대평가법에 속하는 기법을 모두 고른 것은? 2023년

> ㄱ. 서열법　　　　　　ㄴ. 쌍대비교법
> ㄷ. 평정척도법　　　　ㄹ. 강제할당법
> ㅁ. 행위기준척도법

① ㄱ, ㄴ, ㄷ　　　　② ㄱ, ㄴ, ㄹ
③ ㄱ, ㄷ, ㄹ　　　　④ ㄴ, ㄷ, ㅁ
⑤ ㄴ, ㄹ, ㅁ

정답 ②

09 작업자의 수행을 평가할 때 평가자에 의한 관대화 오류가 가장 많이 발생할 수 있는 방법은? 2013년

① 종업원 순위법　　　② 강제배분법
③ 도식적 평정법　　　④ 정신운동능력 평정법
⑤ 행동기준 평정법

정답 ③
해설 ③ (O) 도식적 평정법에서는 등급이 탁월, 우수, 보통, 미흡, 불량 등으로 나뉘어 있다. 하지만 평정자가 부하 직원과의 비공식적 유대 관계의 유지를 원하기 때문에 대부분 탁월, 우수 등으로 실제보다 높게 평가하는 경향이 있다.

10 A과장은 근무평정을 할 때 자신의 부하직원 B가 평소 성실하다는 이유로 자신이 직접 관찰하지 않아서 잘 모르는 B의 창의성, 도덕성, 기획력 등을 모두 높게 평가하였다. 이러한 경우 A과장은 어떤 평정오류를 범하고 있는가? 2013년

① 관대화오류　　　　② 후광오류
③ 엄격화오류　　　　④ 중앙집중오류
⑤ 대비오류

정답 ②
해설 ② (O) 어느 하나의 평정 요소에 대한 평정자의 판단이 다른 평정 요소의 평정에 영향을 주거나 평정자가 피평정자에 대하여 가지고 있는 막연한 일반적인 인상이 모든 평정 요소에 영향을 미치는 것을 후광오류(halo error)라 한다.

11 영업 1팀의 A팀장은 팀원들의 직무수행을 긍정적으로 평가하는 것으로 유명하다. 영업 1팀의 팀원들은 실제 직무수행 수준보다 언제나 높은 평가를 받는다. 한편 영업 2팀의 B팀장은 대부분 팀원을 보통 수준으로 평가한다. 특히 B팀장 자신이 잘 모르는 영역 평가에서 이러한 현상이 두드러진다. 직무수행 평가 패턴에서 A와 B팀장이 각각 범하고 있는 오류(또는 편향)를 순서대로(A, B) 옳게 나열한 것은? 〔2016년〕

ㄱ. 후광오류 ㄴ. 관대화오류
ㄷ. 엄격화오류 ㄹ. 중앙집중오류
ㅁ. 자기본위적 편향

① ㄱ, ㄷ ② ㄱ, ㄹ
③ ㄴ, ㄷ ④ ㄴ, ㄹ
⑤ ㄴ, ㅁ

> **정답** ④
> **해설** ④ (O) 언제나 높은 평가를 받으므로 관대화오류이며, 대부분 팀원을 중앙인 보통 수준으로 평가하므로 중앙집중오류라 할 수 있다.

12 인사평가 시기가 되자 홍길동 부장은 매우 우수한 성과를 보인 이순신 사원을 평가하고, 다음 차례로 이몽룡 사원을 평가하였다. 이 때 이몽룡 사원은 평균적인 성과를 보였음에도 불구하고, 평균 이하의 평가를 받았다. 홍길동 부장의 평가에서 발생한 오류는? 〔2018년〕

① 후광 오류 ② 관대화 오류
③ 중앙집중화 오류 ④ 대비 오류
⑤ 엄격화 오류

> **정답** ④
> **해설** ④ (O) 대비 오류(contrast error)란 비교 대상에 따라 과대 또는 과소평가되는 경향을 말한다. 이몽룡 사원은 평균적인 성과를 보였음에도 불구하고, 매우 우수한 성과를 보인 이순신 사원과 대비(비교)했을 때는 낮은 성과이기에 오히려 평균 이하의 평가를 받은 것이다. 누구와 비교하느냐에 따라 평가가 달라지는 것이다.

13 김부장은 직원의 직무수행을 평가하기 위해 평정척도를 이용하였다. 금년부터는 평정오류를 줄이기 위한 방법으로 '종업원 비교법'을 도입하고자 한다. 이때 제거 가능한 오류(a)와 여전히 존재하는 오류(b)를 옳게 짝지은 것은? 2020년

① a : 후광오류, b : 중앙집중오류
② a : 후광오류, b : 관대화오류
③ a : 중앙집중오류, b : 관대화오류
④ a : 관대화오류, b : 중앙집중오류
⑤ a : 중앙집중오류, b : 후광오류

정답 ⑤
해설 ⑤ (○) 종업원 비교법으로는 주어진 수행차원에서 제일 높은 사람으로부터 제일 낮은 사람까지 순위를 매기는 순위법, 타 종업원들을 모든 다른 사람과 짝을 이뤄 비교하는 방법인 짝 비교법, 종업원들을 범주별로 강제 배분하는 강제배분법 등이 있다. 순위를 매기고 강제배분하기 때문에 중앙집중화 오류와 관대화 오류를 방지할 수 있다. 하지만 후광오류는 여전히 존재할 수 있다.

14 인사평가 방법에 관한 설명으로 옳지 <u>않은</u> 것은? 2020년

① 서열(ranking)법은 등위를 부여해 평가하는 방법으로, 평가 비용과 시간을 절약할 수 있다.
② 평정척도(rating scale)법은 평가 항목에 대해 리커트(Likert) 척도 등을 이용해 평가한다.
③ BARS(Behaviorally Anchored Rating Scale) 평가법은 성과 관련 주요 행동에 대한 수행 정도로 평가한다.
④ MBO(Management by Objectives) 평가법은 상급자와 합의하여 설정한 목표 대비 실적으로 평가한다.
⑤ BSC(Balanced Score Card) 평가법은 연간 재무적 성과 결과를 중심으로 평가한다.

정답 ⑤
해설 ⑤ (×) BSC는 재무적 관점과 비재무적 관점을 균형있게 고려하여 평가한다.

Topic 06 보상관리 : 임금관리

1 보상의 유형

유형		내용
금전적 보상	직접보상	• 화폐적 임금으로 받는 보상 • 임금, 보너스, 스탁옵션, 자사주
	간접보상	• 금전적 성질이 강한 것(복지후생) • 유급휴가, 연금, 보험, 학자금지원
비금전적 보상	직무관련 보상	직무자율 및 권한 확대, 훈련과 개발 기회 제공, 승진 등
	직무환경 보상	쾌적한 직무환경, 탄력적 근로시간제

2 임금체계의 관리

(1) 직무급(job-based pay)
  ① 직무의 상대적 가치(중요성과 난이도, 위험 등)에 따라 임금을 결정하는 방식
  ② 동일노동 동일임금의 원칙(equal pay for equal work)이 적용된다.
  ③ 직무를 중심으로 한 합리적인 인적자원관리가 가능하게 됨으로써 인건비의 효율성을 증대시킬 수 있다.
  ④ 유능한 인력을 확보하고 활용하는 것이 가능하다.
  ⑤ 직무분석과 직무평가를 필요로 한다는 점에서 시행 절차가 복잡하다.

(2) 연공급(seniority-based pay)
  ① 개인의 학력, 연령, 근속연수 등을 고려하여 임금을 결정하는 방식
  ② 종업원의 장기근속을 유도하며, 조직에 대한 충성심과 귀속의식을 증가시킬 수 있다.
  ③ 임금피크제(salary peak system)는 정년까지 고용을 유지하는 대신 일정 연령이 되면 생산성 등을 감안하여 임금을 줄이는 제도이다.

(3) 직능급(competency-based pay)
  ① 근로자의 직무능력의 수준(숙련도, 경력, 훈련, 자격, 역량 등)에 따라 임금이 결정되는 방식
  ② 종업원에게 자격증 취득을 할 경우 근로의욕을 고취시킨다.
  ③ 경쟁의 격화로 조직의 분위기가 저해될 수 있다.

(4) 성과급(performance-based pay) : 변동급
  ① 종업원이 달성한 성과의 크기를 기준으로 임금액을 결정하는 제도
  ② 생산성 제고에 기여하지만, 종업원의 수입을 불안정하게 할 수 있다.

(5) **역량급**
    담당하고 있는 직무와는 상관없이 그들(관리직, 전문기술직)이 보유하고 있는 역량의 범위와 수준에 따라 임금이 결정되는 제도

3 임금관리의 공정성(equity)
(1) **외부공정성** : 유사직무의 조직 간 공정성
    ① 노동시장에서 지불되는 임금액에 대비한 구성원의 임금에 대한 공평성 지각을 의미한다.
    ② 임금수준을 결정하는 방법은 시장임금조사이다.
(2) **내부공정성** : 조직내 다양한 직무 간 공정성
    ① 단일 조직 내에서 직무 또는 스킬의 상대적 가치에 임금 수준이 비례하는 정도를 의미한다.
    ② 조직구성원에 대한 **면접조사**를 통하여 이뤄진다.
(3) **개인공정성** : 조직내+동일직무+사람간 공정성
    동일직무 간 개인의 특질, 교육정도, 동료들과의 인화력, 업무 몰입수준 등과 같은 개인적 특성이 임금에 반영되는 정도를 의미한다.

Topic 06 관련 기출 문제

01 임금관리 공정성에 관한 설명으로 옳은 것은? `2013년`

① 내부공정성은 노동시장에서 지불되는 임금액에 대비한 구성원의 임금에 대한 공평성 지각을 의미한다.
② 외부공정성은 단일 조직 내에서 직무 또는 스킬의 상대적 가치에 임금 수준이 비례하는 정도를 의미한다.
③ 직무급에서는 직무의 중요도와 난이도 평가, 역량급에서는 직무에 필요한 역량 기준에 따른 역량 평가에 따라 임금수준이 결정된다.
④ 개인공정성은 다양한 직무 간 개인의 특질, 교육정도, 동료들과의 인화력, 업무 몰입수준 등과 같은 개인적 특성이 임금에 반영되는 정도를 의미한다.
⑤ 조직은 조직구성원에 대한 면접조사를 통하여 자사 임금수준의 내부, 외부 공정성 수준을 평가할 수 있다.

> **정답** ③
> **해설** ① (×) 외부공정성에 관한 설명이다.
> ② (×) 내부공정성에 관한 설명이다.
> ④ (×) 동일한 직무 간 개인의 특질이 맞는 표현이다.
> ⑤ (×) 조직구성원에 대한 면접조사를 통하여 자사 임금수준의 내부 공정성 수준을, 시장임금조사를 통하여 외부 공정성 수준을 평가할 수 있다.

02 직무급(job-based pay)에 관한 설명으로 옳은 것을 모두 고른 것은? `2018년`

> ㄱ. 동일노동 동일임금의 원칙(equal pay for equal work)이 적용된다.
> ㄴ. 직무를 평가하고 임금을 산정하는 절차가 간단하다.
> ㄷ. 유능한 인력을 확보하고 활용하는 것이 가능하다.
> ㄹ. 직무의 상대적 가치를 기준으로 하여 임금을 결정한다.
> ㅁ. 직무를 중심으로 한 합리적인 인적자원관리가 가능하게 됨으로써 인건비의 효율성을 증대시킬 수 있다.

① ㄱ, ㄴ, ㄷ
② ㄷ, ㄹ, ㅁ
③ ㄱ, ㄴ, ㄹ, ㅁ
④ ㄱ, ㄷ, ㄹ, ㅁ
⑤ ㄱ, ㄴ, ㄷ, ㄹ, ㅁ

> **정답** ④
> **해설** ㄴ. (×) 직무분석 및 직무평가 등의 과정을 거쳐야 하므로, 직무를 평가하고 임금을 산정하는 절차가 복잡하다.

Topic 07 노사관계관리

1 노동조합의 형태

(1) 직종별 노동조합
① 산업이나 기업에 관계없이 같은 직업이나 직종 종사자들에 의해 결성된다.
② 기본원리는 숙련공들의 기득권 보호와 노동력의 공급제한이다.

(2) 산업별 노동조합
① 기업과 직종을 초월하여 산업을 중심으로 결성된다.
② 직종 간, 회사 간 이해의 조정이 용이하지 않다.

(3) 기업별 노동조합
① 직능이나 직종, 숙련도 등에 관계없이 동일 기업에 근무하는 근로자들에 의해 결성된다.
② 우리나라 노동조합의 주요 형태이기도 하다.

(4) 일반 노동조합
직종, 산업에 구애됨이 없이 하나 내지 수개의 사업에 걸쳐 흩어져 있는 일반 근로자, 특히 미숙련 근로자들을 규합하는 형태이다.

2 숍제도(shop system)

숍(shop) 제도는 노동조합의 규모와 통제력을 좌우할 수 있다.

(1) 기본적인 형태
① 오픈 숍(open shop) : 노조가입 여부에 상관없이 고용할 수 있는 제도
② 유니온 숍(union shop) : 조합원 이외의 근로자까지 자유로이 고용할 수 있지만, 채용 후 일정기간이 지나면 노조가입이 의무화
③ 클로즈드 숍(closed shop) : 노조원이 아니면 고용 불가

(2) 변형적인 형태
① 에이전시 숍(agency shop) : 조합원 및 비조합원 모두에게 조합비를 징수하는 제도
② 프레퍼렌셜 숍(preferential shop) : 노조원을 우선적으로 고용하는 제도
③ 메인터넌스 숍(maintenance shop) : 단체협약이 체결되면 기존 조합원, 이후 가입한 조합원 모두 협약이 유효한 기간 동안은 조합원으로 머물러야 한다는 제도

3 체크오프(check off) 제도 : 조합비 일괄공제제도
(1) 우리나라 노동조합은 대부분 채택하고 있다.
(2) 급여 계산시 종업원의 월급에서 조합비를 일괄 공제한다.

4 단체교섭의 방식
(1) 기업별 교섭
① 특정기업 또는 사업장 단위로 조직된 노동조합이 단체교섭의 당사자가 되어 기업주 또는 사용자와 교섭하는 방식이다.
② 예 기아자동차 노조위원장 ⇔ 기아자동차 사장
③ 우리나라와 같이 기업별 노동조합이 전형적인 경우 가장 대표적인 교섭유형이다.
④ 기업이 교섭의 장이 되면서 교섭비용이 과다하게 발생한다는 단점이 있지만, 기업의 재무구조나 경영사정을 반영할 수 있다는 장점이 있다.

(2) 공동교섭
① 노동조합이 기업별 노동조합으로 구성되어 있는 경우 또는 산업별·직업별 노동조합의 경우에 기업단위의 지부가 당해 기업과 단체교섭을 하는 경우 상부단체인 전국 노동조합이 이에 참가하는 것이다.
② 예 금속노조A지부+A지부 소속a사 지회 ⇔ a사 사장

(3) 대각선 교섭
① 전국적 또는 지역적인 산업별 노동조합이 각각의 개별 기업과 교섭하는 방식이다.
② 예 전국민화학섬유노련 ⇔ A기업 사장

(4) 통일교섭
① 전국적 또는 지역적인 산업별 또는 직업별 노동조합과 이에 대응하는 전국적 또는 지역적인 사용자와 교섭하는 방식이다.
② 기업단위 노사갈등을 최소화하고 통일적인 근로조건을 형성할 수 있다는 장점이 있으나, 개별기업의 특성을 반영하기 어렵다는 단점이 있다.
③ 예 전국금융노조 ⇔ 시중은행 대표(교섭권 위임방식), 전국자동차노련대전시지부 ⇔ 대전시버스운송사업조합(사용자단체 구성방식)

(5) 집단교섭
① 여러 개의 노동조합 지부가 공동으로 이에 대응하는 여러 개의 기업들과 집단적으로 교섭하는 방식이다.
② 예 A, B, C, D, E사 노조 ⇔ A, B, C, D, E사 대표

5 노동쟁의행위

(1) 노동조합 측 쟁의행위

① 파업(strike)

노동자가 단결하여 근로조건의 유지 및 개선을 달성하기 위하여 집단적으로 노무의 제공을 거부하는 행위

② 태업(sabotage)

노동자들이 단결해서 의식적으로 작업 능률을 저하시키는 행위(예 불량품생산, 생산품 양의 감소 등)

③ 준법투쟁

㉠ 보안, 안전, 근무규정 등을 필요이상으로 엄정하게 준수하여 작업능률을 의식적으로 저하시키는 행위

㉡ 연장근로거부, 집단휴가, 안전보건투쟁, 집단사표제출 등

④ 불매운동, 보이콧(boycott)

사용자의 제품을 구매 또는 시설을 거부하여 압력을 행사하는 것

⑤ 생산통제(생산관리)

사업장 및 공장 내의 생산시설 및 원자재 일체를 점유하고, 지휘명령을 배제한 상태에서 기업을 경영하며 생산활동을 통제하는 행위

⑥ 피케팅(picketing)

파업 비참가자들의 사업장 또는 공장출입을 저지하고 파업참여에 협력할 것을 요구하는 행위

(2) 사용자측 쟁의행위

① 직장폐쇄(lockout)

㉠ 노조의 쟁의행위를 전제로 하기 때문에 파업 등에 대한 대항조치이다.

㉡ 노동조합의 쟁의행위에 선행할 수 없고 노조가 쟁의행위를 중단하고 업무에 복귀의사를 명백히 하면 사용자는 직장폐쇄를 해제해야 한다.

② 대체고용(replacement)

㉠ 쟁의기간 중 비조합원이나 신규 직원을 채용해서 쟁의에 참여한 조합원의 일자리를 대신하도록 하는 것

㉡ 영구대체고용과 파업기간 중 일시대체고용이 있음. 미국과 달리 우리나라는 영구대체고용을 인정하지 않음

6 부당노동행위

(1) 개념

정당한 노동조합 활동을 이유로 불이익취급을 하거나 노동조합 활동에 사용자가 지배·개입하는 등 근로자의 노동3권(단결권, 단체교섭권, 단체행동권)을 침해하는 사용자의 행위

(2) 유형
① 정당한 단체행동참가에 대한 해고 및 불이익대우 : 근로자가 노동조합의 결성, 가입 기타 정당한 조합활동을 한 것을 이유로 불이익을 주는 행위
② 단체교섭거부 : 노동조합과의 단체계약체결 기타 단체교섭을 정당한 이유없이 거부하거나 해태하는 행위
③ 지배·개입 및 경비원조 : 노동조합의 조직, 운영에 지배·개입하거나 노동조합의 운영비 등을 원조하는 행위
④ 황견계약(yellow dog contract, 반조합계약) : 근로자가 어느 노동조합에 가입하지 아니할 것 또는 탈퇴할 것을 고용조건으로 하거나 특정한 노동조합의 조합원이 될 것을 고용조건으로 하는 행위
⑤ 보복적 불이익 취급 : 노동위원회에 사용자의 부당노동행위를 신고 또는 증언하거나 기타 행정관청에 증거를 제출한 것을 이유로 그 근로자를 해고시키거나 그에게 불이익을 주는 행위

7 경영참가제도

(1) 개념
① 기업경영상의 의사결정에 근로자 또는 노동조합이 참여해서 영향력을 행사하는 것을 말한다.
② 경영참가제도는 단체교섭과 더불어 노사관계의 양대 축을 형성하고 있다.

(2) 의의
① 산업화에 따른 근로자들의 인간성 소외문제 극복
② 노사간 협조 증대 및 생산성 향상
③ 근로자들의 성취동기 유발
④ 산업민주주의를 실현함으로써 사회정의 구현

(3) 유형
① 간접참가 : 자본참가
  ㉠ 종업원지주제(ESOP : employee stock ownership plan) : 종업원들이 일정한 조건 하에서 회사의 주식을 유상 또는 무상으로 보유할 수 있도록 지원하는 제도이다. 원래 안정주주의 확보라는 기업방어적인 측면에서 시작되었으며, 최근에는 근로자의 재산형성촉진과 근로자의 참여 및 협력적 노사관계의 확립을 위하여 논의되고 있다.
  ㉡ 스톡옵션(Stock Option) : 임직원 및 종업원에게 일정량의 자사주식을 사전에 약정된 가격으로 매수할 수 있는 권리를 주는 인센티브제도
② 직접참가
  ㉠ 의사결정참가(협의의 경영참가)
    ⓐ 노사협의회제(독일) : 노사대표자들이 단체교섭의 대상 외의 문제, 즉 작업능률이나 생산성 등에 대하여 논의하는 합동 협의기구이다.

ⓑ 노사공동결정제(독일) : 사용자가 기업의 의사결정을 할 때, 종업원 또는 노동조합을 기업의 의사결정에 참여시키는 제도
　　　ⓒ 품질분임조 : 현장 일선에서 일어나는 여러 가지 품질문제를 선택하여 자주적으로 관리・개선활동을 하는 것을 그 목적으로 하는 제도
　　ⓛ 성과참가(이익참가)
　　　ⓐ 성과(이득) 배분(gain sharing)

Scanlon plan	구성원 대상의 제안제도를 활성화하여 그 결과 매출액(생산판매가치, SVOP)에 대비한 인건비의 감소분이 발생시 이를 집단성과급으로 지급
Rucker plan	노사협력의 결과 부가가치(VA)에 대비한 인건비의 감소분이 발생시 이를 집단성과급으로 지급
improshare plan	단위당 소요되는 표준작업시간과 실제 작업시간을 비교하여 절약된 작업시간에 대한 생산성 이득을 노사가 각각 50 : 50의 비율로 배분하는 임금제도
French system	생산성의 증가분을 원가절감액을 통해 파악 및 배분

　　　ⓑ 이윤(이익) 배분(profit sharing) : 현금배분, 이연배분, 혼합배분

노동쟁의 조정제도

1. 노동쟁의조정의 의의
　노동관계 당사자간에 근로조건의 결정에 관한 주장의 불일치로 노동쟁의가 발생한 경우, 당해 노동쟁의를 신속・공정하게 해결하여 쟁의행위로 인한 노동관계 당사자의 손실을 방지하기 위해 노동조합 및 노동관계조정법과 노동위원회법에 의해 행해지는 일련의 절차를 말한다.
2. 노동쟁의조정 방법
　1) 조정
　　(1) 노동위원회에 설치된 조정위원회가 관계 당사자의 의견을 청취한 뒤 조정안을 작성하여 노사 쌍방에게 수락을 권고
　　(2) 임의조정 : 당사자의 자발적인 참여의 방식으로 이루어지는 조정
　　(3) 강제조정 : 법적인 구속력이나 정부의 명령에 의해 이루어지는 조정
　2) 중재
　　노동위원회에 설치된 중재위원회가 노동쟁의의 해결조건을 정한 해결안을 작성하고 당사자는 무조건 그 해결안에 구속됨
　3) 긴급조정
　　고용노동부장관의 결정에 의한 강제개시

Topic 07 관련 기출 문제

01 노동조합에 관한 설명으로 옳지 않은 것은? `2019년`
① 직종별 노동조합은 산업이나 기업에 관계없이 같은 직업이나 직종 종사자들에 의해 결성된다.
② 산업별 노동조합은 기업과 직종을 초월하여 산업을 중심으로 결성된다.
③ 산업별 노동조합은 직종 간, 회사 간 이해의 조정이 용이하지 않다.
④ 기업별 노동조합은 동일 기업에 근무하는 근로자들에 의해 결성된다.
⑤ 기업별 노동조합에서는 근로자의 직종이나 숙련 정도를 고려하여 가입이 결정된다.

정답 ⑤
해설 ⑤ (×) 기업별 노동조합에서는 직능이나 직종, 숙련도 등에 관계없이 동일 기업에 근무하는 근로자들에 의해 결성된다.

02 노사관계에서 숍제도(shop system)를 기본적인 형태와 변형적인 형태로 구분할 때, 기본적인 형태를 모두 고른 것은? `2022년`

  ㄱ. 클로즈드 숍(closed shop)
  ㄴ. 에이전시 숍(agency shop)
  ㄷ. 유니온 숍(union shop)
  ㄹ. 오픈 숍(open shop)
  ㅁ. 프레퍼렌셜 숍(preferential shop)
  ㅂ. 메인터넌스 숍(maintenance shop)

① ㄱ, ㄴ, ㄷ   ② ㄱ, ㄷ, ㄹ
③ ㄱ, ㄷ, ㅂ   ④ ㄴ, ㄹ, ㅁ
⑤ ㄴ, ㅁ, ㅂ

정답 ②

03 단체교섭의 방식에 관한 설명으로 옳지 않은 것은? 〔2015년〕

① 기업별 교섭은 특정기업 또는 사업장 단위로 조직된 노동조합이 단체교섭의 당사자가 되어 기업주 또는 사용자와 교섭하는 방식이다.
② 공동교섭은 상부단체인 산업별, 직업별 노동조합이 하부단체인 기업별 노조나 기업 단위의 노조지부와 공동으로 지역적 사용자와 교섭하는 방식이다.
③ 대각선 교섭은 전국적 또는 지역적인 산업별 노동조합이 각각의 개별 기업과 교섭하는 방식이다.
④ 통일교섭은 전국적 또는 지역적인 산업별 또는 직업별 노동조합과 이에 대응하는 전국적 또는 지역적인 사용자와 교섭하는 방식이다.
⑤ 집단교섭은 여러 개의 노동조합 지부가 공동으로 이에 대응하는 여러 개의 기업들과 집단적으로 교섭하는 방식이다.

> **정답** ②
> **해설** ② (×) 공동교섭은 노동조합이 기업별 노동조합으로 구성되어 있는 경우 또는 산업별·직업별 노동조합의 경우에 기업단위의 지부가 당해 기업과 단체교섭을 하는 경우 상부단체인 전국 노동조합이 이에 참가하는 것이다.

04 단체교섭의 절차에 관한 설명으로 옳지 않은 것은? 〔2014년〕

① 노사간의 교섭안을 차례로 제시하고 대응하며 양측에 요구사항을 수시로 수정해야 협상이 가능하다.
② 노사간의 교섭과정에서 끝까지 타협이 안 된다면 정부나 제3자의 조정 및 중재가 필요하다.
③ 노사간의 협상내용이 타결되면 단체협약서를 작성하고 협약내용을 관리할 필요가 있다.
④ 사용자가 파업근로자 대신 임시직을 채용하거나 비조합원들을 파업 장소로 이동시켜 대체할 수 있다.
⑤ 노사간의 협상이 결렬되면 양측은 서로에 대해 파업과 직장폐쇄 등으로 실력을 행사할 수 있다.

> **정답** ④
> **해설** ④ (×) 사용자가 파업근로자 대신 임시직을 채용하거나 비조합원들을 파업 장소로 이동시켜 대체할 수 없다.

05 단체교섭의 유형 중 특정 기업 또는 사업장 단위로 조직된 노동조합이 해당 기업의 사용자 대표와 교섭하는 것은? 〔2025년〕

① 통일교섭
② 공동교섭
③ 집단교섭
④ 대각선 교섭
⑤ 기업별 교섭

> **정답** ⑤

06 노사관계에 관한 설명으로 옳은 것은?
2016년

① 숍(shop) 제도는 노동조합의 규모와 통제력을 좌우할 수 있다.
② 체크오프(check off) 제도는 노동조합비의 개별납부제도를 의미한다.
③ 경영참가 방법 중 종업원 지주제도는 의사결정 참가의 한 방법이다.
④ 준법투쟁은 사용자측 쟁위행위의 한 방법이다.
⑤ 우리나라 노동조합의 주요 형태는 직종별 노동조합이다.

정답 ①
해설 ② (×) 급여 계산시 종업원의 월급에서 조합비를 일괄 공제한다.
③ (×) 종업원 지주제도는 직접참가인 의사결정참가가 아니라 간접참가인 자본참가에 해당한다.
④ (×) 준법투쟁은 종업원측 쟁위행위의 한 방법이다.
⑤ (×) 우리나라 노동조합의 주요 형태는 기업별 노동조합이다.

07 경영참가제도에 관한 설명으로 옳지 않은 것은?
2017년

① 경영참가제도는 단체교섭과 더불어 노사관계의 양대 축을 형성하고 있다.
② 독일은 노사공동결정제를 실시하고 있다.
③ 스캔론 플랜(Scanlon plan)은 경영참가제도 중 자본참가의 한 유형이다.
④ 종업원지주제(ESOP)는 원래 안정주주의 확보라는 기업방어적인 측면에서 시작되었다.
⑤ 정치적인 측면에서 볼 때 경영참가제도의 목적은 산업민주주의를 실현하는데 있다.

정답 ③
해설 ③ (×) 자본참가가 아니라 성과참가(이익참가)의 한 유형이다.

08 노사관계에 관한 설명으로 옳지 않은 것은?
2020년

① 우리나라에서 단체협약은 1년을 초과하는 유효기간을 정할 수 없다.
② 1935년 미국의 와그너법(Wagner Act)은 부당노동행위를 방지하기 위하여 제정되었다.
③ 유니온 숍제는 비조합원이 고용된 이후, 일정기간 이후에 조합에 가입하는 형태이다.
④ 우리나라에서 임금교섭은 조합 수 기준으로 기업별 교섭형태가 가장 많다.
⑤ 직장폐쇄는 사용자측의 대항행위에 해당한다.

정답 ①
해설 ① (×) 우리나라에서 단체협약은 2년을 초과하는 유효기간을 정할 수 없다.

09 노동쟁의와 관련하여 성격이 <u>다른</u> 하나는? `2021년`
① 파업
② 준법투쟁
③ 불매운동
④ 생산통제
⑤ 대체고용

정답 ⑤
해설 ⑤ (×) 대체고용은 사용자측 쟁의행위이다. 나머지는 노동조합측 쟁의행위이다.

10 부당노동행위 중 근로자가 어느 노동조합에 가입하지 아니할 것 또는 탈퇴할 것을 고용조건으로 하거나 특정한 노동조합의 조합원이 될 것을 고용조건으로 하는 행위는? `2023년`
① 불이익대우
② 단체교섭거부
③ 지배·개입 및 경비원조
④ 정당한 단체행동참가에 대한 해고 및 불이익대우
⑤ 황견계약

정답 ⑤

11 노동쟁의조정에 관한 설명으로 옳지 <u>않은</u> 것은? `2024년`
① 노동쟁의조정은 노동위원회가 담당한다.
② 노동쟁의조정은 조정, 중재, 긴급조정 등이 있다.
③ 노동쟁의조정 방법에 있어서 임의조정제도는 허용되지 않는다.
④ 확정된 중재내용은 단체협약과 동일한 효력을 갖는다.
⑤ 노동쟁의조정 중 조정은 노동위원회에서 조정안을 작성하여 관계당사자들에게 제시하는 방법이다.

정답 ③
해설 ③ (×) 노동쟁의조정 방법에 있어서 임의조정제도는 허용된다. 임의조정은 당사자가 자발적으로 참여하는 조정방식이다.

Topic 08 조직구조

1 조직구조 설계에 영향을 미치는 상황요인

[상황론의 변수 간 관계]

상황 변수	기본 변수	조직구조 형태
환경 기술 규모 전략	복잡성 공식성 집권성	기계적 구조 (기계적 관료제) 유기적 구조 (탈관료제 등)

(1) 환경(environment)

① 번즈(T. Burns)와 스탈커(G. Stalker)는 안정적인 환경에서는 기계적인 조직이, 불확실한 환경에서는 유기적인 조직이 효과적이라고 주장하였다.

② 로렌스(Lawrence)와 로쉬(Lorsch)는 불확실성이 높은 환경에서는 분화와 통합 정도가 큰 조직이 적합하며, 안정적인 환경에서는 분화와 통합 정도가 낮은 조직이 적합하다고 주장하였다.

(2) 기술(technology)

① J. Woodward : 기술적 복잡성, 기계화의 정도

　㉠ 조직구조의 영향요인으로 기술에 대하여 최초로 관심을 가진 학자는 우드워드(J. Woodward)이다.

　㉡ 우드워드(J. Woodward)는 기술을 단위(소량)생산기술, 대량생산기술, 연속공정기술로 나누었는데, 대량생산에는 기계적 조직구조가 적합하고, 연속공정에는 유기적 조직구조가 적합하다고 주장하였다.

② C. Perrow : 과업다양성, 문제의 분석가능성

페로우(C. Perrow)는 기술을 다양성 차원과 분석가능성 차원을 기준으로 일상적 기술, 공학적 기술, 장인기술, 비일상적 기술로 유형화하였다.

		과업 다양성	
		낮음 (예외 발생이 거의 없음)	높음 (예외 발생이 많음)
문제의 분석 가능성	낮음	장인(기예)기술 <u>대체로 유기적 구조</u> 하이터치	비일상기술 (비정형화된 기술) <u>유기적 구조</u>
	높음	일상기술 (정형화된 기술) <u>기계적 구조</u>	공학기술 <u>대체로 기계적 구조</u> 하이테크

③ J. Thompson

톰슨(J. Thompson)은 기술유형을 체계적으로 분류한 학자로 중개형 기술, 연속(장치)형 기술, 집중(집약)형 기술로 유형화 했다.

기술 (상호의존성의 유형)	조정 형태
중개적 기술 (집합적 상호의존성)	• 독자적으로 조직목표에 공헌 • 규칙, 표준화 • 부동산 중개소, 은행, 보험회사
길게 연결된 기술 (연속적 상호의존성)	• 정기적 회의, • 수직적 의사전달, (사전)계획 • 대량생산 일관 작업체계
집약형 기술 (교호적 상호의존성)	• 다양한 기술의 복합체 • 서비스를 업무 담당자가 협력하여 동시 제공 • 수평적 조정 : 부정기적 회의, 상호조정, 수평적 의사전달, 예정표 • 건축사업, 종합병원

(3) 규모(size)

조직규모가 커짐에 따라 복잡성 증가, 공식성 증가, 하지만 권한의 위임이 발생한다(분권성 증가).

(4) 전략(strategy)

① Chandler의 전략-구조 간 연구

"조직구조는 전략을 따른다."라고 주장

② Miles와 Snow의 전략

㉠ 방어형(defender) 전략 : 안정적 환경, 안정성과 효율성 추구, 기계적 구조

㉡ 분석형(analyzer) 전략 : 변화하는 환경, 안정성과 유연성, 중간형태

㉢ 공격형(prospector) 전략 : 역동적 환경, 창의와 혁신 추구, 유연한 유기적 구조

2 다양한 조직구조

(1) 기능별(functional) 구조

① 공통의 전문지식과 기능을 지닌 부서단위로 묶는 조직구조(예 생산, 회계, 인사, 영업, 판매)

② 기능별 조직은 각 기능부서의 효율성이 중요할 때 적합하다.

③ 기능부서 내에서 규모의 경제를 달성할 수 있다.

④ 특정 분야에 대한 깊이 있는 지식과 기술 개발이 가능하다.

⑤ 기능별 구조는 부서 간 협력과 조정이 용이하지 않고 환경변화에 대한 대응이 느리다.

(2) 사업부제(divisional structure) 조직
   ① 개념
      동일한 제품이나 지역, 고객, 업무과정을 중심으로 조직을 분화하여 만든 부문별 조직이다.
   ② 장점
      ⊙ 사업별 구조는 기능 간 조정이 용이하다.
      ⓒ 각 사업부는 사업영역에 대해 독자적인 권한과 책임을 보유하고 있어 독립적인 이익센터(profit center)로서 기능할 수 있다.
      ⓒ 각 사업부들이 경영상의 책임단위가 됨으로써 본사의 최고경영층은 일상적인 업무로부터 벗어나 전사적인 차원의 문제에 집중할 수 있다.
      ⓔ 각 사업부마다 시장특성에 적합한 제품과 서비스를 생산하고 판매할 수 있게 됨으로써 시장세분화에 따른 제품차별화가 용이하다. 즉, 사업부제 조직은 2개 이상의 이질적인 제품으로 서로 다른 시장을 공략할 경우에 적합한 조직구조이다.
   ③ 단점
      ⊙ 각 사업부 간에 기능의 중복현상이 발생한다.
      ⓒ 각 사업부의 이해관계를 중시하는 사업부 이기주의로 인하여 사업부 간의 협조가 원활하지 못할 수 있다.

(3) 매트릭스 조직(matrix organization)
   ① 기능별 조직과 프로젝트(project) 팀조직을 결합시킨 형태의 조직이다.
   ② 매트릭스 구조는 여러 제품라인에 걸쳐 인적자원을 유연하게 활용하거나 공유할 수 있다.
   ③ 1명의 직원이 2명 이상의 상사로부터 명령을 받을 수 있어 명령통일의 원칙(principle of unity command)에 혼란을 겪을 수 있는 조직구조이다. 보고체계의 혼선이 야기될 가능성이 높다.
   ④ 빈번한 회의와 갈등 조정 과정으로 인해 많은 시간이 소요된다.

(4) 수평적 조직
   ① 핵심 프로세스[1]를 중심으로 조직화하는 구조
   ② 프로세스 결과물의 가치에 따라 집단적으로 책임을 지며, 고객의 요구에 신속히 대응한다.

(5) 네트워크 조직(network organization)
   ① 개념
      가상조직(virtual organization), 모듈형 조직(modular organization)이라고도 한다.
   ② 장점
      ⊙ 작은 조직이라도 전 세계에서 인력과 자원 획득 가능
      ⓒ 공장, 장비, 유통 시설 등에 대한 막대한 투자가 없어도 사업 가능
      ⓒ 변화하는 욕구에 매우 유연하고 신속한 대응 가능

---

[1] 투입을 산출로 변환하는 과업과 각종 활동의 집합체

③ 단점
  ㉠ 많은 활동과 종업원들에 대해 관리자들이 직접적 통제를 가하지 못함
  ㉡ 협력업체와의 관계 유지 및 갈등 해결에 많은 시간과 비용이 소요됨
  ㉢ 계약에 따라 종업원이 교체될 수 있기 때문에 종업원의 충성심과 기업문화가 약함

(6) 학습조직
① 성과 향상을 위해 조직과 개인의 수준에서 지속적인 학급을 촉진하는 조직
② 조직구성원 간 의사소통의 활성화를 위해 수평적 조직(예 팀제) 구조를 선호한다.
③ 시스템 사고(systems thinking), 개인적 숙련(personal mastery), 정신적 모델(mental model), 공유 비전 형성(building shared vision), 팀 학습(team learning) 등을 특징으로 한다.

(7) 민쯔버그(H. Mintzberg)의 조직 유형 : 개방체제적 관점
① 5가지 구성부문(parts)

전략부문 (strategic apex)	• 최고관리층 • 조직에 관한 전반적 책임을 지는 부분 • 조직의 사명과 전략적 방향을 결정
중간부문 (middle line)	• 중간계선 • 핵심운영을 감독·통제하며 자원을 공급
핵심운영 부문 (operating core)	• 작업계층 • 생산업무에 직접 종사하는 기능을 담당
기술전문가 부문 (technostructure)	• 산출과정을 검사하고 업무의 표준화를 담당 • 작업의 설계와 변경을 담당하는 전문가들이 있는 곳

② 조직 유형
  ㉠ 단순구조(simple structure) : 전략부문, 집권화와 직접감독에 의한 조정
     고도로 집권화된 유기적 구조로서 분화의 정도도 낮고, 공식화의 정도도 낮다.
  ㉡ 기계적 관료제(machine bureaucracy) 구조 : 기술전문가 부문, 작업과정의 표준화에 의한 조정
     베버(Weber)의 관료제와 유사하며, 과업의 분업화 정도와 업무의 반복성이 높고, 조직의 공식성이 전반적으로 매우 강하다.
  ㉢ 전문적 관료제(professional bureaucracy) : 핵심운영 부문, 직무기술의 표준화에 의한 조정
     과업의 복잡성을 극복하기 위하여 상당한 지식과 기술력을 가진 전문가들이 스스로의 업무에 대하여 상당한 통제력과 재량권을 행사하는 조직이다. 연구소나 병원, 대학 등이 이에 해당한다.

ⓔ 사업부제 구조(divisional structure) : 중간부문, 분권화와 산출물의 표준화에 의한 조정
　조직이 제품이나 고객 또는 지역별로 분화해야 하는 필요성이 대두될 때, 권한을 부여받고 각 부문의 이익을 책임지는 자율적인 사업부들로 구성되는 분권형 조직구조이다.
ⓜ 애드호크라시(adhocracy) : 지원스탭 부문, 상호 적응에 의한 조정
　효과적인 혁신을 위해서 서로 다른 분야의 전문가들을 유기적으로 연결시키는 구조이다.

Topic 08 관련 기출 문제

01 기능별 부문화와 제품별 부문화를 결합한 조직구조는? `2023년`
① 가상조직(virtual organization)
② 하이퍼텍스트조직(hypertext organization)
③ 애드호크라시(adhocracy)
④ 매트릭스조직(matrix organization)
⑤ 네트워크조직(network organization)

> **정답** ④
> **해설** ① (×) 가상조직(virtual organization): 정보통신기술을 기반으로 시·공간의 제약 없이 협력하는 조직으로, 공동의 목표 달성을 위해 일시적이거나 유연하게 구성되는 조직 형태
> ② (×) 하이퍼텍스트조직(hypertext organization): 기존의 관료제 조직의 효율성과 프로젝트 팀의 창의성을 결합한 조직 구조 모델이다. 웹사이트에서 여러 문서가 하이퍼링크로 연결되듯, 여러 계층(비즈니스 시스템, 프로젝트 팀, 지식 기반 층)의 조직이 유기적으로 연결되어 지식 창조와 공유를 효율적으로 수행하는 것이 특징이다.

02 기능별 조직과 프로젝트(project) 팀조직을 결합시킨 형태의 조직으로, 1명의 직원이 2명 이상의 상사로부터 명령을 받을 수 있어 명령통일의 원칙(principle of unity command)에 혼란을 겪을 수 있는 조직구조는? `2014년`
① 매트릭스 조직   ② 사업부제 조직
③ 네트워크 조직   ④ 가상네트워크 조직
⑤ 가상 조직

> **정답** ①

03 조직구조에 관한 설명으로 옳지 않은 것은? `2015년`
① 가상네트워크 조직은 협력업체와 갈등해결 및 관계유지에 상대적으로 적은 시간이 필요하다.
② 기능별 조직은 각 기능부서의 효율성이 중요할 때 적합하다.
③ 매트릭스 조직은 이중보고 체계로 인하여 종업원들이 혼란을 느낄 수 있다.
④ 사업부제 조직은 2개 이상의 이질적인 제품으로 서로 다른 시장을 공략할 경우에 적합한 조직구조이다.
⑤ 라인스텝 조직은 명령전달과 통제기능을 담당하는 라인과 관리자를 지원하는 스텝으로 구성된다.

정답 ①
해설 ① (×) 가상네트워크 조직은 협력업체와 갈등해결 및 관계유지에 상대적으로 많은 시간이 필요하다. 지리상 떨어져 있는 외주업체들과 커뮤니케이션이 필요하기 때문이다.

04 사업부제 조직구조(divisional structure)에 관한 설명으로 옳지 않은 것은? `2018년`
① 각 사업부는 사업영역에 대해 독자적인 권한과 책임을 보유하고 있어 독립적인 이익센터(profit center)로서 기능할 수 있다.
② 각 사업부들이 경영상의 책임단위가 됨으로써 본사의 최고경영층은 일상적인 업무로부터 벗어나 전사적인 차원의 문제에 집중할 수 있다.
③ 각 사업부 간에 기능의 중복현상이 발생하지 않는다.
④ 각 사업부마다 시장특성에 적합한 제품과 서비스를 생산하고 판매할 수 있게 됨으로써 시장세분화에 따른 제품차별화가 용이하다.
⑤ 각 사업부의 이해관계를 중시하는 사업부 이기주의로 인하여 사업부 간의 협조가 원활하지 못할 수 있다.

정답 ③
해설 ③ (×) 각 사업부 간에 기능의 중복(예 생산, 판매, 홍보 등)현상이 발생한다.

05 조직구조 유형에 관한 설명으로 옳지 않은 것은? 〔2019년〕

① 기능별 구조는 부서 간 협력과 조정이 용이하지 않고 환경변화에 대한 대응이 느리다.
② 사업별 구조는 기능 간 조정이 용이하다.
③ 사업별 구조는 전문적인 지식과 기술의 축적이 용이하다.
④ 매트릭스 구조에서는 보고체계의 혼선이 야기될 가능성이 높다.
⑤ 매트릭스 구조는 여러 제품라인에 걸쳐 인적자원을 유연하게 활용하거나 공유할 수 있다.

> **정답** ③
> **해설** ③ (×) 기능별 구조는 전문적인 지식과 기술의 축적이 용이하다. 구매, 인사, 회계, 영업 등 기능별로 분화되어 있어서 구성원들은 해당업무에만 종사할 수 있기 때문이다.

06 기술과 조직구조에 관한 설명으로 옳은 것을 모두 고른 것은? 〔2016년〕

ㄱ. 모든 조직은 한 가지 이상의 기술을 가지고 있다.
ㄴ. 비일상적 활동에 관여하는 조직은 기계적 구조를, 일상적 활동에 관여하는 조직은 유기적 구조를 선호한다.
ㄷ. 조직구조의 영향요인으로 기술에 대하여 최초로 관심을 가진 학자는 우드워드(J. Woodward)이다.
ㄹ. 톰슨(J. Thompson)은 기술유형을 체계적으로 분류한 학자로 중개형 기술, 연속형 기술, 집중형 기술로 유형화 했다.
ㅁ. 여러 가지 기술을 구별하는 공통적인 주제는 일상성의 정도(degree of routineness) 이다.

① ㄱ, ㄴ
② ㄷ, ㄹ
③ ㄴ, ㄷ, ㄹ
④ ㄷ, ㄹ, ㅁ
⑤ ㄱ, ㄷ, ㄹ, ㅁ

> **정답** ⑤
> **해설** ㄴ. (×) 비일상적 활동에 관여하는 조직은 유기적 구조를, 일상적 활동에 관여하는 조직은 기계적 구조를 선호한다.

07 상황적합적 조직구조이론에 관한 설명으로 옳지 않은 것은? 〔2017년〕

① 우드워드(J. Woodward)는 기술을 단위생산기술, 대량생산기술, 연속공정기술로 나누었는데, 대량생산에는 기계적 조직구조가 적합하고, 연속공정에는 유기적 조직구조가 적합하다고 주장하였다.
② 번즈(T. Burns)와 스탈커(G. Stalker)는 안정적인 환경에서는 기계적인 조직이, 불확실한 환경에서는 유기적인 조직이 효과적이라고 주장하였다.
③ 톰슨(J. Thompson)은 기술을 단위작업 간의 상호의존성에 따라 중개형, 장치형, 집약형으로 유형화하고, 이에 적합한 조직구조와 조정형태를 제시하였다.
④ 페로우(C. Perrow)는 기술을 다양성 차원과 분석가능성 차원을 기준으로 일상적 기술, 공학적 기술, 장인기술, 비일상적 기술로 유형화하였다.
⑤ 블라우(P. Blau), 차일드(J. Child)는 환경의 불확실성을 상황변수로 연구하였다.

정답 ⑤
해설 ⑤ (×) 번즈(T. Burns)와 스탈커(G. Stalker) 또는 로렌스(Lawrence)와 로쉬(Lorsch)가 연구하였다.

08 조직구조 설계의 상황요인에 해당하는 것을 모두 고른 것은? 〔2021년〕

ㄱ. 조직의 규모	ㄴ. 표준화
ㄷ. 전략	ㄹ. 환경
ㅁ. 기술	

① ㄱ, ㄴ, ㄷ
② ㄱ, ㄴ, ㄹ
③ ㄴ, ㄷ, ㅁ
④ ㄱ, ㄴ, ㄷ, ㄹ
⑤ ㄱ, ㄷ, ㄹ, ㅁ

정답 ⑤
해설 ㄴ. (×) 표준화는 공식성에 관한 내용으로 기본 변수에 해당한다. 표준화는 성문화된 절차, 지시, 규칙, 직무에 대한 표준화, 규제 등을 의미한다.

09 조직설계에 영향을 미치는 기술유형을 학자들이 제시한 것이다. ( )에 들어갈 내용으로 옳은 것은? 2024년

> ○ 우드워드(J. Woodward) : 소량단위 생산기술, (ㄱ), 연속공정생산기술
> ○ 페로우(C. Perrow) : 일상적 기술, 비일상적 기술, (ㄴ), 공학적 기술
> ○ 톰슨(J. Thompson) : (ㄷ), 연속형 기술, 집약형 기술

① ㄱ : 대량생산기술, ㄴ : 장인기술, ㄷ : 중개형 기술
② ㄱ : 대량생산기술, ㄴ : 중개형 기술, ㄷ : 장인기술
③ ㄱ : 중개형 기술, ㄴ : 장인기술, ㄷ : 대량생산기술
④ ㄱ : 장인기술, ㄴ : 중개형 기술, ㄷ : 대량생산기술
⑤ ㄱ : 장인기술, ㄴ : 대량생산기술, ㄷ : 중개형 기술

정답 ①

10 민쯔버그(H. Mintzberg)가 제시한 조직의 5가지 구성부문(parts)으로 옳지 않은 것은? 2025년
① 핵심운영 부문(operating core)
② 매트릭스 부문(matrix)
③ 전략 부문(strategic apex)
④ 기술전문가 부문(technostructure)
⑤ 지원스탭 부문(support staff)

정답 ②

Topic 09 팀(team)

1 팀 유형

(1) 전술적 팀(tactical team)
① 수행절차가 명확히 정의된 계획을 수행할 목적으로 한다. 과업 명료성이 높아야 하고 역할에 대한 정의가 분명해야 한다.
② 심장 수술 팀, 경찰 특공대 팀이 대표적임

(2) 문제해결 팀(problem-solving team)
① 특별한 문제나 이슈를 해결할 목적으로 구성된 팀
② 질병통제센터의 진단 팀이 대표적인 예

(3) 창의적 팀(creative team)
① 새로운 제품이나 서비스를 개발하기 위한 포괄적 목표를 가지고 가능성과 대안을 탐색할 목적으로 구성됨
② IBM의 PC 설계 팀이 대표적임. 성공적인 제품이 될 때까지 많은 실패를 겪은 창의적 팀에 의해 개발됨

(4) 특수 팀(ad hoc team)
① 조직에서 일상적이지 않고 비전형적인 문제를 해결할 목적으로 구성되며, 팀의 임무를 완수한 후 해체됨
② 팀 구성원은 조직의 기존 구성원들 중에서 선발된다.

(5) 다중 팀 시스템(multi-team system)
① 포괄적 시스템 수준의 목표를 달성하기 위하여 상호의존적으로 운영되는 팀들로 구성된 팀
② 다양한 팀들 간 상호작용에 의해 영향을 받는 것
③ 예 교통사고에 대처하는 다섯 개 팀(경찰, 소방, 응급의료, 수술, 회복 팀)

(6) 가상 팀(virtual team)
① 지리적으로 떨어져 있는 구성원들이 직접 만나지 않고 전자적으로 의사소통하는 팀
② 채팅, 화상회의, 이메일 등을 활용하여 의사소통을 함

2 B. Tuckman의 팀 생애주기, 팀 발달의 단계 모형

(1) 형성기(forming)
① 하나의 응집된 단위라기보다는 여전히 개인으로 행동
② 다른 사람들이 자신에게 무엇을 기대하는지를 잘 모르기 때문에 상당한 수준의 불확실성이 존재한다.

(2) 격동기(storming)

집단 내 지위나 직위를 차지하기 위해 상당히 많은 대인 간 다툼이나 갈등이 있다.

(3) 규범기(norming)
① 팀 구성원들이 그들의 역할을 이해하고, 합의된 목표가 있고, 목표달성을 위한 계획을 수립한다.
② '개별적 사람의 집합'이 '의미 있는 팀'이 되는 단계
③ 구성원들은 집단 내에서 자신의 지위나 역할을 받아들이게 된다.

(4) 수행기(performing)

자신의 행동을 조정하고, 팀원들이 응집되고 하나의 완전한 단위로 기능한다.

(5) 휴회·해산기(adjourning)

주어진 과업을 완수한 후 해체되고 팀 구성원들은 자신들의 과거 행동을 돌이켜 본다.

3 M. Marks가 제안한 팀 과정의 3요인 모형

(1) 팀 과정 의미

팀이 원활하고 효과적으로 기능할 수 있도록 하는 팀 내 활동

(2) 팀 과정의 3요인
① 전환(transformation) 과정
㉠ 하나의 프로젝트에서 다른 프로젝트로 전환할 때
㉡ 전환과정의 활동은 목표 분석, 목표 상세화, 전략 형성과 계획수립을 포함한다.
② 실행(action) 과정
㉠ 목표 달성을 촉진하는 행동과 조치
㉡ 실행 과정에는 조정, 모니터링, 그리고 지원 행동이 있다.
③ 대인(interpersonal) 과정
㉠ 팀 구성원들의 정서나 감정을 관리하는 행동이나 행위를 포함
㉡ 갈등 관리, 동기와 자신감 형성, 정서 관리 등을 포함한다.

4 공유된 정신 모델(shared mental model)

(1) 학습자는 팀 학습 과정에서 자신이 속한 집단의 지식과 그 집단이 수행해야 하는 과제의 지식을 동료들과 지속적으로 공유하게 되는데, 이를 공유정신 모델이라 한다.

(2) 개인의 정신 모델이 공유되면 될수록 과제수행과정에서의 의사소통이나 역할 분담, 그리고 각자의 역할 수행 등이 효율적으로 이루어진다고 볼 수 있다.

5 팀 수행평가 : 사회적 태만(social loafing)

(1) **사회적 태만**
① 팀 내에서 일부 구성원들이 노력을 덜 기울이거나 전체의 성과 달성에 기여하지 않는 현상을 말한다.
② Locke 등은 팀에서 개인에게 개별적인 인센티브를 주지 않음으로써 사회적 태만이 일어날 수 있는 세 가지 경우를 주장하였다.

(2) **유형**[2]
① 무임승차(free riding) : 타인의 노력에 의해 혜택을 보려는 욕망 때문에 발생
② 남만큼만 하기 효과(sucker effect) : 다른 사람들보다 더 열심히 하기보다는 자신의 노력을 줄이고 다른 사람들이 하는 만큼의 낮은 수준의 노력을 함
③ 무용성 지각(felt dispensability) : 자기가 팀 수행에 기여하지 않아도 무방하다는 느낌을 가질 때

6 맥그래스(McGrath)의 투입-프로세스-산출 모델[3]

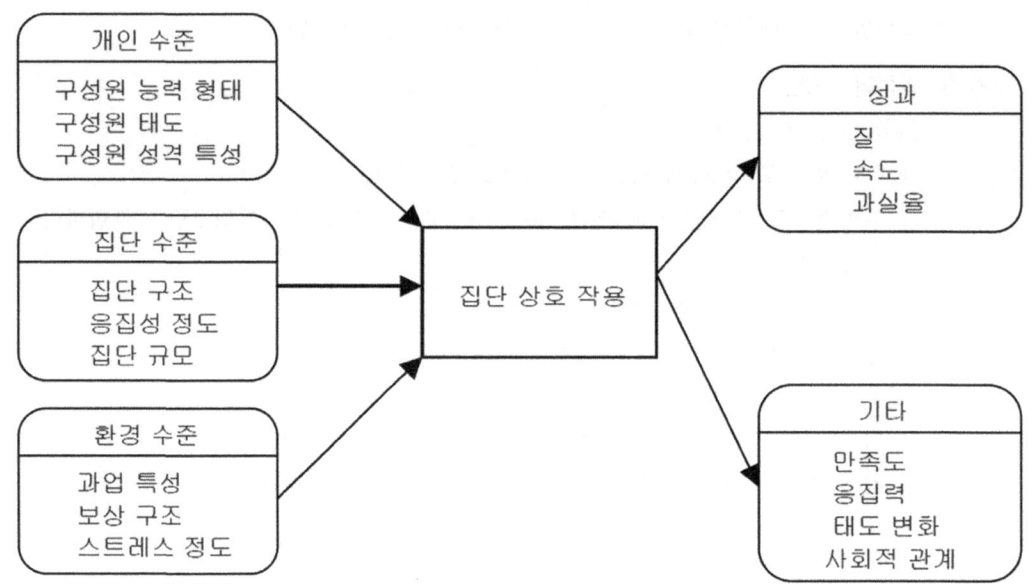

---

2) 유태용 역, 산업 및 조직심리학, 시그마프레스
3) 이수정, 팀효과성의 영향요인에 관한 연구

7 해크만(Hackman)의 팀 효과성 모델

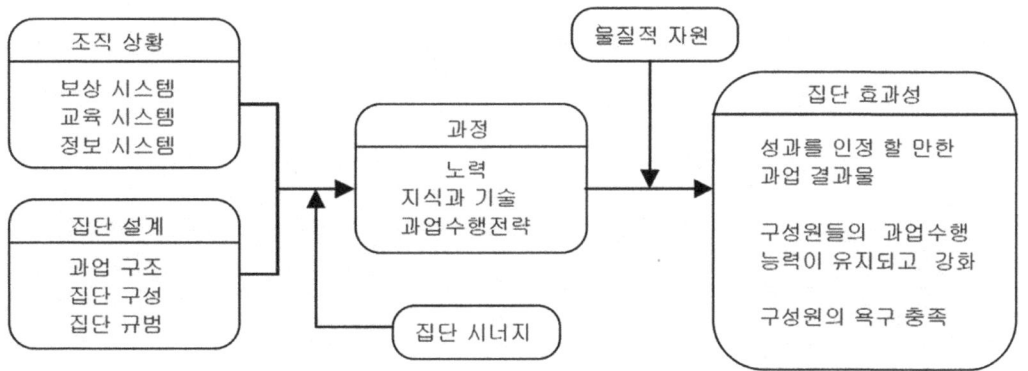

8 그래드스테인(Gladstein)의 모델

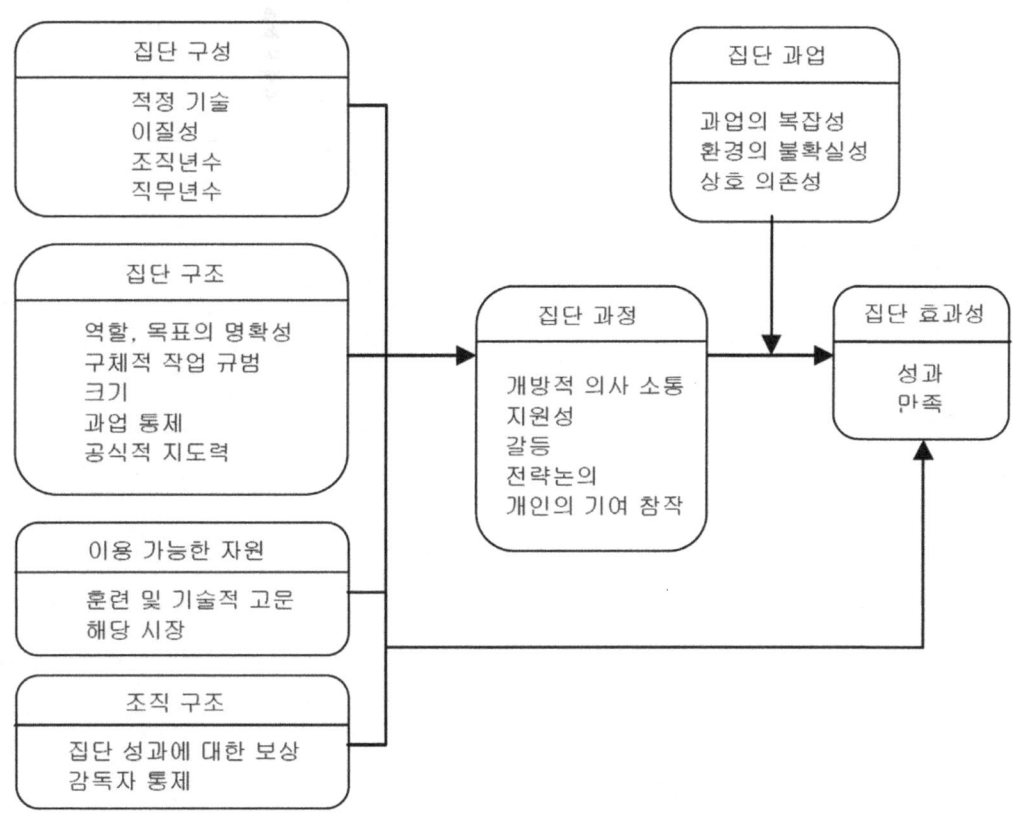

9 캠피온(Campion)의 팀 효과성 모델

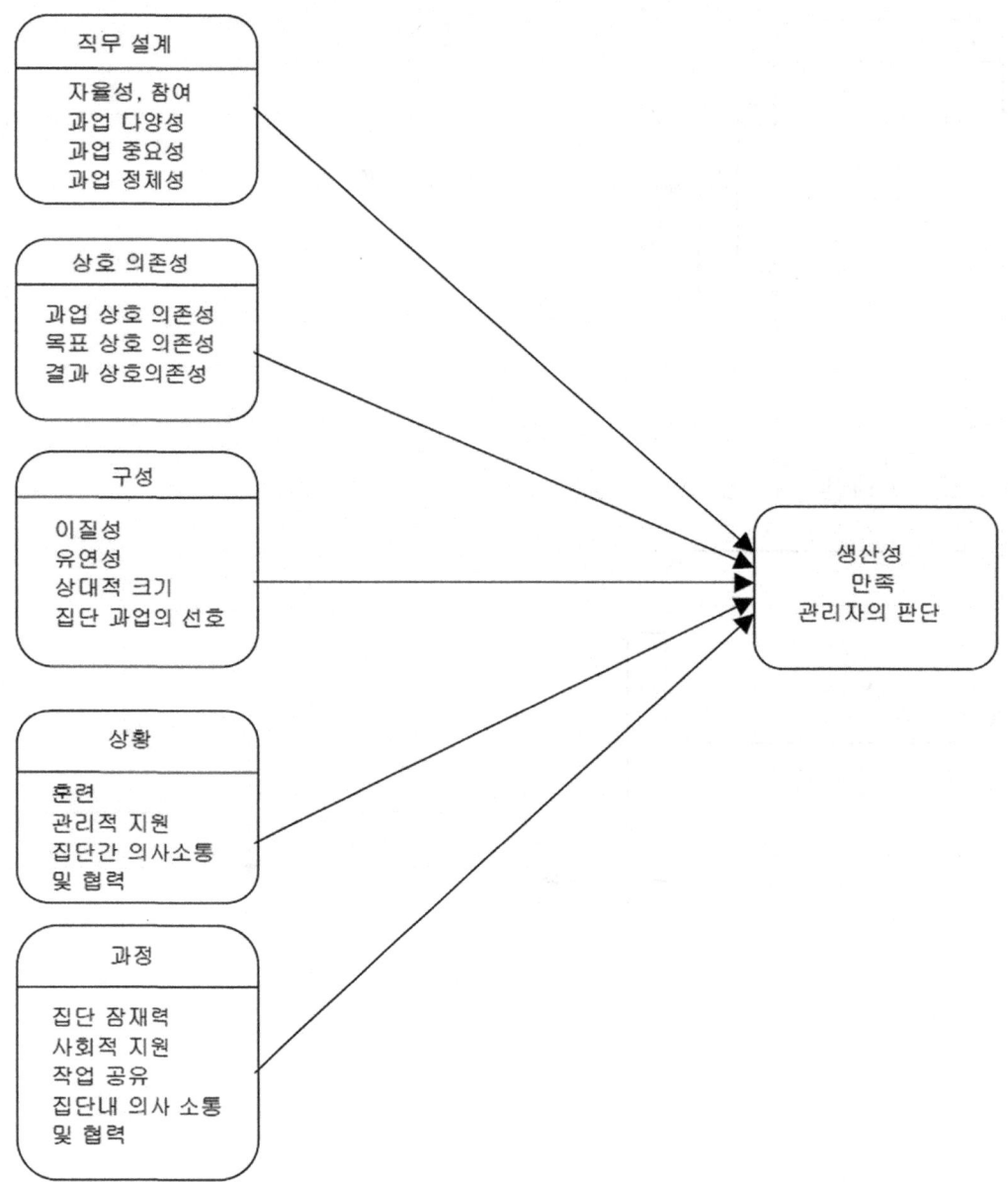

Topic 09 관련 기출 문제

01 산업현장에서 운영되고 있는 팀(team)의 유형에 관한 설명으로 옳지 <u>않은</u> 것은? 〔2016년〕
① 전술적 팀(tactical team) : 수행절차가 명확히 정의된 계획을 수행할 목적으로 하며, 경찰 특공대 팀이 대표적임
② 문제해결 팀(problem-solving team) : 특별한 문제나 이슈를 해결할 목적으로 구성되며, 질병통제센터의 진단 팀이 대표적임
③ 창의적 팀(creative team) : 포괄적 목표를 가지고 가능성과 대안을 탐색할 목적으로 구성되며, IBM의 PC 설계 팀이 대표적임
④ 특수 팀(ad hoc team) : 조직에서 일상적이지 않고 비전형적인 문제를 해결할 목적으로 구성되며, 팀의 임무를 완수한 후 해체됨
⑤ 다중 팀(multi-team) : 개인과 조직시스템 사이를 조정(moderating)하는 메타(meta)적 성격을 갖고 있음

> **정답** ⑤
> **해설** ⑤ (×) 다중 팀 시스템은 개인과 조직시스템 사이를 조정하는 것이 아니라, 여러 팀들 간의 조정과 의사소통을 포함한다.

02 효과적인 팀 수행을 위해서 공유된 정신모델(shared mental model)을 구축하고자 할 때, 주의해야 하는 잠재적·부정적 측면인 집단사고(groupthink)에 관한 설명으로 옳지 <u>않은</u> 것은? 〔2014년〕
① 집단사고의 예로는 1960년대 미국이 쿠바의 피그만을 침공한 것과 1980년대 우주왕복선 챌린저호의 폭발사고가 있다.
② 팀 구성원들은 만장일치로 의견을 도출해야 한다는 환상을 가지고 있다.
③ 자신이 속한 집단에 대한 강한 사회적 정체성을 느끼는 팀에서는 일어나지 않는다.
④ 팀 안에서 반대 의견을 표출하기가 힘들다.
⑤ 선택 가능한 대안들을 충분히 고려하지 않고 선택적으로 정보처리를 하는데서 발생한다.

> **정답** ③
> **해설** ③ (×) 자신이 속한 집단에 대한 강한 사회적 정체성을 느끼는 팀에서 일어난다.

03 조직 내 팀에 관한 설명으로 옳지 않은 것을 모두 고른 것은?   2017년

> ㄱ. 터크만(B. Tuckman)의 팀 생애주기는 형성(forming)-규범형성(norming)-격동(storming)-수행(performing)-해체(adjourning)의 순이다.
> ㄴ. 집단사고는 효과적인 팀 수행을 위하여 공유된 정신모델을 구축할 때 잠재적으로 나타나는 부정적인 면이다.
> ㄷ. 집단극화는 개별구성원의 생각으로는 좋지 않다고 생각하는 결정을 집단이 선택할 때 나타나는 현상이다.
> ㄹ. 무임승차(free riding)나 무용성 지각(felt dispensability)은 팀에서 개인에게 개별적인 인센티브를 주지 않음으로써 일어날 수 있는 사회적 태만이다.
> ㅁ. 마크(M. Marks)가 제안한 팀 과정의 3요인 모형은 전환과정, 실행과정, 대인과정으로 구성되어 있다.

① ㄱ, ㄴ
② ㄱ, ㄷ
③ ㄱ, ㄷ, ㅁ
④ ㄷ, ㄹ, ㅁ
⑤ ㄱ, ㄴ, ㄷ, ㄹ

정답 ②
해설 ㄱ. (×) 형성-격동-규범형성-수행-해체의 순이다.
ㄷ. (×) 집단사고에 관한 설명이다.

04 터크맨(B. Tuckman)이 제안한 팀 발달의 단계 모형에서 '개별적 사람의 집합'이 '의미 있는 팀'이 되는 단계는?   2021년

① 형성기(forming)
② 격동기(storming)
③ 규범기(norming)
④ 수행기(performing)
⑤ 휴회기(adjourning)

정답 ③

05 집단(팀)에 관한 다음 설명에 해당하는 모델은? 2023년

- 집단이 발전함에 따라 다양한 단계를 거친다는 가정을 한다.
- 집단발달의 단계에 따라 5단계(형성, 폭풍, 규범화, 성과, 해산)을 제시하였다.
- 시간의 경과에 따라 팀은 여러 단계를 왔다 갔다 반복하면서 발달한다.

① 캠피온(Campion)의 모델
② 맥그래스(McGrath)의 모델
③ 그래드스테인(Gladstein)의 모델
④ 해크만(Hackman)의 모델
⑤ 터크만(Tuckman)의 모델

정답 ⑤

06 다음 그림이 제시하는 집단효과성 모델은? 2025년

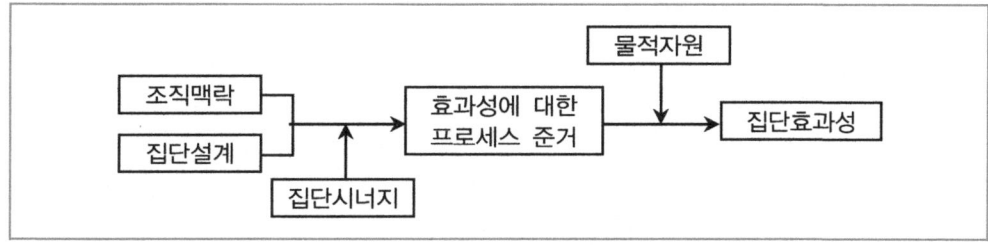

① 캠피온(Campion) 모델　　② 그래드스테인(Gladstein) 모델
③ 터크만(Tuckman) 모델　　④ 맥그래스(McGrath) 모델
⑤ 해크만(Hackman) 모델

정답 ⑤

07 집단 또는 팀(team)에 관한 설명으로 옳지 않은 것은?   2024년

① 교차기능팀(cross functional team)은 조직 내의 다양한 부서에 근무하는 사람들로 이루어진 팀이다.
② '남만큼만 하기 효과(sucker effect)'는 사회적 태만(social loafing)의 한 현상이다.
③ 제니스(Janis)의 모형에서 집단사고(groupthink)의 선행요인 중 하나는 구성원들 간 낮은 응집성과 친밀성이다.
④ 다른 사람의 존재가 개인의 성과에 부정적 영향을 미치는 것을 사회적 억제(social inhibition)라고 한다.
⑤ 높은 집단 응집성은 그 집단에 긍정적 효과와 부정적 효과를 준다.

> **정답** ③
> **해설** ③ (×) 제니스(Janis)의 모형에서 집단사고(groupthink)의 선행요인 중 하나는 구성원들 간 높은 응집성과 친밀성이다.
> ④ (○) 익숙하지 않은 발표나 새로운 문제를 풀 때 다른 사람이 지켜보고 있으면 더 긴장해 실수를 많이 하는 경우를 예로 들 수 있다.
> ⑤ (○) 높은 집단 응집성은 집단 구성원 간의 결속감과 소속감을 심어주는 긍정적 효과도 있지만, 집단 사고나 다른 집단과의 갈등 등 부정적 효과를 주기도 한다.

Topic 10 집단의사결정

1 집단의사결정의 장단점

(1) 장점
① 방대한 지식 : 다양한 아이디어와 정보를 모음
② 다양한 관점 : 여러 관점에서 문제를 검토, 대안 비판
③ 시너지 효과 : 상호작용을 통해 새로운 아이디어 개발
④ 수용성 증대 : 구성원들이 의사결정에 참여함으로써 수용성 증대, 강력한 추진

(2) 단점
① 시간낭비 : 시간이 많이 소요
② 평가우려 : 다른 사람들을 의식하여 의견 제안을 꺼림
③ 동조 : 다른 사람의 의견에 비판 없이 동조
④ 소수지배 : 몇 사람이 전체 의견을 주도, 편파적인 회의 진행 우려
⑤ 차선책 선택 : 의견대립이 발생하는 경우 최적안이 아닌 타협안을 선택
⑥ 집단사고
⑦ 책임분산 : 결과에 대해 아무도 책임지지 않음
⑧ 집단양극화 : 구성원들이 원래 선호하던 입장보다 더욱 극단적인 방향을 추구

장점	단점
• 더 많은 지식과 정보 활용 • 문제에 대한 다양한 접근 가능 →실수의 가능성 적음 • 결론의 수용성이 높아짐	• 동조압력 • 집단사고와 집단극화 • 시간이 많이 소요됨 • 특정 구성원에 의한 지배 가능성 • 의견불일치와 갈등 • 신속하고 결단력 있는 행동 방해

2 효과적인 의사결정기법

(1) 델파이법(Delphi technique)
① 의견을 제출하는 것은 물론 토론까지도 무기명 문서로 하는 것이다. 지리적으로 멀리 떨어진 사람들끼리도 참여가 가능하다는 장점이 있다.
② 불확실한 미래현상을 예측할 때 특히 효과적이지만, 의사결정 시간이 많이 걸려 긴박한 문제의 해결에는 적합하지 않다.
③ 공장입지선정, 임원선발, 정책결정 등 회사의 사활이 걸린 문제의 의사결정에 적합하다.

(2) 브레인스토밍(brainstorming)
   ① 여러 사람이 모여 한 가지 문제를 놓고 많은 아이디어를 제안하는 방법이다.
   ② 자유분방의 원칙, 질보다 양 위주의 원칙, 비판금지의 원칙, 개선의 원칙(제시된 의견을 결합, 변경시켜 개선된 아이디어를 도출) 등이 있다.

(3) 프리모텀(premortem) 기법 : 사전분석, 사전부검
   ① 어떤 프로젝트가 실패했다고 미리 가정하고 그 실패의 원인을 찾는 방법이다.
   ② 규모가 크고 위험성이 높은 대규모 신규프로젝트에서 주로 활용된다.

(4) 지명반론자법 : 악마의 옹호자(devil's advocate) 기법
   ① 회의에 참여한 구성원 중 일부를 지명하여 집단에서 결정한 안건에 대해 반론을 제기하도록 한다.
   ② 집단에서 결정된 내용을 한번 더 생각하게 하여 집단사고의 위험을 줄이는 방법이다.

(5) 명목집단법(nominal group technique)
   ① 참여자들 간에 말로 하는 의사소통을 중단하고 종이나 PC에 의견을 적어 의사결정을 하는 방법
   ② 다른 사람의 의견은 들을 수 있지만 토의를 하지 못하는 단점이 있다.

(6) 변증법적 토의(Dialectical Discussion method)
   ① 집단의 구성원들을 두 편으로 나누어 찬반을 토론하게 하면 장단점이 모두 드러난다. 이런 내용을 모두 이해한 다음 의견을 나누면서 토의하는 기법
   ② 토론으로부터 최종 의견을 선택한다.

3 집단 의사결정의 부정적 측면

(1) 집단사고(groupthink)
   ① 개념
      ㉠ 응집력이 높은 조직에서 모든 구성원들이 하나의 의견에 동의하려는 욕구가 매우 강해, 대안적인 행동방식을 객관적이고 타당하게 평가하지 못함으로써 궁극적으로 비합리적이고 비현실적인 의사결정을 하게 되는 현상이다.
      ㉡ 팀 구성원들은 '만장일치'로 의견을 도출해야 한다는 환상을 가지고 있다. 따라서 팀 안에서 반대 의견을 표출하기가 힘들다.
      ㉢ 집단사고의 예로는 1960년대 미국이 쿠바의 피그만을 침공한 것(Irving Janis)과 1980년대 우주왕복선 챌린저호의 폭발사고가 있다.
   ② 내용
      ㉠ 해당 집단이 도덕적으로 우월하고 역량에 있어서도 강하다는 근거 없는 믿음을 가지거나, 상대 집단에 대한 부정적인 고정관념에 사로잡혀 있을 때, 비민주적인 분위기 속에서 강한 응집성이 형성될 때 발생하기 쉽다.

ⓒ 선택 가능한 대안들을 충분히 고려하지 않고 선택적으로 정보처리를 하는데서 발생한다.
ⓒ 집단사고는 집단 응집성, 강력한 리더, 집단에 대한 강한 사회적 정체성, 집단의 고립, 순응에 대한 압력 때문에 나타난다.

③ 집단사고 극복 방안
㉠ 집단사고를 예방하기 위해서 다양한 사회적 배경을 가진 집단 구성원이 있는 것이 좋다.
㉡ 집단리더가 구성원들로 하여금 자유로운 비판을 할 수 있도록 분위기를 조성한다.
㉢ 외부전문가를 초빙하여 구성원들의 견해를 비판하게 한다.
㉣ 지명 반론자(devil's advocates)를 두어 안이한 의사결정이 되는 것을 막는다.

(2) 집단극화(group polarization)
① 개념
집단구성원들의 태도가 토론 전에서 별 차이가 없었으나, 토론과정에서 구성원들이 타인의 영향을 받거나 상황 압력 등에 따라 본인의 원래 태도에 비하여 더욱 모험적이거나 보수적인 방향으로 변화하는 현상을 말한다.

② 원인
㉠ 책임의 분산 : 집단의 익명성 때문에 최초 의사결정 때부터 모험적인 결정을 하려는 경향
㉡ 자신의 견해를 과신 : 타 구성원이 자신과 동일한 견해를 가지고 있다는 것이 확인됨에 따라 자신의 견해를 더욱 과신함

	형식지	암묵지
정의	언어로 표현된 가능한 객관적 지식	언어로 표현하기 힘든 주관적 지식
획득	언어를 통해 습득된 지식	경험을 통해 몸으로 밴 지식, 노하우
축적·전달	언어를 통해 전달 타인에게 전수하기가 쉬움	은유를 통해 전달 타인에게 전수하기가 어려움
예	컴퓨터 매뉴얼	자전거 타기

Topic 10 관련 기출 문제

01 커뮤니케이션과 의사결정에 관한 설명으로 옳은 것은? 〔2013년〕

① 암묵지를 체계적, 조직적으로 형식지화한다고 하여도 의사결정의 가치창출 수준은 높아지지 않는다.
② 커뮤니케이션 효과를 높이기 위하여 메시지 전달자는 공식 서신, 전자우편, 전화, 직접 대면 등 다양한 방식 중 한 가지 방식에 집중할 필요가 있다.
③ 커뮤니케이션의 문제 상황이 복잡한 경우 공식적인 수치와 공식적 서신이 소통 방식으로 적합하다.
④ 공식적인 서신과 공식적인 수치는 대면적 의사소통에 비하여 의미있는 정보를 전달할 잠재력이 높다.
⑤ 제한된 합리성이론에 따르면 '의사결정자가 현 상태에 만족한다면 새로운 대안 모색에 나서지 않는다'라고 한다.

> **정답** ⑤
> **해설** ① (×) 암묵지를 체계적, 조직적으로 형식지화하면 의사결정의 가치창출 수준은 높아진다.
> ② (×) 커뮤니케이션 효과를 높이기 위하여 메시지 전달자는 한 가지 방식보다는 다양한 방식으로 할 필요가 있다.
> ③ (×) 커뮤니케이션의 문제 상황이 복잡한 경우 비공식적인 수치와 비공식적 서신이 소통 방식으로 적합하다.
> ④ (×) 비공식적인 서신과 비공식적인 수치는 공식적 의사소통에 비하여 의미있는 정보를 전달할 잠재력이 높다.

02 집단 의사결정에 관한 설명으로 옳지 <u>않은</u> 것은? 〔2015년〕

① 팀의 혁신을 촉진할 수 있는 최적의 상황은 과업에 대한 구성원 간의 갈등이 중간 정도일 때다.
② 집단극화는 집단 구성원의 소수가 모험적인 선택을 할 때 이를 따르는 상황에서 발생한다.
③ 집단사고는 개별 구성원의 생각으로는 좋지 않다고 생각하는 결정을 집단이 선택할 때 나타나는 현상이다.
④ 집단사고는 집단 응집성, 강력한 리더, 집단의 고립, 순응에 대한 압력 때문에 나타난다.
⑤ 집단사고를 예방하기 위해서 다양한 사회적 배경을 가진 집단 구성원이 있는 것이 좋다.

> **정답** ②
> **해설** ② (×) 집단극화는 집단 구성원들이 집단의 익명성 때문에 최초 의사결정 때부터 모험적인 선택을 할 때 이를 따르는 상황에서 발생한다.

03 다음을 설명하는 용어는?
_{2016년}

> 대부분의 중요한 의사결정은 집단적 토의를 거치기 마련이다. 이 과정에서 구성원들은 타인의 영향을 받거나 상황 압력 등에 따라 본인의 원래 태도에 비하여 더욱 모험적이거나 보수적인 방향으로 변화될 가능성이 있다.

① 집단사고
② 집단극화
③ 동조
④ 사회적 촉진
⑤ 복종

정답 ②

③ (×) 동조(conformity) : 타인의 요구없이 자발적으로 행동일치를 시키는 것이다.
④ (×) 사회적 촉진(social facilitation) : 타인의 존재가 개인의 수행에 영향을 미치는 현상을 의미한다. 다른 사람이 자신을 지켜보거나 함께 있을 때 수행이 달라지는 효과를 말한다(예 : 자전거 경주 실험에서 혼자 탈 때보다 다른 사람과 함께 탈 때 더 빠른 속도를 보임).
⑤ (×) 복종(obedience) : 팀 구성원이 상급자의 지시나 명령에 무조건 따르는 행위를 의미한다. 수직적 관계(권위관계)에서 타인의 요구에 따르는 것이다.

04 다음에 설명하는 용어는?
_{2020년}

> 응집력이 높은 조직에서 모든 구성원들이 하나의 의견에 동의하려는 욕구가 매우 강해, 대안적인 행동방식을 객관적이고 타당하게 평가하지 못함으로써 궁극적으로 비합리적이고 비현실적인 의사결정을 하게 되는 현상이다.

① 집단사고(groupthink)
② 사회적 태만(social loafing)
③ 집단극화(group polarization)
④ 사회적 촉진(social facilitation)
⑤ 남만큼만 하기 효과(sucker effect)

정답 ①

05 제니스(I. Janis)가 제시한 집단사고(groupthink)가 발생할 가능성이 높은 상황을 모두 고른 것은?

2022년

ㄱ. 집단이 외부로부터 고립되어 있을 때
ㄴ. 리더가 민주적일 때
ㄷ. 집단의 응집력이 낮을 때
ㄹ. 외부로부터 위협이 있을 때

① ㄱ, ㄴ
② ㄱ, ㄹ
③ ㄷ, ㄹ
④ ㄱ, ㄴ, ㄷ
⑤ ㄴ, ㄷ, ㄹ

정답 ②
해설 ㄴ. (×) 리더가 권위적일 때 집단사고가 발생할 가능성이 높은 상황이다.
ㄷ. (×) 집단의 응집력이 높을 때 집단사고가 발생할 가능성이 높은 상황이다.

06 집단의사결정기법에 관한 설명으로 옳지 않은 것은?

2023년

① 델파이법(Delphi technique)은 의사결정 시간이 짧아 긴박한 문제의 해결에 적합하다.
② 브레인스토밍(brainstorming)은 다른 참여자의 아이디어에 대해 비판할 수 없다.
③ 프리모텀(premortem) 기법은 어떤 프로젝트가 실패했다고 미리 가정하고 그 실패의 원인을 찾는 방법이다.
④ 지명반론자법은 악마의 옹호자(devil's advocate) 기법이라고도 하며, 집단사고의 위험을 줄이는 방법이다.
⑤ 명목집단법은 참여자들 간에 토론을 하지 못한다.

정답 ①
해설 ① (×) 델파이법(Delphi technique)은 의사결정 시간이 많이 걸려 긴박한 문제의 해결에는 적합하지 않다.

Topic 11 권력(power)

1 개념

다른 사람·집단에 영향력을 행사하는 잠재적 능력

2 프렌치(J. French)와 레이븐(B. Raven)의 권력의 원천

(1) 공식적 권력

① 공식적 권력은 특정역할과 지위에 따른 계층구조에서 나온다.
② 공식적 권력은 해당지위에서 떠나면 유지되기 어렵다.

(2) 개인적 권력

① 개인적 권력은 자신의 능력과 인격을 다른 사람으로부터 인정받아 생긴다.
② 개인적 권력의 원천은 전문지식, 존경과 호감 등이다.

분류	권력의 원천	내용
공식적 권력	강압적 권력	상사가 징계 해고 등 부하를 처벌할 수 있는 권력
	보상적 권력	상사가 부하에게 수당, 승진 등 보상해 줄 수 있는 능력
	합법적 권력	상사의 직책에 고유하게 내재하는 권력
개인적 권력	전문적 권력	상사가 보유하고 있는 지식과 전문기술 등에 근거하는 능력
	준거적 권력 (참조권력)	매력적인 자원이나 개인적 특성을 가지고 있는 사람이 갖는 권력

Topic 11 관련 기출 문제

01 사회적 권력(social power)의 유형에 대한 설명으로 옳지 <u>않은</u> 것은? `2013년`
① 합법권력 : 상사의 직책에 고유하게 내재하는 권력
② 강압권력 : 상사가 징계 해고 등 부하를 처벌할 수 있는 능력
③ 보상권력 : 상사가 부하에게 수당, 승진 등 보상해 줄 수 있는 능력
④ 전문권력 : 상사가 보유하고 있는 지식과 전문기술 등에 근거하는 능력
⑤ 참조권력 : 상사가 부하에게 규범과 명확한 지침을 전달하고, 문제발생 시 도움을 줄 수 있는 능력

> 정답 ⑤
> 해설 ⑤ (×) 사회적 권력(social power)이란 프렌치(French)와 레이븐(Raven)이 제시한 다섯 가지 권력 유형을 말한다. 참조권력은 준거권력과 동일 개념이다. 지문의 설명은 합법적 권력 또는 전문적 권력의 설명에 더 가깝다.

02 프렌치(J. French)와 레이븐(B. Raven)의 권력의 원천에 관한 설명으로 옳지 <u>않은</u> 것은? `2021년`
① 공식적 권력은 특정역할과 지위에 따른 계층구조에서 나온다.
② 공식적 권력은 해당지위에서 떠나면 유지되기 어렵다.
③ 공식적 권력은 합법적 권력, 보상적 권력, 강압적 권력이 있다.
④ 개인적 권력은 전문적 권력과 정보적 권력이 있다.
⑤ 개인적 권력은 자신의 능력과 인격을 다른 사람으로부터 인정받아 생긴다.

> 정답 ④
> 해설 ④ (×) 개인적 권력은 전문적 권력과 준거적 권력이 있다.

Topic 12 협상

1 개념

협상(negotiation)은 둘 이상의 당사자가 희소한 자원을 어떻게 분배할지 결정하는 과정이다.

2 유형 : 분배적 교섭과 통합적 교섭

교섭의 특징	분배적 교섭	통합적 교섭
이용 가능 자원	전체 자원의 양이 고정적 (fixed pie)	전체자원의 양이 유동적. 양 당사자 모두 만족할 만큼 파이를 확대한다.
주요 동기	내가 이익을 보면 상대방은 손해를 보는 구조이다(win-lose).	나와 상대방 모두가 이익을 볼 수 있다 (win-win).
협상의 초점	각 당사자의 입장	당사자 사이의 이해관계
정보 공유	최소화	최대화 정보공유를 통해 각 당사자의 관심을 충족시킨다.
관계의 지속성	단기간 관계	장기적 관계를 형성

Topic 12 관련 기출 문제

01 협상에 관한 설명으로 옳지 않은 것은? `2021년`
① 협상은 둘 이상의 당사자가 희소한 자원을 어떻게 분배할지 결정하는 과정이다.
② 협상에 관한 접근방법으로 분배적 교섭과 통합적 교섭이 있다.
③ 분배적 교섭은 내가 이익을 보면 상대방은 손해를 보는 구조이다.
④ 통합적 교섭은 윈-윈 해결책을 창출하는 타결점이 있다는 것을 전제로 한다.
⑤ 분배적 교섭은 협상당사자가 전체자원(pie)이 유동적이라는 전제하에 협상을 진행한다.

정답 ⑤
해설 ⑤ (×) 통합적 교섭에 대한 설명이다.

Topic 13 리더십

1 리더십(leadership)의 개념
(1) 조직목표를 달성하기 위해 구성원에게 효과적으로 영향력을 행사하는 능력
(2) 공식적인 직위와는 무관하게 개인의 권위를 근거로 한다.

2 헤드십(headship)
(1) 공식적인 계층제적 직위의 권위를 근거로 조직을 이끄는 것을 의미한다.
(2) 헤드십은 일방적·강제성을 그 본질로 하는데 비해 리더십은 상호성·자발성을 그 본질로 한다.

3 리더십 특성(traits)이론
(1) 리더가 갖춰야 하는 특성이나 자질(예 카리스마, 결단력, 열정, 용기, 신체적 특성 등)을 찾는 데 초점
(2) 리더의 특성들이 리더로서의 유효성(효과성)에 어떠한 영향을 미치는지를 연구하는 이론이다.

4 리더십 행동(behavior)이론
좋은 리더는 리더십 행동에 대한 훈련에 의해 육성될 수 있다고 본다.

이론	내용
아이오와대학 Lewin, Lippit & White	• 권위주의형, 민주형, 자유방임형 • 민주형 지도자가 가장 선호됨
미시간대학 Likert	• 업무(생산)중심형 리더십, 종업원형 중심형 리더십 • 종업원(직원) 중심형 리더십이 더 효과적임
오하이오대학	조직화 정도(구조 설정)와 배려 정도
Blake & Mouton의 관리망이론	• 생산에 대한 관심, 인간에 대한 관심 • 무기력형, 컨트리클럽형, 과업형, 중도형, 팀형 • 생산과 인간에 대한 관심이 모두 높은 팀형이 가장 이상적인 리더십

5 리더십 상황이론

리더십은 리더와 부하 직원들 간의 상호작용에 따라 달라질 수 있다고 본다.

이론	내용
피들러의 상황적합적 리더십	• 과업구조(업무의 조직화), 리더(지도자)와 부하의 관계, 리더의 지위권력 (지도자의 권위) • LPC 낮으면 업무중심형, 높으면 직원중심형 리더 • 상황이 매우 유리(과업중심적), 상황이 불리(인간관계중심 리더십)
하우스와 에반스의 경로-목표모형	• 상황변수(부하의 특성, 근무환경의 특성) • 지시적 리더십, 지원적 리더십, 참여적 리더십, 성취지향적 리더십
허시와 블랜차드의 리더십 상황이론	• 인간관계 중심 + 임무중심 + 효과성 • 상황변수(부하의 성숙도)
커와 저미어의 리더십 대체물 접근법	• 부하의 특성, 과업의 특성, 조직의 특성 • 전문적 성향(대체물), 보상에 대한 무관심(중화물) • 구조화된 일상적인 명백한 과업(대체물)
그랜과 단세로의 수직적-쌍방관계 연결이론	• 내집단(in-group)과 외집단(out-group)
브룸과 예튼의 규범모형	의사결정에 있어서 부하들을 어느 정도까지 참여시켜야 할 것인가를 상황에 따라 유형화함

6 Burns와 Bass의 변혁적 리더십

유형	구성요소	내용
거래적 리더십	상황적 보상	• 조건적 보상, 노력과 보상의 교환 • 성과 달성시 보상 제공
	예외적 관리	• 소극적 예외관리 : 성과기준에서 이탈시 개입 • 적극적 예외관리 : 사전에 개입하여 효율적 수행지도
	자유 방임	의사결정을 피하고 책임을 회피
변혁적 리더십	이상적 영향력 카리스마	인본주의, 평화 등 도덕적 가치와 이상을 호소하는 방식으로 부하들의 의식수준을 높임
	영감적 동기부여	부하직원들이 미래지향적 비전을 가지고 목표달성에 몰입하도록 영감을 제시
	개인적 배려	부하의 특정한 요구를 이해함으로써 부하에 대해 개인적으로 존중
	지적인 자극	부하가 기존관행을 넘어 혁신적 아이디어를 가질 수 있도록 자극

7 서번트 리더십(servant leadership) : Greenleaf
   (1) 조직구성원들에게 권한을 위임하고 스스로 성장할 수 있도록 환경을 조성하고 도와주는 리더십
   (2) 서번트 리더는 윤리, 공동체 그리고 부하와의 수평적 관계를 강조한다.

8 수퍼리더십(super leadership)
부하들 스스로가 자신을 리드하도록 만드는 리더십이다.

Topic 13 관련 기출 문제

01 리더십 이론에 관한 설명으로 옳은 것은? `2014년`
① 행동이론 중 미시간 대학의 연구에서 직무중심 리더는 부하의 인간적 측면에 관심을 갖고, 종업원중심 리더는 부하의 업무에 관심을 갖고 있다는 것을 규명하였다.
② 상황이론 중 경로-목표 이론에서는 리더 행동을 지시적 리더십, 지원적 리더십, 참여적 리더십, 성취지향적 리더십으로 분류하였다.
③ 특성이론에서는 여러 특성을 가진 리더가 모든 상황에서 효과적이라고 주장하였다.
④ 행동이론 중 오하이오 주립대학의 연구에서 배려하는 리더와 부하 사이의 관계는 상호신뢰를 형성하기가 어렵다는 것을 규명하였다.
⑤ 상황이론 중 규범모형은 기본적으로 부하들이 의사결정에 참여하는 정도가 상황의 특성에 맞게 달라질 필요가 없다고 가정하였다.

> **정답** ②
> **해설** ① (×) 행동이론 중 미시간 대학의 연구에서 직무중심 리더는 부하의 업무에 관심을 갖고, 종업원중심 리더는 부하의 인간적 측면에 관심을 갖고 있다는 것을 규명하였다.
> ③ (×) 특성이론에서는 성공적인 리더들은 어떤 공통된 특성을 가지고 있다고 전제하며, 특정 상황에서는 효과적이지만 다른 상황에서는 효과적이지 못하다고 주장한다.
> ④ (×) 행동이론 중 오하이오 주립대학의 연구에서 배려하는 리더와 부하 사이의 관계는 상호신뢰를 형성하기가 쉽다는 것을 규명하였다.
> ⑤ (×) 상황이론 중 규범모형은 기본적으로 부하들이 의사결정에 참여하는 정도가 상황의 특성에 맞게 달라질 필요가 있다고 가정하였다.

02 리더십(leadership)에 관한 설명으로 옳은 것은? `2020년`
① 리더십 행동이론에서 리더의 행동은 상황이나 조건에 의해 결정된다고 본다.
② 리더십 특성이론에서 좋은 리더는 리더십 행동에 대한 훈련에 의해 육성될 수 있다고 본다.
③ 리더십 상황이론에서 리더십은 리더와 부하 직원들 간의 상호작용에 따라 달라질 수 있다고 본다.
④ 헤드십(headship)은 조직 구성원에 의해 선출된 관리자가 발휘하기 쉬운 리더십을 의미한다.
⑤ 헤드십은 최고경영자의 민주적인 리더십을 의미한다.

> **정답** ③
> **해설** ① (×) 리더십 상황이론에서 리더의 행동은 상황이나 조건에 의해 결정된다고 본다.
> ② (×) 리더십 행동이론에서 좋은 리더는 리더십 행동에 대한 훈련에 의해 육성될 수 있다고 본다.
> ④ (×) 헤드십은 임명된 관리자가 계층제적 직위의 권위를 바탕으로 가지는 것이다.
> ⑤ (×) 헤드십은 계층제적 직위의 권위를 바탕으로 하기 때문에 권위주의적 리더십을 의미한다.

03 하우스(R. House)의 경로-목표 이론(path-goal theory)에서 제시되는 리더십 유형이 <u>아닌</u> 것은?

2022년

① 지시적 리더십(directive leadership)
② 지원적 리더십(supportive leadership)
③ 참여적 리더십(participative leadership)
④ 성취지향적 리더십(achievement-oriented leadership)
⑤ 거래적 리더십(transactional leadership)

정답 ⑤
해설 ⑤ (×) 거래적 리더십은 Burns & Bass의 리더십 유형에 해당한다.

04 피들러(F. Fiedler)의 상황적합이론에 관한 설명으로 옳지 <u>않은</u> 것은?

2022년

① 상황요인 3가지는 리더-부하관계, 과업구조, 리더의 직위권력이다.
② LPC(least preferred coworker) 척도는 함께 일하기가 가장 싫었던 동료를 평가하는 것이다.
③ 리더에게 호의적인 상황에서는 과업지향적 리더십이 효과적이다.
④ LPC 점수가 낮으면 관계지향적 리더로 여겨진다.
⑤ 상황에 따라 효과적인 리더십 스타일이 다를 수 있음을 보여준다.

정답 ④
해설 ④ (×) LPC 점수가 낮으면 과업지향적 리더로 여겨진다. LPC(least preferred coworker) 척도는 '가장 일하기 싫었던 동료'를 떠올리고, 그 사람을 긍정적으로 평가(높은 LPC 점수)하면 관계지향적, 부정적으로 평가(낮은 LPC 점수)하면 과업지향적으로 본다.

Topic 14 조직문화

1 의의

(1) 개념
① 조직의 구성원들이 공유하는 가치관, 신념의 체계
② 이념, 관습, 규범, 전통, 지식 및 기술도 포함
③ 조직문화는 하루아침에 갑자기 형성된 것이 아니고 한번 생기면 쉽게 없어지지 않는다.

(2) 조직문화의 순기능과 역기능
① 순기능
㉠ 조직구성원들에게 일체감을 조성
㉡ 조직구성원들의 생각과 행동지침이나 규범을 제공
㉢ 조직의 안정성과 계속성을 갖게 한다.
㉣ 조직구성원들의 태도와 행동을 통제하는 기제
② 역기능
㉠ 창의성과 다양성이 존중되지 못함으로써 조직구성원들에게 획일성을 갖게 한다.
㉡ 조직변혁이 필요한 경우에도 그에 대한 저항력을 강화시킨다.
㉢ 환경변화에 대한 적응력을 떨어뜨린다.
㉣ 타 기업과의 합병시 통합적 문화의 형성을 지체시킨다.

2 조직문화의 형성과 유지

(1) 조직문화의 형성
① 창업자는 그들과 같이 생각하고 느끼는 직원들을 채용하고 유지
② 창업자는 직원들에게 자기의 사고와 느낌을 주입하고 가르침
③ 창업자의 행동이 역할모델로 작용해 직원들이 그런 행동을 받아들이고 창업자의 신념, 가치, 가정을 내부화(internalization)함

(2) 조직문화의 유지 : 조직사회화
신입사원이 회사에 대하여 학습하고 조직문화를 이해하기 위한 다양한 활동이다.

3 조직문화의 주요 모형

(1) Pascale and Athos의 7S 모형

공유가치 (shared value)	• 조직구성원들이 공유하는 가치관과 이념 • 가장 중요하고 핵심적인 요소
전략(strategy)	• 조직의 장기발전과 방향과 기본 성격을 결정하는 경영전략
구조 (structure)	• 조직이 조직의 전략을 수행하는데 필요한 틀 • 조직구조의 직무설계, 그리고 권한 관계와 방침 등 공식 요소 포함 • 구성원들의 일상 업무 수행과 행동에 영향
관리시스템 (system)	• 조직 경영의 의사결정과 일상 운영에 틀이 되는 관리제도와 절차
구성원 (staff)	• 가치관과 행동은 조직이 추구하는 기본 가치에 의해 영향을 받음 • 인력 구성과 전문성은 경영전략에 의해 지배받음
관리기술 (skill)	• 물리적 하드웨어, 소프트웨어 기술 포함 • 조직체 경영에 적용되는 관리기술 및 기법
리더십 스타일 (style)	• 전반적인 조직관리 스타일 • 구성원들의 행동 조성, 상호 관계, 조직체 분위기에 직접적 영향

(2) E. Schein의 조직문화 수준

① 조직문화의 세가지 차원

㉠ 인공물(artifacts) : 가시적 단계

ⓐ 조직이 문화적으로 표출한 모든 것을 의미

ⓑ 기업 로고, 사가, 사무실 구조, 제품, 서비스 등

㉡ 표방하는 가치(espoused values) : 인식 단계

ⓐ 조직이 옹호하는 신념이나 가치를 의미

ⓑ 미션, 비전, 핵심가치, 리더십 원칙 등

㉢ 기본적 가정(underlying assumptions) : 잠재적 단계

ⓐ 조직 내에 구성원들이 당연하다고 믿는 것들

ⓑ "조직구성원들은 훌륭한 결과 달성을 위해 자발적으로 최선을 다할 것이다." ⇨ 재택근무 활성화, 워라밸

② 조직성장 단계

샤인(E. Schein)에 의하면 기업의 성장기에는 소집단 또는 부서별 하위문화가 형성되며, 조직문화의 여러 요소들이 제도화 된다.

(3) Deal & Kennedy의 조직문화

		위험추구성향	
		낮음	높음
결과에 대한 피드백 기간	단기	일 잘하고 잘 노는 문화 (work hard/play hard culture)	거친 남성적 문화 (tough guy/macho culture)
	장기	수속절차, 과정의 문화 (process culture)	회사운명을 거는 문화 (bet-your company culture)

(4) Hofstede의 문화차원

① 권력격차(세력차이)
ⓐ 약한 문화는 분권화, 권한 위임이 잘 되어 있음
ⓑ 강한 문화는 집권화와 권위주의적 요소가 강함. 폐쇄적 커뮤니케이션

② 개인주의-집단(집합)주의
ⓐ 개인주의는 개인의 자유와 이익 우선시 함, 대인관계가 소극적
ⓑ 집단주의는 집단에 대한 소속감과 충성심 중시, 사람들과의 화합과 상호의존적 관계 중시

③ 남성성-여성성
ⓐ 남성성은 자기주장이 강함, 사회적 성공과 물질적인 부를 추구, 남성과 여성의 역할에 대한 차이 인정
ⓑ 여성성은 타인에 대한 배려, 삶의 질 중시, 평균을 기준으로 삼음

④ 불확실성 회피
ⓐ 강한 경우 공식적 규정을 많이 만들어 불확실한 요소를 최대한 통제하려 함
ⓑ 약한 경우 이견·다양성을 높이 평가, 새로운 변화를 시도

(5) Quinn & Kimberly의 경쟁가치모형

	유연성		
내부	인간관계모형 목표 : 인적 자원 개발 수단 : 응집력, 사기, 훈련 관계지향(합의) 문화	개방체제모형 목표 : 성장, 자원 확보 수단 : 융통성, 외부의 평가 개발 문화	외부
내부	내부과정모형 목표 : 안정성, 균형 수단 : 정보관리, 의사소통 계층문화	합리목표모형 목표 : 생산성, 능률성, 수익성 수단 : 기획·목표 설정 합리문화	외부
	통제지향		

4 안전문화

(1) 개 념

문화의 하위체계로서 안전과 문화의 맥락에서 안전에 대한 사회구성원들의 총체적 인식을 기술하는 표현

(2) 연 혁

① 1979년 TMI(Three Mile Island) 원자력발전소 사고는 미국 원자력산업계에 처음으로 경종을 울린 사고였다. 하지만 안전문화에 대한 관심은 미미한 실정이었다.

② 안전문화는 1986년 소련 체르노빌 원자력 누출사고에 따른 국제원자력기구(IAEA)의 국제원자력안전자문그룹(INSAG) 보고서에 의해 그 중요성이 널리 알려졌다.
③ 우리나라는 1995.6.9 삼풍백화점 붕괴사고 이후 안전에 대한 국민의 관심이 고조되고 안전문화에 대한 정부 주도의 접근 시도

(3) 듀폰의 Bradley Curve 모형 : Risk 관리발전 4단계

1단계 (Reactive)	• 조직구성원의 본능에 의해 안전과 위험요인이 관리되는 수준 • 조건반응적 단계
2단계 (Dependent)	• 안전법규, 규정 등을 기반으로 전반적인 안전관리를 관리감독자에 의존하는 수준 • 의존적 단계
3단계 (Self)	• 조직 구성원 스스로 본인의 안전을 능동적이고 창의적인 활동으로 책임지는 단계 • 독립적 단계
4단계 (Interdependent)	• 팀(부서)이 중심이 되어 서로의 안전을 챙겨주는 단계, 안전이 일상에 녹아 있는 단계 • 상호의존적 단계

(4) Mohamed가 제시한 안전풍토의 요인(2002)[4]
① 안전문화 구성요소
  ㉠ 경영층의 안전에 대한 몰입
  ㉡ 의사소통
  ㉢ 안전규정과 절차
  ㉣ 안전 관련 지원적 환경
  ㉤ 안전점검
  ㉥ 근로자 참여
  ㉦ 위험에 대한 개인 평가
  ㉧ 물리적 작업환경 평가
  ㉨ 작업압박
  ㉩ 위험감지능력
② 한계
  안전풍토의 요인들은 추상적이어서 안전문화 수준을 계량화하기 곤란하다.

---

[4] 주찬희(2017)

5 강한 문화와 약한 문화

(1) 강한 문화(strong culture)
  ① 응집력이 강하다.
  ② 의례의식, 상징, 이야기를 자주 사용한다.
  ③ 조직가치의 중요성에 대한 광범위한 합의가 이루어져 있다.
  ④ 조직의 가치와 전략에 대한 구성원의 몰입을 증가시킨다.
  ⑤ 조직의 핵심가치가 더 강조되고 공유되고 있는 강한 문화가 조직에 끼치는 잠재적 역기능을 무시해서는 안된다.

(2) 약한 문화(weak culture)
  ① 다양한 하위문화의 존재를 허용한다.
  ② 서로 다른 하위문화(subculture)가 존재하는 경우가 많아 단결력이 약하다.

Topic 14 관련 기출 문제

01 호프스테드(Hofstede)의 문화 간 차이를 이해하는 4가지 차원에 속하지 <u>않는</u> 것은? `2013년`
① 불확실성 회피
② 개인주의-집합주의
③ 남성성-여성성
④ 신뢰-불신
⑤ 세력차이

정답 ④

02 조직문화의 순기능에 관한 설명으로 옳지 <u>않은</u> 것은? `2014년`
① 조직구성원들에게 일체감을 조성한다.
② 조직구성원들의 생각과 행동지침이나 규범을 제공한다.
③ 조직의 안정성과 계속성을 갖게 한다.
④ 조직구성원들에게 획일성을 갖게 한다.
⑤ 조직구성원들의 태도와 행동을 통제하는 기제(mechanism) 기능을 한다.

정답 ④
해설 ④ (×) 조직문화의 역기능에 대한 설명이다. '획일성'은 부정적 의미를 지니는 개념이다.

03 조직문화에 관한 설명으로 옳은 것을 모두 고른 것은? 2015년

ㄱ. 조직문화는 일반적으로 빠르고 쉽게 변화한다.
ㄴ. 파스칼과 아토스(R. Pascale and A. Athos)는 조직문화의 구성요소로 7가지를 제시하고 그 가운데 공유가치가 가장 핵심적인 의미를 갖는다고 주장하였다.
ㄷ. 딜과 케네디(T. Deal and A. Kennedy)는 위험추구성향과 결과에 대한 피드백 기간이라는 2개의 기준에 의해 조직문화유형을 합의문화, 개발문화, 계층문화, 합리문화로 구분하고 있다.
ㄹ. 샤인(E. Schein)에 의하면 기업의 성장기에는 소집단 또는 부서별 하위문화가 형성되며, 조직문화의 여러 요소들이 제도화 된다.
ㅁ. 홉스테드(G. Hofstede)에 의하면 불확실성 회피성향이 강한 사회의 구성원들은 미래에 대한 예측 불가능성을 줄이기 위해 더 많은 규칙과 규범을 제정하려는 노력을 기울인다.

① ㄱ, ㄴ, ㄹ
② ㄴ, ㄷ, ㄹ
③ ㄴ, ㄷ, ㅁ
④ ㄴ, ㄹ, ㅁ
⑤ ㄷ, ㄹ, ㅁ

정답 ④
해설 ㄱ. (×) 조직문화는 일반적으로 느리게 변화하며 또한 바꾸기 어렵다.
ㄷ. (×) Quinn & Kimberly의 경쟁가치모형은 합의문화, 개발문화, 계층문화, 합리문화의 네 가지 조직문화 유형을 제시하였다.

04 조직문화에 관한 설명으로 옳지 않은 것은? 2016년

① 조직사회화란 신입사원이 회사에 대하여 학습하고 조직문화를 이해하기 위한 다양한 활동이다.
② 조직의 핵심가치가 더 강조되고 공유되고 있는 강한 문화(strong culture)가 조직에 끼치는 잠재적 역기능을 무시해서는 안된다.
③ 조직문화는 하루아침에 갑자기 형성된 것이 아니고 한번 생기면 쉽게 없어지지 않는다.
④ 창업자의 행동이 역할모델로 작용하여 구성원들이 그런 행동을 받아들이고 창업자의 신념, 가치를 외부화(externalization)한다.
⑤ 구성원 모두가 공동으로 소유하고 있는 가치관과 이념, 조직의 기본목적 등 조직체 전반에 관한 믿음과 신념을 공유가치라 한다.

정답 ④
해설 ④ (×) 창업자의 행동이 역할모델로 작용하여 구성원들이 그런 행동을 받아들이고 창업자의 신념, 가치를 내부화(internalization)한다.

05 파스칼(R. Pascale)과 애토스(A. Athos)의 7S 조직문화 구성요소 중 가장 핵심적인 요소는? `2017년`
① 전략
② 공유가치
③ 구성원
④ 제도·절차
⑤ 관리스타일

> **정답** ②
> **해설** ② (○) 공유가치(Shared value)가 조직문화 형성에 가장 중요한 역할을 한다. 공유가치는 7S의 다른 항목에 영향을 미친다는 것이다.

06 조직문화 중 안전문화에 관한 설명으로 옳은 것은? `2020년`
① 안전문화 수준은 조직구성원이 느끼는 안전 분위기나 안전풍토(safety climate)에 대한 설문으로 평가할 수 있다.
② 안전문화는 TMI(Three Mile Island) 원자력발전소 사고 관련 국제원자력기구(IAEA) 보고서에 의해 그 중요성이 널리 알려졌다.
③ 브래들리 커브(Bradley Curve) 모델은 기업의 안전문화 수준을 병적-수동적-계산적-능동적-생산적 5단계로 구분하고 있다.
④ Mohamed가 제시한 안전풍토의 요인들은 재해율이나 보호구 착용률과 같이 구체적이어서 안전문화 수준을 계량화하기 쉽다.
⑤ Pascale의 7S모델은 안전문화의 구성요인으로 Safety, Strategy, Structure, System, Staff, Skill, Style을 제시하고 있다.

> **정답** ①
> **해설** ② (×) 1986년 소련 체르노빌 원자력 누출사고에 의해 그 중요성이 널리 알려졌다.
> ③ (×) 브래들리 커브(Bradley Curve) 모델은 4단계로 구분하고 있다.
> ④ (×) 안전풍토의 요인들은 추상적이어서 안전문화 수준을 계량화하기 곤란하다.
> ⑤ (×) Safety가 아니라 Shared value이다.

07 홉스테드(G. Hofstede)가 국가 간 문화차이를 비교하는데 이용한 차원이 <u>아닌</u> 것은? `2022년`
① 성과지향성(performance orientation)
② 개인주의 대 집단주의(individualism vs collectivism)
③ 권력격차(power distance)
④ 불확실성 회피성향(uncertainty avoidance)
⑤ 남성적 성향 대 여성적 성향(masculinity vs feminity)

> **정답** ①

Topic 15 조직변화

1 조직변화의 개념

(1) 조직을 둘러싸고 있는 주변 환경과 조직 내의 여러 가지 요소들이 변화함에 따라 조직을 구성하고 있는 어떤 부분들이 적절하게 변화하는 것을 의미
(2) 조직을 구성하는 사람(생각), 구조, 기술 등이 변화

2 레윈(K. Lewin)의 변화 3단계

해빙 (unfreezing)	• 구성원들이 조직변화의 필요성을 인식·수용하는 단계
변화 (changing)	• 제도, 기술, 구조 등이 현재 상태에서 새로운 상태로 이동하는 단계(교육, 참여, 지원, 협상 등) • 순응화, 동일화, 내면화
재동결 (refreezing)	• 새로운 변화 상태를 유지하고 안정화하는 단계

Topic 15 관련 기출 문제

01 레윈(K. Lewin)의 조직변화의 과정으로 옳은 것은? `2022년`
① 점검(checking) – 비전(vision) 제시 – 교육(education) – 안정(stability)
② 구조적 변화 – 기술적 변화 – 생각의 변화
③ 진단(diagnosis) – 전환(transformation) – 적응(adaptation) – 유지(maintenance)
④ 해빙(unfreezing) – 변화(changing) – 재동결(refreezing)
⑤ 필요성 인식 – 전략수립 – 실행 – 해결 – 정착

정답 ④

Topic 16 생산관리

1 생산시스템의 개념 및 구성요소

(1) 개념
① 원재료, 노동력, 자본, 정보 등으로 투입(input) 요소를 적절한 변환(conversion)과정을 거쳐 제품 또는 서비스로 산출(output)되는 체계
② 최종 제품과 서비스는 고객의 피드백(feedback) 과정을 거쳐 투입 요소를 조정하게 되며, 동일한 투입 요소를 사용해도 산출물의 원가와 품질은 변환과정을 얼마나 효율적으로 관리하는가에 따라 차이가 날 수 있다.

(2) 구성요소
① 투입(input)
　생산시스템에서 재화나 서비스를 창출하기 위해 여러 가지 요소를 입력하는 것이다.
② 변환(conversion)
　㉠ 여러 생산자원들을 효용성 있는 제품 또는 서비스로 바꾸는 것이다.
　㉡ 제조공정의 경우 고정비와 관련성이 크다.
③ 산출(output)
　유형의 재화 또는 무형의 서비스가 창출된다.
④ 피드백(feedback)
　고객과 시장에 대한 조사(survey)가 이루어지는 것이다.
⑤ 통제
　산출의 결과가 초기에 설정한 목표와 차이가 있는지를 비교하고 또한 목표를 달성할 수 있도록 배려하는 것이다.

2 공급자주도형 재고관리(VMI, vendor managed inventory)

(1) 벤더(vendor)가 POS 매출량에 대응하여 유통업체, 구매자의 재고를 관리한다.
(2) 공급업체가 구매업체 수요와 재고정보를 공유하여 구매업체 재고관리 기능을 대신 수행한다.
(3) 채찍효과 개선으로 인한 생산계획의 안정성 확보 가능

3 자재소요량계획(MRP, material requirement planning)

(1) 개념
① 오릭키(Orlicky)에 의하여 개발된 자재관리 및 재고통제기법으로, 종속 수요품의 소요량과 소요시기를 결정하기 위한 시스템이다.

② 주일정계획(기준생산일정)을 기초로 하여 완제품 생산에 필요한 자재 및 구성부품의 종류, 수량 시기 등을 계획하는 시스템이다.
③ 제품생산에 필요한 부품의 투입시점과 투입량을 관리하는 시스템이다.

(2) 발전단계 : MRPⅠ → MRPⅡ → ERP로 발전
① MRPⅠ : 자재수급관리, 재고의 최소화
② MRPⅡ : 제조자원관리, 원가절감
③ ERP : 전사적자원관리, BPR
④ 확장형 EPR : 기업간 최적화, e-비즈니스

(3) 장단점
① 장점
㉠ 최종제품에 대한 수요예측으로 종속제품의 수요를 알 수 있음.
㉡ 주 생산일정에 따라 최종제품 생산을 위한 종속제품들을 산출 주문 ⇨ 평균재고↓
㉢ 납기를 맞추기 위해 생산에 필요한 부품, 재고의 양 및 주문시기를 미리 파악함으로서 작업을 원활 ⇨ 낭비요소↓, 고객 제품인도기간↓

② 단점
㉠ 기업의 생산능력에 대한 고려를 하지않는다.
㉡ 일단 수립되면 중간 수정이 용이하지 않다. 즉, 수요변화가 심한 시스템의 경우 유연하게 대처 어려움.

4 ERP(전사적 자원관리 : enterprise resource planning)

(1) 개념 : 다운사이징 + 아웃소싱 + 적시생산(JIT) + IT기술
① ERP는 조직의 자금, 회계, 구매, 생산, 판매 등의 업무흐름을 통합관리하는 정보시스템이다.
② 나아가 공급자와 고객까지 연결함으로써 기업의 모든 자원을 최적으로 관리하는 시스템이다.

(2) 특징
① 통합시스템 : 수주에서 출하까지의 공급망과 생산, 마케팅, 인사, 재무 등 기업의 모든 기간 업무를 지원하는 통합시스템
② 실시간 정보처리체계 구축 : 단위별 응용프로그램이 서로 통합, 연결되어 중복업무를 배제하고 실시간 정보 관리체계를 구축
③ 기업간 자원활용 최적화 추구 : EDI(Electronic Data Interchange), CALS(Commerce At Light Speed), 인터넷 등으로 연결시스템을 확립하여 기업 간 자원 활용의 최적화를 추구
④ 경영혁신도구와 연결 : BPR과 연계되어 경영혁신 도구로 활용
⑤ 오픈 클라이언트 서버 시스템 : 대부분의 ERP시스템은 특정 하드웨어 업체에 의존하지 않는 오픈 클라이언트 서버시스템 형태를 채택

⑥ 하나의 시스템으로 복수의 생산·재고거점을 관리하므로 정보의 분석과 피드백 기능의 최적화를 실현한다.
⑦ 경제적인 아웃소싱으로 정보시스템을 개발·보수한다.

(3) MRP와 EPR 시스템과의 차이

	MRP	EPR
핵심 목표	업무 중심, 처리결과 정보화	프로세스 자동화, 정보 자원화
주체	종이문서로 사람이 수행	IT 자원으로 수행
부문간 연동	특정 부서 중심, 통합성 취약	조직 전체를 횡적으로 통합
최종 지향점	조직내부 상사에 보고	모든 것을 고객관점으로
조달방법	고유하게 자사 개발 중심	패키지, 선진 모델 선택
변화 대응	기능 추가 및 수정 곤란	변화에 능동적 대응 가능

5 모듈생산시스템(MPS : modular production system)

(1) 단납기화 요구강화와 원가절감을 위하여 부품 또는 단위의 조합에 따라 고객의 다양한 주문에 대응하는 생산 시스템이다.

(2) 기존 컨베이어벨트 생산방식에서 벗어나 숙련된 소수의 작업자로 구성된 각 구역(셀)에서 제품을 정지상태에서 눕힌 채 조립하고 검사 등의 작업을 마친 후 다음 공정으로 진행된다.

6 업무재설계(BPR : business process reengineering)

고도로 전문화되어 프로세스가 (기능별)분업화된 조직을 개혁하기 위해, 조직과 비즈니스 규칙 및 절차를 근본적으로 재검토하여 비즈니스 프로세스에 관점을 두고 조직, 직무, 업무 흐름, 관리기구, 정보 시스템을 재설계하는 경영혁신기법의 하나이다.

7 제품생애주기(PLC : Product Life Cycle)

(1) 도입기(introduction)
① 제품의 인지도 향상에 집중, 이익 창출이 많지 않음
② 도입기는 고객의 요구에 따라 잦은 설계변경이 있을 수 있으므로 공정의 유연성이 필요하다.

(2) 성장기(growth) : 시장점유율 극대화, 손익분기점 돌파
① 성장기는 수요가 증가하므로 공정중심의 생산시스템에서 제품중심으로 변경하여 생산능력을 크게 확장시켜야 한다.
② 성장기는 도입기에 비하여 마케팅 역할이 크게 요구되는 시기이다.

(3) 성숙기(maturity) : 시장점유율 유지 및 이익극대화
성숙기는 이익극대화를 추구하기 때문에 성장기에 비하여 이익 수준이 높다.

(4) 쇠퇴기(decline) : 시장철수, 가격인하
쇠퇴기는 제품이 진부화되어 매출이 줄어든다.

Topic 16 관련 기출 문제

01 생산시스템에 관한 설명으로 옳지 <u>않은</u> 것은? `2015년`
① VMI는 공급자주도형 재고관리를 뜻한다.
② MRP는 자재소요량계획으로 제품생산에 필요한 부품의 투입시점과 투입량을 관리하는 시스템이다.
③ ERP는 조직의 자금, 회계, 구매, 생산, 판매 등의 업무흐름을 통합관리하는 정보시스템이다.
④ SCM은 부품 공급업체와 생산업체 그리고 고객에 이르는 제반 거래 참여자들이 정보를 공유함으로써 고객의 요구에 민첩하게 대응하도록 지원하는 것이다.
⑤ BPR은 낭비나 비능률을 점진적이고 지속적으로 개선하는 기능중심의 경영관리기법이다.

> **정답** ⑤
> **해설** ⑤ (×) BPR은 프로세스가 기능별 분업화된 조직을 개혁하기 위해, 조직과 비즈니스 규칙 및 절차를 근본적으로 재검토하는 관리기법이다.

02 생산 시스템에 관한 설명으로 옳지 <u>않은</u> 것은? `2013년`
① 모듈생산시스템(MPS : modular production system)은 단납기화 요구강화와 원가절감을 위하여 부품 또는 단위의 조합에 따라 고객의 다양한 주문에 대응하는 생산 시스템이다.
② 자재소요계획(MRP : material requirements planning)은 주일정계획(기준생산일정)을 기초로 하여 완제품 생산에 필요한 자재 및 구성부품의 종류, 수량 시기 등을 계획하는 시스템이다.
③ 적시생산시스템(JIT : just in time)은 제품생산에 요구되는 부품 등 자재를 필요한 시기에 필요한 수량만큼 적기에 생산, 조달하여 낭비요소를 근본적으로 제거하려는 생산 시스템이다.
④ 유연생산시스템(FMS : flexible manufacturing system)은 CAD, CAM 및 MRP 등의 기술을 도입, 생산 설비를 빠르게 전환하여 소품종 대량생산을 효율적으로 행하는 시스템이다.
⑤ 셀생산시스템(CMS : cellular manufacturing system)은 숙련된 작업자가 컨베이어라인이 없는 셀(cell) 내부에서 전체공정을 책임지고 완수하는 사람중심의 자율 생산 시스템이다.

> **정답** ④
> **해설** ④ (×) 유연생산시스템(FMS)은 CAD, CAM 및 MRP 등의 기술을 도입, 생산 설비를 빠르게 전환하여 다품종소량생산을 효율적으로 행하는 시스템이다.

03 제품생애주기(Product Life Cycle)에 관한 설명으로 옳지 <u>않은</u> 것은? `2015년`
① 도입기는 고객의 요구에 따라 잦은 설계변경이 있을 수 있으므로 공정의 유연성이 필요하다.
② 쇠퇴기는 제품이 진부화되어 매출이 줄어든다.
③ 성장기는 수요가 증가하므로 공정중심의 생산시스템에서 제품중심으로 변경하여 생산능력을 크게 확장시켜야 한다.
④ 성숙기는 성장기에 비하여 이익 수준이 낮다.
⑤ 성장기는 도입기에 비하여 마케팅 역할이 크게 요구되는 시기이다.

> **정답** ④
> **해설** ④ (×) 성숙기는 이익극대화를 추구하기 때문에 성장기에 비하여 이익 수준이 높다.

04 생산시스템은 투입, 변환, 산출, 통제, 피드백의 5가지 구성요소로 설명할 수 있다. 생산시스템에 관한 설명으로 옳지 <u>않은</u> 것은? `2016년`
① 변환은 제조공정의 경우 고정비와 관련성이 크다.
② 투입은 생산시스템에서 재화나 서비스를 창출하기 위해 여러 가지 요소를 입력하는 것이다.
③ 변환은 여러 생산자원들을 효용성 있는 제품 또는 서비스로 바꾸는 것이다.
④ 산출에서는 유형의 재화 또는 무형의 서비스가 창출된다.
⑤ 피드백은 산출의 결과가 초기에 설정한 목표와 차이가 있는지를 비교하고 또한 목표를 달성할 수 있도록 배려하는 것이다.

> **정답** ⑤
> **해설** ⑤ (×) 통제에 관한 설명이다.

05 ERP시스템의 특징에 관한 설명으로 옳지 않은 것은? `2016년`

① 수주에서 출하까지의 공급망과 생산, 마케팅, 인사, 재무 등 기업의 모든 기간 업무를 지원하는 통합시스템이다.
② 하나의 시스템으로 하나의 생산·재고거점을 관리하므로 정보의 분석과 피드백 기능의 최적화를 실현한다.
③ EDI(Electronic Data Interchange), CALS(Commerce At Light Speed), 인터넷 등으로 연결시스템을 확립하여 기업 간 자원 활용의 최적화를 추구한다.
④ 대부분의 ERP시스템은 특정 하드웨어 업체에 의존하지 않는 오픈 클라이언트 서버시스템 형태를 채택하고 있다.
⑤ 단위별 응용프로그램이 서로 통합, 연결되어 중복업무를 배제하고 실시간 정보 관리체계를 구축할 수 있다.

정답 ②
해설 ② (×) 하나의 시스템으로 '복수'의 생산·재고거점을 관리하므로 정보의 분석과 피드백 기능의 최적화를 실현한다.

Topic 17. 프로젝트 관리 : PERT/CPM

1 개념

(1) PERT : 시간관리와 일정관리

　PERT(Program Evaluation Review Technique)는 미 해군 Polaris 미사일 개발에서 활동시간의 계획과 통제(시간단축)을 위해 개발된 확률적 모델

(2) CPM(Critical Path Method) : 시간과 비용

　① CPM은 미 DuPont사에서 최소의 시간과 비용으로 프로젝트를 완성하고자 개발한 확정적 모델

　② CPM은 프로젝트의 완성시간을 앞당기기 위해 최소비용법을 활용하여 주공정상에 위치하는 작업들의 비용관계를 분석하여 소요시간을 줄인다.

2 PERT와 CPM 차이 비교

- 오늘날 양자를 결합하고 있어 구분할 필요는 없음

PERT	CPM
확률적 모델	확정적 모델
불확실한 사업, 신규사업, 비반복사업, 경험이 없는 사업	반복사업, 경험이 있는 사업
연구개발 프로젝트	건설 프로젝트
시간관리, 일정관리	비용 및 시간 제어
• 단계중심의 일정계산 • 낙관적 시간치(a), 최빈 시간치(b), 비관적 시간치(m)	• 활동중심의 일정계산 • 하나의 예상치

3 활동(activity)시간의 추정

- PERT에서는 활동시간이 베타(β)분포를 하는 것으로 가정

(1) **낙관적 시간치**(optimistic time, a)) : 모든 상황이 순조롭게 진행될 때 걸릴 최단시간

(2) **최빈시간치**(most likely time, m) : 정상조건에서 가장 많이 나타날 활동시간

(3) **비관적 시간치**(pessimistic time, b) : 기계고장, 파업 등 가장 불리한 상황이 전개될 때 걸릴 최장시간

$$활동소요시간 = \frac{a + 4m + b}{6}$$

4 여유시간(slack time)
 - 특정단계가 전체단계에 영향을 미치지 않는 한도 내에서 늦출 수 있는 시간

5 주공정경로
 (1) 프로젝트 내에서 가능한 여러 경로들 가운데 여유시간이 0(s=0)인 단계를 차례로 연결한 것
 (2) 주경로에 있는 활동 등의 소요시간을 합하면 프로젝트 완료시간과 동일하다.

Topic 17 관련 기출 문제

01 프로젝트 관리에 활용되는 PERT(program evaluation & review technique)와 CPM(critical path method)의 설명으로 옳은 것은? _{2013년}

① PERT는 개개의 활동에 대해 낙관적 시간치, 최빈 시간치, 비관적 시간치를 추정한 후 그들이 정규분포를 이룬다고 가정하여 평균기대 시간치를 구한다.
② CPM은 프로젝트의 완성시간을 앞당기기 위해 최소비용법을 활용하여 주공정상에 위치하는 작업들의 비용관계를 분석하여 소요시간을 줄인다.
③ 과거자료나 경험을 기초로 한 PERT는 활동중심의 확정적 시간을 사용하고, 불확실한 작업을 기초로 한 CPM은 단계중심의 확률적 시간 추정치를 사용한다.
④ PERT/CPM은 활동의 전후 관계를 명확히 하고 체계적인 일정 및 예상통제로 효율적 진도관리를 위해 간트(Gantt)차트와 같은 도식적 기법을 활용한다.
⑤ PERT/CPM은 TQM(total quality management)과 연계되어 있어 제품 및 서비스에 대한 고객만족 프로세스를 지향하는 프로젝트 관리도구로 적합하다.

> **정답** ②
> **해설** ① (×) 정규분포가 아니라 베타분포를 가정한다. 베타분포는 확률분포로 알파와 베타값에 따라 다양한 분포의 모양이 결정된다. 알파와 베타값이 둘 다 2일 경우에만 정규분포가 된다(베타분포 〉 정규분포).
> ③ (×) 반대로 설명되어 있다.
> ④ (×) 간트(Gantt)차트와 같은 도식적 기법을 활용하지 않는다. 간트차트는 프로젝트 일정 관리를 위한 (전후 관계가 아닌)바(bar) 형태의 도구이다.
> ⑤ (×) PERT/CPM은 TQM과는 무관한 개념이다.

02 프로젝트 활동의 단축비용이 단축일수에 따라 비례적으로 증가한다고 할 때, 정상활동으로 가능한 프로젝트 완료일을 최소의 비용으로 하루 앞당기기 위해 속성으로 진행되어야 할 활동은?

2017년

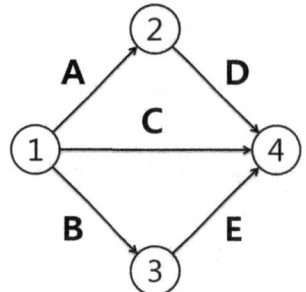

활동	직전 선행 활동	활동시간(일)		활동비용(만원)	
		정상	속성	정상	속성
A	-	7	5	100	130
B	-	5	4	100	130
C	-	12	10	100	140
D	A	6	5	100	150
E	B	9	7	100	150

① A
② B
③ C
④ D
⑤ E

정답 ⑤

해설 ⑤ (○)

진행활동 경로	활동시간(일)		활동비용(만원)	
	정상	속성	정상	속성
AD	13(7+6)	10(5+5)	200(100+100)	280(130+150)
C	12	10	100	140
BE	14(5+9)	11(4+7)	200(100+100)	280(130+150)

주공정경로는 가장 오랜 시간이 소요되는 생산경로이다. 따라서 위 도표에서 주공정경로(CP)는 BE이다.

활동	활동시간(일)			활동비용(만원)			
	정상	속성	단축일수	정상	속성	단축활동비용	1일 단축 소요 비용
A	7	5	2	100	130	30	15
B	5	4	1	100	130	30	30
C	12	10	2	100	140	40	20
D	6	5	1	100	150	50	50
E	9	7	2	100	150	50	25

※ 단축일수 = 정상 - 속성
　단축활동비용 = 정상 - 속성
　1일 단축활동 소요비용 = 단축활동비용/단축일수

단축가능 활동경로인 BE 중 B는 1일 단축활동에 소요되는 비용이 30만원이고, E는 1일 단축활동에 소요되는 비용이 25만원이므로, 비용이 적게 드는 E활동에서 단축을 하여야 한다.

03 어떤 프로젝트의 PERT(program evaluation and review technique) 네트워크와 활동소요시간이 아래와 같을 때, 옳지 않은 설명은? 2019년

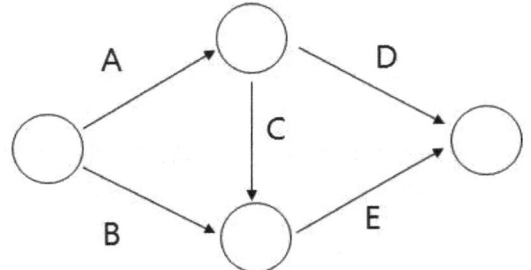

활동	소요시간(日)
A	10
B	17
C	10
D	7
E	8
계	52

① 주경로(critical path)는 A-C-E이다.
② 프로젝트를 완료하는 데에는 적어도 28일이 필요하다.
③ 활동 D의 여유시간은 11일이다.
④ 활동 E의 소요시간이 증가해도 주경로는 변하지 않는다.
⑤ 활동 A의 소요시간을 5일 만큼 단축시킨다면 프로젝트 완료시간도 5일 만큼 단축된다.

정답 ⑤
해설 ⑤ (×) 활동 A의 소요시간을 5일 만큼 단축시킨다고 하여서 프로젝트 완료시간도 반드시 5일 만큼 단축되는 것은 아니다. 오히려 프로젝트 완료시간이 늘어날 수도 있다. 주경로 상 다른 공정과의 관계에 따라 기간이 오히려 늘어날 수 있기 때문이다.
① (○), ② (○) 주공정경로는 가장 오랜 시간이 소요되는 생산경로이다. A-C-E는 10+10+8=28이다. 따라서 프로젝트를 완료하는 데에는 적어도 28일이 필요하다.
③ (○) 여유시간(Slack)이란 작업이 지연되더라도 프로젝트 전체 완료 시간에 영향을 미치지 않는 시간을 말한다. AD경로는 소요시간이 10+7=17이므로, 28-17=11이 계산된다. 참고로 주경로 상에 있는 활동들은 여유시간이 0이다.
④ (○) 주공정경로는 가장 오랜 시간이 소요되는 생산경로이므로, 활동 E의 소요시간이 감소가 아니라 증가할 경우 주경로는 변하지 않는다.

Topic 18 수요예측

1 정성적 기법 : 주관적 예측, 질적 기법

(1) 시장조사법(소비자조사법)
외부의 전문 조사기관에서 인터뷰와 설문조사를 통하여 예측, 시간과 비용이 많이 소요됨. 단기 예측능력이 높음

(2) 델파이법
장기수요예측이나 신제품 수요예측에 사용, 전문가의 직관력을 이용. 중장기 예측능력이 높음

(3) 패널조사법
전문가, 담당자, 소비자 등으로 패널(panel)을 구성해 의견을 자유롭게 나누면서 예측

(4) 판매원 추정법
주기적으로 판매원들이 수요추정치를 작성

(5) 경영자 판단법
경영자 집단의 의견, 경험, 기술적 지식을 요약하여 단일 예측치를 얻는 방법

(6) 라이프사이클 유추법(자료유추법)
제품의 라이프사이클을 판단하여 수요를 예측, 기존 제품의 과거자료를 기초로 하여 수요예측

2 정량적 기법 : 객관적 예측, 양적 기법

(1) 인과형 예측기법 : 회귀분석

① 회귀방정식
수요에 영향을 주는 요인들을 독립변수, 수요를 종속변수로 하고 독립변수에 대한 함수로서 수요를 통계적으로 모형화한 것

② 최소자승법
자료의 수요값들과 회귀방정식에 의한 수요값들의 차의 제곱이 최소가 되도록 회귀방정식을 결정

③ 기타
계량경제모형, 투입-산출모형, 시뮬레이션 모형, 선도지표법 등

(2) 시계열 예측기법

① 개념
㉠ 과거의 자료(예 매출액, 수요량, 생산량 등)를 토대로 **추세(trend)**, 경향을 분석하여 수요를 예측하는 방법

ⓒ 종속변수인 수요의 과거 패턴이 미래에도 그대로 지속된다는 가정에 근거를 두고 있다.
② 시계열의 구성요소
　　㉠ 추세변동(trend variation) : 자료의 추이가 점진적, 장기적으로 증가 또는 감소하는 변동.
　　㉡ 계절변동(seasonal variation) : 월, 계절에 따라 증가 또는 감소하는 변동. 1년 중 여름에 아이스크림의 매출이 증가하고 겨울에는 스키 장비의 매출이 증가한다고 할 때, 이를 설명하는 변동
　　㉢ 순환변동(cyclical variation) : 경기순환과 같은 요인으로 인한 변동
　　㉣ 불규칙변동(irregular variation), 우연변동 : 돌발사건, 전쟁 등으로 인한 변동
③ 시계열자료를 이용한 예측기법
　　㉠ (단순)이동평균법
　　　　우연변동만이 크게 작용하는 경우 유용한 기법으로, 가장 최근 n기간 데이터를 산술평균하거나 가중평균하여 다음 기간의 수요를 예측할 수 있다.
　　㉡ 지수평활법
　　　　ⓐ 지수적으로 감소하는 가중치를 이용하여 최근의 자료일수록 더 큰 비중을, 오래된 자료일수록 더 작은 비중을 두어 미래수요를 예측
　　　　ⓑ 추세나 계절변동을 모두 포함하여 분석할 수 있으나, 평활상수를 작게 하여도 최근 수요 데이터의 가중치를 과거 수요 데이터의 가중치보다 작게 부과할 수 없다.

> 수요 예측값 = 직전 기간의 예측값
> 　　　　　　+ 평활 상수(직전 기간의 실제값 – 직전 기간의 예측값)

　　㉢ 전기 수요법(last period method)
　　　　가장 최근의 수요로 다음 기간의 수요를 예측하는 기법으로, 수요가 안정적일 경우 효율적으로 사용할 수 있다.

Topic 18 관련 기출 문제

01 수요예측을 위한 시계열분석에 관한 설명으로 옳지 <u>않은</u> 것은? `2017년`

① 시계열분석은 장래의 수요를 예측하는 방법으로, 종속변수인 수요의 과거 패턴이 미래에도 그대로 지속된다는 가정에 근거를 두고 있다.
② 전기수요법은 가장 최근의 수요로 다음 기간의 수요를 예측하는 기법으로, 수요가 안정적일 경우 효율적으로 사용할 수 있다.
③ 이동평균법은 우연변동만이 크게 작용하는 경우 유용한 기법으로, 가장 최근 n기간 데이터를 산술평균하거나 가중평균하여 다음 기간의 수요를 예측할 수 있다.
④ 추세분석법은 과거 자료에 뚜렷한 증가 또는 감소의 추세가 있는 경우, 과거 수요와 추세선상 예측치 간 오차의 합을 최소화하는 직선 추세선을 구하여 미래의 수요를 예측할 수 있다.
⑤ 지수평활법은 추세나 계절변동을 모두 포함하여 분석할 수 있으나, 평활상수를 작게 하여도 최근 수요 데이터의 가중치를 과거 수요 데이터의 가중치보다 작게 부과할 수 없다.

> **정답** ④
> **해설** ④ (×) 과거 수요와 추세선상 예측치 간 오차의 합이 아니라 오차 자승의 합을 최소화하는 직선 추세선을 구한다.

02 수요를 예측하는데 있어 과거 자료보다는 최근 자료가 더 중요한 역할을 한다는 논리에 근거한 지수평활법을 사용하여 수요를 예측하고자 한다. 다음 자료의 수요 예측값(F_t)은? `2023년`

- 직전 기간의 지수평활 예측값(F_{t-1})=1,000
- 평활 상수(α)=0.05
- 직전 기간의 실제값(A_{t-1})=1,200

① 1,005
② 1,010
③ 1,015
④ 1,020
⑤ 1,200

> **정답** ②
> **해설** ② (○) 1,010 = 1,000 + 0.05(1,200 − 1,000)

03 수요예측을 위한 시계열 분석에서 변동에 해당하지 <u>않는</u> 것은? `2018년`
① 추세변동(trend variation): 자료의 추이가 점진적, 장기적으로 증가 또는 감소하는 변동
② 계절변동(seasonal variation): 월, 계절에 따라 증가 또는 감소하는 변동
③ 위치변동(locational variation): 지역의 차이에 따라 증가 또는 감소하는 변동
④ 순환변동(cyclical variation): 경기순환과 같은 요인으로 인한 변동
⑤ 불규칙변동(irregular variation): 돌발사건, 전쟁 등으로 인한 변동

> **정답** ③
> **해설** ③ (×) 위치변동은 시계열 분석에서 변동에 해당하지 않는다.

04 수요예측 방법에 관한 설명으로 옳은 것은? `2020년`
① 델파이 방법은 일반 소비자를 대상으로 하는 정량적 수요예측 방법이다.
② 이동평균법은 과거 수요예측치의 평균으로 예측한다.
③ 시계열분석법의 변동요인에 추세(trend)는 포함되지 않는다.
④ 단순회귀분석법에서 수요량 예측은 최대자승법을 이용한다.
⑤ 지수평활법은 과거 실제 수요량과 예측치 간의 오차에 대해 지수적 가중치를 반영해 예측한다.

> **정답** ⑤
> **해설** ① (×) 델파이 방법은 정성적(주관적) 수요예측 방법이다.
> ② (×) 이동평균법은 과거 수요예측치가 아니라 제품의 판매량(실적치)을 기준으로 평균 추세를 통해 미래수요를 예측하는 방법이다.
> ③ (×) 시계열분석법의 변동요인에 추세(trend)를 포함한다.
> ④ (×) 단순회귀분석법에서 수요량 예측은 최소자승법을 이용한다.

05 1년 중 여름에 아이스크림의 매출이 증가하고 겨울에는 스키 장비의 매출이 증가한다고 할 때, 이를 설명하는 변동은? `2022년`
① 추세변동
② 공간변동
③ 순환변동
④ 계절변동
⑤ 우연변동

정답 ④
해설 ④ (O) 계절변동이란 경제지표가 1년을 주기로 계절별로 유사한 형태를 반복하며 움직이는 현상으로, 주로 기후나 설·추석과 같은 사회적 관습 및 이에 따른 조업일수의 차이 등에 기인한다.
② (X) 공간변동(spatial variation): 동일한 시점에서도 지역(location)마다 값이 다르게 나타나는 현상 (예 : 특정 지역의 감염병 확산 데이터를 분석할 때, 단순히 시간 경과에 따른 환자 수 변화만 보는 것이 아니라, 특정 지역(예: 도시 중심부)에서 다른 지역(예: 교외)보다 감염률이 높게 나타나는 '공간적 변동'을 함께 분석하는 것)
⑤ (X) 우연변동(irregular variation): 시계열 자료에서 규칙적이거나 예측 가능한 요인으로 설명되지 않는 불규칙한 변동. 예를 들어 자연재해, 파업, 사고, 팬데믹, 정치적 사건 등과 같이 예측이 불가능한 요인들로 인해 자료가 일시적으로 크게 변하는 경우

06 생산시스템을 설계하고 계획, 통제하는 초기단계로 총괄생산계획(APP : aggregate production planning), 주생산일정계획(MPS : master production schedule), 자재소요계획(MRP : material requirement planning) 등에 기초자료로 활용되는 수요예측(demand forecasting) 방법에 관한 설명으로 옳지 않은 것은? `2014년`

① 패널법(panel consensus)은 다양한 계층의 지식과 경험을 기초로 하고, 관련 예측정보를 공유한다.
② 소비자조사법(market research)은 설문지 및 전화에 의한 조사, 시험판매 등을 활용하여 예측한다.
③ 단순이동평균법(simple moving average method)의 예측값은 과거 n기간 동안 실제 수요의 산술평균을 활용한다.
④ 시계열분해법(time series method)은 시계열을 4가지 구성요소로 분해하여 수요를 예측하는 방법이다.
⑤ 델파이법(delphi method)은 설득력 있는 특정인에 의해 예측결과가 영향을 받는 장점이 존재한다.

정답 ⑤
해설 ⑤ (X) 델파이법(delphi method)은 특정분야의 전문가들에 의해 미래 예측이 이뤄진다.

07 수요예측 방법 중 주관적(정성적) 접근방법에 해당하지 않는 것은? `2024년`
① 델파이법   ② 이동평균법
③ 시장조사법   ④ 자료유추법
⑤ 판매원 의견종합법

정답 ②

해설 ② (×) 이동평균법(Moving Average Method)은 정량적 접근방법에 해당한다. '평균'이라는 표현이 양적 의미임을 의미한다. 자신의 과거 값에서 일정한 패턴을 파악하여 자신의 미래값을 예측하는 방법이다.

정성적 접근방법	정량적 접근방법
직관력에 의한 방법 ① 델파이법 ② 판매원 의견종합법 ③ 경영자 의견법 ④ 위원회 합의법 **조사에 의한 방법** ⑤ 시장조사법 **유추에 의한 방법** ⑥ 자료유추법 ⑦ 라이프사이클 유추법	**시계열 예측 방법** ① 전기수요법 ② 이동평균법 ③ 지수평활법 ④ 최소자승법 **인과형 예측방법** ① 단순회귀모델 : 선형회귀모델, 지수형 회귀모델, 포물선형 회귀모델 ② 다중회귀모델

08 인력의 수요와 공급을 예측하는 기법들 중에서 수요예측 기법을 모두 고른 것은? 2025년

ㄱ. 회귀분석	ㄴ. 기능목록 분석
ㄷ. 대체도 분석	ㄹ. 델파이법

① ㄱ, ㄴ
② ㄱ, ㄷ
③ ㄱ, ㄹ
④ ㄴ, ㄷ
⑤ ㄴ, ㄹ

정답 ③

해설 ③ (○) 기능목록 분석과 대체도 분석은 공급예측 기법에 해당한다.

공급예측 기법 기법	내용
마코프체인 (Markov chain)	• 일정기간 동안 종업원들의 한 직위에서 다른 직위 또는 조직 밖으로의 이동확률을 과거의 자료를 통해 구한 다음, 이것을 근거로 미래 일정 시점에서의 인적자원의 흐름을 예측하는 확률적 모형
대체도 분석 (replacement chart)	• 중요한 직위에 대하여 그 직위의 현재 담당자 및 후임 후보자들에 대한 나이, 승진가능성, 업적 등에 관한 시각적인 정보를 제공하는 것
기능목록 분석 (skill inventory)	• 종업원을 대상으로 기능을 포함하여 그들에 관한 정보를 입력하여 승진 및 전환에 사용하는 데이터베이스 • 인적사항, 기능(학력, 경력, 교육훈련, 특수기술 및 지식), 작업경험, 감독자의 고과, 경력목표 등이 포함

09 총괄생산계획 기법 중 휴리스틱 계획기법에 해당하지 <u>않는</u> 것은? `2024년`
① 선형계획법
② 매개변수에 의한 생산계획
③ 생산전환 탐색법
④ 서어치 디시즌 룰(search decision rule)
⑤ 경영계수이론

정답 ①
해설

기법	유형
수리적 최적화 기법	• 선형계획법 • 동적계획법 • 목표계획법 • 선형결정기법
휴리스틱 계획기법	• 경영계수이론 • 매개변수에 의한 생산계획 • 생산전환 탐색법 • 탐색결정기법(search decision rule)

10 수요예측 기법에 관한 설명으로 옳지 <u>않은</u> 것은? `2025년`
① 시계열분석법은 수요의 과거 패턴이 미래에도 그대로 지속된다는 가정에 근거를 두는 정량적 기법이다.
② 시계열분석법의 4가지 변동요소는 추세(trend), 주기(cycle), 계절성(seasonality), 불규칙성(randomness)이다.
③ 자료유추법은 유사제품의 수요를 참고하여 예측하는 정량적 기법이다.
④ 인과형 예측법은 수요에 영향을 미치는 원인변수를 분석하여 예측 값을 추정하는 정량적 기법이다.
⑤ 델파이법은 전문가의 식견과 경험을 기초로 하는 정성적 기법이다.

정답 ③
해설 ③ (×) 자료유추법은 유사제품의 수요를 참고하여 예측하는 정성적 기법이다.

Topic 19 공급사슬관리(SCM)

1 공급사슬

(1) 개념

공급사슬(supply chain)이란 자재와 서비스의 공급자로부터 생산자의 변환 과정을 거쳐 완성된 산출물을 고객에게 인도하기까지의 상호연결된 사슬

(2) 하우 리(Hau Lee)의 공급사슬

[Hau Lee의 불확실성 프레임워크]

		수요의 불확실성	
		저(기능적 제품)	고(혁신적 제품)
공급의 불확실성	저 (안정적 프로세스)	효율적 공급사슬 식료품, 기본의류, 연료	반응적 공급사슬 패션의류, 컴퓨터, 팝음악
	고 (진화적 프로세스)	위험회피 공급사슬 수력발전	민첩한 공급사슬 통신, 첨단 컴퓨터, 반도체

2 채찍효과(bullwhip effect)

(1) 개념

시장의 수요가 최종 제품 공급업체까지 도달하는 시차에 의해 제품의 공급이 과도하거나 부족해지는 현상을 말한다. 고객으로부터 소매점, 도매점, 제조업체, 부품업체의 순으로 사슬의 상류로 가면서 최종 소비자의 수요 변동에 따른 수요 변동폭이 증폭되어 가는 현상을 지칭한다.

(2) 발생원인

소비자의 작은 수요변화가 상위 업자에 전달될 때 미래의 수요변화까지 예측함으로써 수요의 정보에 대해 왜곡이 발생하기 때문이다.

(3) 파급효과

① 공급자의 비효율적 생산과 과대 재고 현상이 발생
② 재고 부족으로 인한 고객 서비스의 질 저하
③ 고가의 운송비용 발생

(4) 대응방안
　① 중복수요의 예측을 지양
　② 대량 주문과 혼합적재를 통해 운송비 절감
　③ EDI 시스템을 이용하여 공급자와 수요자 간의 수요변화 정보를 실시간으로 공유하여 정보의 왜곡을 최소화

3 대량고객화(mass customization)

(1) 개념

대량생산처럼 신속히 값싸게 만들지만 고객의 니즈를 철저히 반영하고 궁극적으로는 서비스 품목의 가지 수에 제한이 없는 고객중심적인 전략

(2) 대량고객화를 위한 공급사슬설계
　① 주문조립생산(assembly-to-order)
　　부품을 모듈화하는 것이 아니라 생산을 어느 정도 진행시켜서 반제품 상태로 만들어 놓고 고객 주문시 마무리만 고객주문에 맞게 고객화시키는 방법
　② 모듈화 설계(modular design)와 생산
　　부품자체를 모듈화하고 이 모듈을 여러 종류 준비해서 다양한 고객의 니즈에 맞추는 것
　　(예 자동차나 컴퓨터 생산)
　③ 지연, 연기(postponement)
　　주문접수 시까지 서비스나 제품 공급에 필요한 활동의 일부를 연기하고 있다가 고객이 요청하면 표준화된 모듈을 고객화하는 것

(3) 한계

정유, 가스 산업처럼 대량고객화를 적용하기 어렵고 효과 달성이 어려운 제품이나 산업이 존재한다.

Topic 19 관련 기출 문제

01 하우 리(H. Lee)가 제안한 공급사슬 전략 중, 수요의 불확실성이 낮고 공급의 불확실성이 높은 경우 필요한 전략은? `2017년`
① 효율적 공급사슬
② 반응적 공급사슬
③ 민첩한 공급사슬
④ 위험회피 공급사슬
⑤ 지속가능 공급사슬

> 정답 ④

02 대량고객화(mass customization)에 관한 설명으로 옳지 <u>않은</u> 것은? `2021년`
① 높은 가격과 다양한 제품 및 서비스를 제공하는 개념이다.
② 대량고객화 달성 전략의 하나로 모듈화 설계와 생산이 사용된다.
③ 대량고객화 관련 프로세스는 주로 주문조립생산과 관련이 있다.
④ 정유, 가스 산업처럼 대량고객화를 적용하기 어렵고 효과 달성이 어려운 제품이나 산업이 존재한다.
⑤ 주문접수 시까지 제품 및 서비스를 연기(postpone)하는 활동은 대량고객화 기법중의 하나이다.

> 정답 ①
> 해설 ① (X) 낮은 가격과 다양한 제품 및 서비스를 제공하는 개념이다.

03 공급사슬관리에 관한 설명으로 옳은 것은? 〔2025년〕

① 채찍효과(bullwhip effect)는 수요변동이 공급사슬의 상류(공급자)에서 하류(최종 소비자)로 이동하면서 증폭되는 현상이다.
② 크로스도킹(cross-docking)은 물류창고에 입고되는 상품을 장기간 보관하여 소매점에 배송하는 물류시스템이다.
③ 공급자 재고관리(vendor managed inventory)는 공급자의 재고 보충책임을 구매자에게 이전하는 전략이다.
④ CPFR(Collaborative Planning Forecasting, and Replenishment)은 공급자와 구매자가 제품의 수요예측과 판매 및 재고 보충계획까지 함께 수립하는 방법이다.
⑤ 지연 차별화(delayed differentiation)는 제품의 세부사양을 결정짓는 부품을 먼저 생산한 다음 공통부품을 생산하는 전략이다.

정답 ④

해설
① (×) 채찍효과(bullwhip effect)는 수요변동이 공급사슬의 하류(최종 소비자)에서 상류(공급자)로 이동하면서 증폭되는 현상이다.
② (×) 크로스도킹(cross-docking)은 입고되는 제품을 창고에 보관하지 않고 재분류를 통해 곧바로 배송하는 것으로 재고비용과 리드타임(lead time)을 줄일 수 있다.
③ (×) 공급자 재고관리(vendor managed inventory)는 공급자가 고객(구매자)의 재고 수준을 직접 모니터링하고, 그 정보를 바탕으로 재고를 보충하는 시스템이다. 즉, 재고의 소유권은 구매자에게 있지만, 재고의 관리 책임은 공급자에게 있는 형태를 말한다.
⑤ (×) 반대로 설명되어 있다. 지연 차별화(delayed differentiation)는 고객의 다양한 요구에 효율적으로 대응하기 위해 제품 생산이나 조립, 유통 과정에서 차별화(맞춤화)를 최대한 늦추는 전략을 말한다. 기본형 제품은 공통으로 생산해두고, 고객 주문이 들어온 후에 최종 조립, 색상 선택, 포장 등 차별화 작업을 수행함으로써 재고 부담을 줄이고, 고객 맞춤형 서비스 제공을 동시에 달성하는 SCM 전략이다.

Topic 20 유연생산시스템 : JIT

1 개념

(1) 유연생산시스템(FMS)의 원리는 일본에서 적시생산(JIT)의 개념으로 발전됨[5]
(2) 도요타생산방식(TPS : toyota production system)에서 낭비를 철저하게 제거하기 위한 방법으로 활용됨
(3) 고객이 필요로 하는 제품을 필요수량만큼 적시에 생산하는 것, 미국식 소품종 대량생산방식에서 불필요한 생산요소를 철저히 배제하는 동시에 부가가치를 높이기 위한 생산방식이다.

2 푸시 시스템과 풀 시스템

JIT는 고객 주문에 의해 생산이 시작되며, 부품의 생산과 공급이 후속 공정의 필요에 의해 결정되는 풀(pull)시스템의 자재흐름 체계이다.

push system(MRP)	pull system(JIT)
고객이 주문하기 전에 생산을 시작하는 방식	고객의 주문에 의하여 생산을 개시하는 방식
생산자 중심	소비자 중심
비반복 생산에 적합(다품종 생산)	반복 생산에 적합(소품종 생산)
납품업자에 대한 적대적 관리	납품업자와 협력시스템 구축
재고는 불가피	무재고 생산 지향
대(大) 로트(lot) 생산	소(小) 로트(lot) 생산

3 기본적 요소

(1) 칸반(kanban)을 이용한 풀(pull) 시스템
  ① 칸반(看板)이란 자재나 부품이 필요함을 알려주는 신호 내지 지시 목적의 카드를 의미함. 시각적 통제 가능
  ② 작업장에서는 생산해야 할 품목의 수요를 칸반을 통해 알게 되며, 칸반이 존재하면 생산을 하고, 존재하지 않으면 생산하지 않는다.

(2) 자동화(jidoka)
  품질관리를 생산과정에서 즉시 시행하는 것. 무엇인가 잘못 되었을 때 프로세스와 조립라인을 즉각 중지시키고 품질검사를 행함. 고장 나기 이전 예방보전 강조

---

[5] lean 생산은 JIT를 미국식 환경에 맞추어 재정립한 것임

(3) 포카요케(poka-yoke, fool proof 시스템)
실수가 애초에 일어나지 않도록 예방하거나 실수를 한눈에 알 수 있게 하는 모든 메커니즘의 총체(예 USB, 전원 코드)

(4) 안돈(andon, 行燈) : 경고등
불량이 발생했을 때 색깔등이 켜져 작업자들에게 불량발생을 알리는 것(visual control)

(5) 생산(공장부하)의 평준화
생산일정의 변동으로 인해 발생하는 변화의 폭을 줄임. 모든 작업장에 균일한 부하를 부과함.

(6) 생산준비시간의 단축과 로트크기의 감축(소로트화)
생산준비시간을 단축할 경우 작업을 여러 번 할 수 있기 때문에 로트[6]크기를 감축시킬 수 있다. 소로트 생산을 통해서 재고의 낭비를 방지할 수 있음.

(7) 설비배치와 다기능공제도
수요의 변화에 맞추어 인원조절이 가능하도록 생산시스템을 구축, 또한 인적자원이 여러 기능을 갖춤으로써 돌발상황에 유연하게 대처하도록 함.

---

6) 생산이 실시되는 단위의 수량(1회 생산 분량)

Topic 20 관련 기출 문제

01 도요타생산방식(TPS : toyota production system)에서 낭비를 철저하게 제거하기 위한 방법으로 활용된 적시생산시스템(JIT : just in time)에 관한 설명으로 옳은 것만을 모두 고른 것은?

2014년

> ㄱ. 기본적 요소는 간판(kanban)방식, 생산의 평준화, 생산준비시간의 단축과 대로트화, 작업 표준화, 설비배치와 단일기능공제도이다.
> ㄴ. 오릭키(Orlicky)에 의하여 개발된 자재관리 및 재고통제기법으로, 종속 수요품의 소요량과 소요시기를 결정하기 위한 시스템이다.
> ㄷ. 자동화, 작업자의 라인정지 권한 부여, 안돈(andon), 오작동 방지, 5S의 활성화로 일관성 있는 고품질을 달성하고 있는 시스템이다.
> ㄹ. 고객 주문에 의해 생산이 시작되며, 부품의 생산과 공급이 후속 공정의 필요에 의해 결정되는 풀(pull)시스템의 자재흐름 체계이다.
> ㅁ. 생산준비비용(주문비용)과 재고유지비용의 균형점에서 로트 크기(lot size)를 결정하며, 로트 크기가 큰 것을 추구하는 시스템이다.

① ㄱ, ㄹ
② ㄴ, ㅁ
③ ㄷ, ㄹ
④ ㄱ, ㄷ, ㄹ
⑤ ㄴ, ㄷ, ㅁ

정답 ③
해설 ㄱ. (×) 적시생산시스템의 기본적 요소는 칸판방식, 생산의 평준화, 생산준비시간의 단축과 로트크기의 감축(소로트화), 설비배치와 다기능공제도이다.
ㄴ. (×) MRP에 관한 설명이다.
ㅁ. (×) 로트 크기가 작은 것을 추구하는 시스템이다.

02 JIT(Just In Time) 시스템의 특징에 관한 설명으로 옳은 것은?

2016년

① 수요예측을 통해 생산의 평준화를 실현한다.
② 팔리는 만큼만 만드는 Push 생산방식이다.
③ 숙련공을 육성하기 위해 작업자의 전문화를 추구한다.
④ Fool proof 시스템을 활용하여 오류를 방지한다.
⑤ 설비배치를 U라인으로 구성하여 준비교체 횟수를 최소화 한다.

정답 ④
해설 ① (×) JIT는 고객 주문에 의해 생산이 시작된다.
② (×) 고객주문에 의해 생산하는 Pull 생산방식이다.
③ (×) 자동화, 작업표준화를 추구하며, 한 분야의 전문화보다는 다기능공 양성을 추구한다.
⑤ (×) 설비배치를 U라인(다공정 담당, 작업량 공평, 흐름 작업 등)으로 구성하여 운반을 최소화한다. 혹은 작업의 유연성을 제고한다.

03 JIT(just-in-time) 생산방식의 특징으로 옳지 않은 것은?   2019년
① 간판(kanban)을 이용한 푸시(push) 시스템
② 생산준비시간 단축과 소(小)로트 생산
③ U자형 라인 등 유연한 설비배치
④ 여러 설비를 다룰 수 있는 다기능 작업자 활용
⑤ 불필요한 재고와 과잉생산 배제

정답 ①
해설 ① (×) 간판(kanban)을 이용한 풀(pull) 시스템이 맞는 표현이다.

04 JIT(Just In Time) 생산시스템의 특징에 해당하지 않는 것은?   2022년
① 부품 및 공정의 표준화   ② 공급자와의 원활한 협력
③ 채찍효과 발생   ④ 다기능 작업자 필요
⑤ 칸반시스템 활용

정답 ③
해설 ③ (×) 채찍효과는 JIT와는 관련이 없는 특징이다. 공급사슬에서 하위흐름(고객)에서 발생한 수요변동이 상위흐름(공급업체)으로 거슬러 올라가면서 그 수요변동의 폭이 증폭되어 가는 현상을 말한다.

05 도요타 생산방식의 주축을 이루는 JIT(Just In Time) 시스템의 장점에 해당되지 않는 것은?   2024년
① 한정된 수의 공급자와 친밀한 유대관계를 구축한다.
② 미래의 수요예측에 근거한 기본일정계획을 달성하기 위해 종속품목의 양과 시기를 결정한다.
③ JIT 생산으로 원자재, 재공품, 제품의 재고수준을 줄인다.
④ 유연한 설비배치와 다기능공으로 작업자 수를 줄인다.
⑤ 생산성의 낭비제거로 원가를 낮추고 생산성을 향상시킨다.

정답 ②
해설 ② (×) 미래의 수요예측에 근거한 방법은 PUSH(밀어내기) 생산방식에 의한 방법이다. JIT(Just In Time) 시스템은 풀(pull)시스템의 자재흐름 체계이다.

Topic 21 수율관리(yield management)

1 개념

(1) 가용 능력이 제한된 서비스에서 수요-공급 관리를 통해 수익을 극대화하는 것
(2) 예약 시스템, 초과 예약, 수요 분할 등을 활용하여 공급 능력이 제한되어 있는 서비스의 수익을 최대화하기 위한 종합적인 시스템

> 산출공식 : 수율(yield) = 실제수익 / 잠재수익
> 실제수익 = 실제사용량 × 실제가격평균
> 잠재수익 = 가용능력 × 최대가격

2 수율관리를 효과적으로 활용하는 산업

(1) 운송 관련 산업 : 항공사, 철도, 화물, 렌탈, 해운 등
(2) 휴가 관련 산업 : 관광, 유람선, 휴양지, 호텔 등

3 수율관리의 효과적인 적용 요건

(1) 변동비가 낮고 고정비가 높은 경우
(2) 재고가 저장성이 없어 시간이 지나면 소멸하는 경우
(3) 예약으로 사전에 판매가 가능한 경우
(4) 수요의 변동이 시기에 따라 큰 경우
(5) 고객특성에 따라 수요를 세분화할 수 있는 경우

Topic 21 관련 기출 문제

01 서비스 수율관리(yield management)가 효과적으로 나타나는 경우가 <u>아닌</u> 것은? `2023년`
① 변동비가 높고 고정비가 낮은 경우
② 재고가 저장성이 없어 시간이 지나면 소멸하는 경우
③ 예약으로 사전에 판매가 가능한 경우
④ 수요의 변동이 시기에 따라 큰 경우
⑤ 고객특성에 따라 수요를 세분화할 수 있는 경우

> 정답 ①
> 해설 ① (x) 변동비가 높고 고정비가 높은 경우이다.

Topic 22 재고관리

1 적정재고(inventory)의 유지 필요성

과다 재고는 관리비용을 유발하므로 자금효율을 떨어뜨리고 도난, 파손의 위험 등으로 영업이익 감소를 초래하기 쉽다. 반대로 과소재고는 판매기회 상실과 고객신뢰 저하를 유발할 수 있다.

2 재고비용

(1) 주문비용(ordering cost)
    구매처 및 가격의 결정, 주문 관련 서류의 작성, 물품 수송, 검사, 입고 등의 비용

(2) 가동준비비용(setup cost)
    생산라인을 가동할 때마다 발생하는 각종 고정비용(예 원자재, 공구 및 작업자의 교체, 기계 설비의 재조정 등)

(3) 재고유지비용(holding cost)
    재고에 묶인 자본의 기회비용(금융비용), 보관설비 비용(창고 보관료), 자재 취급비용, 보험 비용(보험료), 도난, 파손, 진부화(obsolescence) 비용, 세금 등

(4) 재고부족비용(shortage cost)
    추후납품비용(인도지연으로 인한 벌과금, 생산독촉비용, 신용상실), 품절비용(수요를 충족시킬 때 얻을 수 있는 이익의 상실, 신용의 상실)

(5) 재고실사비용
    주기적으로 재고를 검토·관리하는데 소요되는 비용

3 재고의 기능에 따른 분류

(1) 안전재고 : 제품 수요, 리드타임 등의 불확실한 수요에 대비하기 위한 재고

(2) 분리재고 : 공정을 기준으로 공정전·후의 재고로 분리될 경우의 재고

(3) 파이프라인 재고 : 공장에서 물류센터, 물류센터에서 대리점 등으로 이동 중에 있는 재고

(4) 투기재고 : 원자재 고갈, 가격인상 등에 대비하여 미리 확보해두는 재고

4 재고관리 모형의 분류

(1) **분류기준** : 수요의 특성(수요가 확정적인가? 확률적인가?)
  ① 확정적 재고관리 모형 : 경제적 주문량 모형(EOQ)
  ② 확률적 재고관리 모형

(2) **분류기준** : 특수한 경우
  ① 단일기간 재고관리 모형 : 신문판매원 문제
  ② ABC 재고관리모형

5 ABC 분석 : Deckie

(1) 재고의 품목 수와 재고 금액에 따라 중요도를 결정하고 재고관리를 차별적으로 적용하는 기법이다.
(2) 품목의 중요도를 결정하고, 품목의 상대적 중요도에 따라 통제를 달리하는 재고관리시스템이다. 각 등급별 재고 통제수준은 A등급은 엄격하게, B등급은 중간 정도로, C등급은 느슨하게 한다.
(3) 파레토 분석(Pareto Analysis)[7] 결과에 따라 품목을 등급으로 나누어 분류한다. A등급은 품목의 수는 20%이지만 금전적 가치는 전체의 80%에 이르고, B품목은 품목수는 전체의 30%이고 금전적 가치는 15%, C품목은 품목수 전체에 50%이지만 금전적 가치는 5%에 지나지 않는다.

6 경제적 주문량(EOQ, economic order quantity) 모형

(1) **개념**
  최소한의 주문 비용과 재고 유지비를 유지하기 위해 하는 1회 주문량을 의미한다.

(2) **내용**
  ① 경제적 주문량(EOQ) 모형에서 재고유지비용은 주문량에 **비례**한다.
  ② 경제적 주문량(EOQ) 모형에서 발주량에 따른 총 재고비용선은 **U자** 모양이다.
  ③ 1회 주문량을 Q라고 할 때, 평균재고는 **Q/2**이다.

(3) **경제적 주문량의 계산**

$$EOQ = \sqrt{\frac{2 \times 연간수요량 \times 1회당주문비용}{단위당재고비용}}$$

  ※ 단위당 구입원가는 EOQ와 무관하다고 가정한다. 즉 일정할 수도 있고, 그렇지 않을 수도 있다는 것이다. 그리고 구입원가는 재고비용과는 별개의 개념에 해당한다.

---

[7] 20 : 80의 법칙에 근거

7 자재소요계획(MRP)

(1) 개념
자재소요계획(MRP : Material Requirement Planning)이란 기업이 적정한 시간과 장소에서 알맞은 양의 제품과 서비스를 생산하기 위해 필요한 부품이나 자재를 확보할 수 있도록 보장해주기 위해 설계된 기법을 말한다.

(2) MRP의 구성
① 입력 자료
  ㉠ 주생산일정계획(master production scheduling) : 개별 제품의 생산일정과 작업단위 등을 세분화한 자료이다.
  ㉡ 자재명세서(bill of material) : 최종제품의 생산에 필요한 모든 부품 및 원자재의 소요량을 기록한 자료이다.
  ㉢ 재고기록철(inventory record file) : 부품별 현재 재고상태와 발주량 및 총소요량과 조달기간 등을 정리한 문서이다.

② 출력자료
  ㉠ 주보고서(primary reports)
     계획발주량(planned order release) : 자재 조달 계획을 나타내는 문서이다.
  ㉡ 부보고서(secondary reports)
     ⓐ 재고계획보고서(planning report)
     ⓑ 성과(실적)통제 보고서(performance control report) : 계획된 자재 소요와 실제 자재 사용 간의 차이를 분석하여, 생산성과 효율성을 평가하고 개선방안을 제시하기 위한 관리 보고서이다.
     ⓒ 예외보고서(exception report) : 작업량 차이, 재고량 차이, 심각하게 지연된 작업 등 예상과 다른 결과에 대해서 사용자에게 고지한다.

Topic 22 관련 기출 문제

01 재고의 기능에 따른 분류에 관한 설명으로 옳지 않은 것은? `2013년`
① 안전재고 : 제품 수요, 리드타임 등의 불확실한 수요에 대비하기 위한 재고
② 분리재고 : 공정을 기준으로 공정전·후의 재고로 분리될 경우의 재고
③ 파이프라인 재고 : 공장에서 물류센터, 물류센터에서 대리점 등으로 이동 중에 있는 재고
④ 투기재고 : 원자재 고갈, 가격인상 등에 대비하여 미리 확보해두는 재고
⑤ 완충재고 : 생산 계획에 따라 주기적인 주문으로 주문기간 동안 존재하는 재고

> **정답** ⑤
> **해설** ⑤ (×) 완충재고란 상품재고를 가짐으로써 특정상품의 가격안정과 수급조절을 위한 재고를 말한다.

02 인형을 판매하는 A사는 경제적 주문량(EOQ) 모형을 이용하여 재고정책을 수립하려고 한다. 다음과 같은 조건일 때 1회의 경제적 주문량은? `2015년`

○ 연간수요량	20,000개
○ 1회 주문비용	5,000원
○ 연간단위당 재고유지비용	50원
○ 개당 제품가격	10,000원

① 1,000개   ② 2,000개
③ 3,000개   ④ 3,500개
⑤ 4,000개

> **정답** ②
> **해설** ② (○) $\sqrt{\dfrac{2 \times 20,000 \times 5,000}{50}} = \sqrt{4000000} = 2,000$

03 ABC 재고관리에 관한 설명으로 옳지 <u>않은</u> 것은? 2018년
① 자재 및 재고자산의 차별 관리방법이며, A등급, B등급, C등급으로 구분된다.
② 품목의 중요도를 결정하고, 품목의 상대적 중요도에 따라 통제를 달리하는 재고관리시스템이다.
③ 파레토 분석(Pareto Analysis) 결과에 따라 품목을 등급으로 나누어 분류한다.
④ 일반적으로 A등급에 속하는 품목의 수가 C등급에 속하는 품목의 수보다 많다.
⑤ 각 등급별 재고 통제수준은 A등급은 엄격하게, B등급은 중간 정도로, C등급은 느슨하게 한다.

> **정답** ④
> **해설** ④ (×) 일반적으로 C등급에 속하는 품목의 수가 A등급에 속하는 품목의 수보다 많다.

04 재고관리에 관한 설명으로 옳지 <u>않은</u> 것은? 2020년
① 경제적 주문량(EOQ) 모형에서 재고유지비용은 주문량에 비례한다.
② 신문판매원 문제(newsboy problem)는 확정적 재고모형에 해당한다.
③ 고정주문량모형은 재고수준이 미리 정해진 재주문점에 도달할 경우 일정량을 주문하는 방식이다.
④ ABC 재고관리는 재고의 품목 수와 재고 금액에 따라 중요도를 결정하고 재고관리를 차별적으로 적용하는 기법이다.
⑤ 재고로 인한 금융비용, 창고 보관료, 자재 취급비용, 보험료는 재고유지비용에 해당한다.

> **정답** ②
> **해설** ② (×) 신문판매원 문제(newsboy problem)는 단일기간 재고모형에 해당한다.

05 재고관리에 관한 설명으로 옳은 것은? 2022년
① 재고비용은 재고유지비용과 재고부족비용의 합이다.
② 일반적으로 재고는 많이 비축할수록 좋다.
③ 경제적 주문량(EOQ) 모형에서 재고유지비용은 주문량에 비례한다.
④ 1회 주문량을 Q라고 할 때, 평균재고는 Q/3이다.
⑤ 경제적 주문량(EOQ) 모형에서 발주량에 따른 총 재고비용선은 역U자 모양이다.

> **정답** ③
> **해설** ① (×) 총재고비용 = 주문비용(준비비용) + 재고유지비용 + 재고부족비용
> ② (×) 적정수준이나 안전재고(safety stock) 수준을 유지하는게 좋다.
> ④ (×) 1회 주문량을 Q라고 할 때, 평균재고는 Q/2이다.
> ⑤ (×) 총 재고비용선은 U자 모양이다.

06 재고량에 관한 의사결정을 할 때 고려해야 하는 재고유지 비용을 모두 고른 것은? `2023년`

> ㄱ. 보관설비 비용   ㄴ. 생산준비 비용
> ㄷ. 진부화 비용   ㄹ. 품절 비용
> ㅁ. 보험 비용

① ㄱ, ㄴ, ㄷ ② ㄱ, ㄴ, ㄹ
③ ㄱ, ㄷ, ㅁ ④ ㄱ, ㄹ, ㅁ
⑤ ㄴ, ㄷ, ㄹ

정답 ③

07 자재소요계획(material requirement planning)의 입력 자료를 모두 고른 것은? `2025년`

> ㄱ. 자재명세서(bill of material)
> ㄴ. 계획발주량(planned order release)
> ㄷ. 주생산일정계획(master production scheduling)
> ㄹ. 재고기록철(inventory record file)
> ㅁ. 예외보고서(exception report)

① ㄱ, ㄴ, ㅁ ② ㄱ, ㄷ, ㄹ
③ ㄱ, ㄹ, ㅁ ④ ㄴ, ㄷ, ㄹ
⑤ ㄴ, ㄷ, ㅁ

정답 ②
해설 ② (×) ㄴ, ㅁ은 출력 자료에 해당한다.

Topic 23 품질관리

1 TQM

(1) 개념
① TQM은 고객의 입장에서 품질을 정의하고 조직 내의 모든 구성원이 참여하여 품질을 향상하고자 하는 기법이다.
② 데밍(W. Deming)은 최고경영진의 장기적 관점 품질관리와 종업원 교육훈련 등을 포함한 14가지 품질경영 철학을 주장했다.
③ 종합적 품질경영(TQM)은 프로세스 향상을 위해 지속적 개선을 지향한다.
④ 종합적 품질경영(TQM)은 외부 고객만족 뿐만 아니라 내부 고객만족을 위해 노력한다.

(2) 주요 인물
① 다구치의 손실함수(Loss Function)
   제품품질을 '제품에 의해 야기된 사회적 손실'로 정의하고 지속적 품질개선과 원가절감은 기업이 경쟁사회에서 존속하기 위해 필수요건이며, 이를 위한 프로그램은 품질특성의 목표치와의 편차를 끊임없이 감소시켜 나가는 것임을 강조하였다.
② 쥬란(J. Juran)
   품질 삼각축(quality trilogy)으로 품질 계획, 관리, 개선을 주장했다.

(3) 주요 도구
① 체크리스트와 히스토그램 : 공정 단계에서 발생하는 이상요인(불량)의 수나 빈도 등을 기록
② 파레토 도표 : 품질 불량이나 공정오류를 야기하는 여러 요인들의 발생빈도를 내림차순으로 표시한 막대그래프
③ 산점도
④ 피쉬본 차트 : 특정 품질문제를 유발할 수 있는 요인들을 찾아서 생선뼈와 같은 가지로 표시, 식스시그마의 DMAIC 방법론 중 A(analysis) 단계에서 문제의 원인 규명에 사용.

2 6시그마

(1) 개념
① 시그마(σ)는 프로세스의 산포를 나타내는 척도, 표준편차를 의미한다.
② 6시그마는 정규 분포에서 평균을 중심으로 양품의 수를 **6배의 표준편차 이내**에서 생산할 수 있는 공정의 능력을 정량화한 것이다.
③ 6시그마 수준의 공정이란 치우침이 없을 경우 부적합품률이 10억 개에 2개 정도로 추정되는 품질수준이란 뜻이다.

④ DPMO(Defects Per Million Opportunities)란 100만 기회 당 부적합이 발생되는 건수를 뜻하는 용어로 시그마수준과 1 대 1로 대응되는 값으로 변환될 수 있다.
⑤ 모토롤라사의 빌 스미스(Bill Smith)라는 경영간부의 착상으로 시작되었다.

(2) 과거 품질경영과의 비교

구분	과거 품질경영	6시그마 경영
최적화	부분최적화	전체최적화
계획대상	문제점이 발생한 곳 중심	공장 내 모든 프로세스
관리단계	PDCA cycle	DMAIC
방침결정	하의상달 방식	상의하달 방식

(3) 프로젝트 수행단계(DMAIC)
① Deming 등의 PDCA cycle
㉠ 과거의 품질경영 관리단계는 PDCA cycle을 사용하였으나 6 시그마 경영은 DMAIC를 사용한다.
㉡ PDCA는 계획(Plan)-실행(Do)-평가(Check)-조치(Act) 4단계로 이뤄져 있으며, 반복적・순환적 단계를 거치면서 개선해나간다.
② 식스 시그마의 DMAIC
㉠ 정의(Define) : 문제를 찾아내는 첫 단계
㉡ 측정(Measurement) : 문제 수준을 계량화하는 단계
㉢ 분석(Analysis) : 상태 파악과 원인분석을 하는 단계
㉣ 개선(Improvement) : 새로운 성과목표를 달성하기 위하여 기존 방법을 변경, 재설계 하는 단계
㉤ 관리(Control) : 관리계획을 실행하는 단계

(4) 품질관리자의 명칭

구 분	지위 및 역할
챔피언 (champion)	식스시그마 프로젝트의 총괄자 프로그램의 최고 단계 훈련을 마친 직원
마스터 블랙벨트 (MBB)	교육 및 지도 전문요원 블랙벨트 등과 같은 품질요원의 양성 교육을 담당 블랙벨트를 지도・지원
블랙벨트 (BB)	식스 시그마 개선 팀의 감독 및 조정자 식스 시그마 개선 프로젝트의 실무 책임자로서 활동
그린벨트 (GB)	현업 담당자(모든 임직원이 가능) 식스 시그마에 대하여 훈련을 받은 직원

(5) 품질비용(quality cost)
　① 개념
　　고객의 요구를 만족시켜, 유지하기 위한 비용을 말한다.
　② 내용
　　㉠ 검사비용(평가비용) : 제품 및 서비스의 품질이 기술적인 표준에 적합한지를 측정, 평가, 검사하는 비용
　　㉡ 예방비용 : 제품 및 서비스에서 불량품이 발생하지 않도록 예방하는 일체의 비용
　　㉢ 내부실패비용 : 시스템상의 결함, 제품의 생산시점부터 고객에게 전달되기 이전에 기업 내에서 발생하는 비용, 불량품 폐기, 재가동 비용 등
　　㉣ 외부실패비용 : 시스템 외적 비용, 제품이 고객에게 판매된 다음에 발생, 제조물책임(PL) 등 고객 서비스와 관련된 비용

(6) 통계적 공정(품질)관리(SPC : statistical process control)
　① 개념
　　㉠ 품질규격에 적합한 제품을 만들어 내기 위하여 통계적 방법에 의하여 공정을 관리해 나가는 관리 방법
　　㉡ 일반적으로 관리도(control chart)[8]를 활용
　② 유형
　　㉠ R-관리도 : 공정의 산포도를 범위 R에 의하여 관리하기 위한 관리도R는 측정치의 최댓값으로부터 최솟값을 뺀 것이다. 공정의 변동폭이 사전 설정된 상한과 하한 사이에 위치하는지를 판별한다.
　　㉡ X-관리도 : 공정 평균을 평균값에 의해 관리, 평균치의 변화를 관리하여 이상변동 발생 여부를 판단
　　㉢ p-관리도 : 검사한 물품을 양품과 불량품으로 나누어서 불량의 비율을 관리하고자 할 때 이용한다.

---

[8] 생산 중인 제품이나 부품 특성의 산포를 관찰하여 생산 중인 공정이 정상적이 상태인지 이상 상태인지를 판단하기 위하여 사용하는 도구

Topic 23 관련 기출 문제

01 혁신적인 품질개선을 목적으로 개발된 기업 경영전략인 6시그마 프로젝트 수행단계(DMAIC)에 관한 설명으로 옳지 않은 것은? 〔2014년〕

① 정의(define) : 문제점을 찾아내는 첫 단계
② 측정(measurement) : 문제 수준을 계량화하는 단계
③ 통합(integration) : 원인과 대책을 통합하는 단계
④ 분석(analysis) : 상태 파악과 원인분석을 하는 단계
⑤ 관리(control) : 관리계획을 실행하는 단계

정답 ③
해설 ③ (×) 통합 단계는 프로젝트 수행단계(DMAIC)에 해당하지 않는다.

02 6시그마 품질혁신 활동에 관한 설명으로 옳지 않은 것은? 〔2016년〕

① 모토롤라사의 빌 스미스(Bill Smith)라는 경영간부의 착상으로 시작되었다.
② 6시그마 활동을 도입하는 조직은 규격 공차가 표준편차(시그마)의 6배라는 우수한 품질수준을 추구한다.
③ DPMO란 100만 기회 당 부적합이 발생되는 건수를 뜻하는 용어로 시그마수준과 1대1로 대응되는 값으로 변환될 수 있다.
④ 6시그마 수준의 공정이란 치우침이 없을 경우 부적합품률이 10억 개에 2개 정도로 추정되는 품질수준이란 뜻이다.
⑤ 6시그마 활동을 효과적으로 실행하기 위해 블랙벨트(BB) 등의 조직원을 육성하여 프로젝트 활동을 수행하게 한다.

정답 ②
해설 ② (×) 표준편차(시그마)의 '6배 이내'가 맞는 표현이다.

03 6시그마 경영은 모토로라(Motorola)사에서 혁신적인 품질개선의 목적으로 시작된 기업경영전략이다. 6시그마 경영과 과거의 품질경영을 비교 설명한 것으로 옳은 것은? 〔2018년〕
① 과거의 품질경영 방식은 전체 최적화였으나 6시그마 경영은 부분 최적화라고 할 수 있다.
② 과거의 품질경영 계획대상은 공장 내 모든 프로세스였으나 6시그마 경영은 문제점이 발생한 곳 중심이라고 할 수 있다.
③ 과거의 품질경영 교육은 체계적이고 의무적이었으나 6시그마 경영은 자발적 참여를 중시한다.
④ 과거의 품질경영 관리단계는 DMAIC를 사용하였으나 6시그마 경영은 PDCA cycle을 사용한다.
⑤ 과거의 품질경영 방침결정은 하의상달 방식이었으나 6시그마 경영은 상의하달 방식으로 이루어진다.

> **정답** ⑤
> **해설** ① (×), ② (×), ③ (×), ④ (×) 반대로 설명되어 있다.

04 식스 시그마(Six Sigma) 분석도구 중 품질 결함의 원인이 되는 잠재적인 요인들을 체계적으로 표현해주며, Fish bone Diagram으로도 불리는 것은? 〔2023년〕
① 린 차트
② 파레토 차트
③ 가치흐름도
④ 원인결과 분석도
⑤ 프로세스 관리도

> **정답** ④
> **해설** ④ (○) 원인결과분석도(Cause and Effect Diagram)는 Ishikawa Diagram(이시카와 다이어그램)이라고도 불리며, 문제의 원인을 체계적으로 분석하기 위해 사용된다. 문제(결과)를 중심으로 놓고, 그에 영향을 줄 수 있는 잠재적 원인들을 여러 범주(예: 사람, 장비, 환경, 방법 등)로 나누어 시각적으로 표현한다. 복잡한 문제의 근본 원인을 파악하는 데 매우 유용하며, 식스 시그마와 품질 관리에서 널리 활용된다.
> ① (×) 린 차트(Lean chart): Lean 방법론에서 사용되는 흐름 중심의 차트로, 낭비 제거에 초점
> ② (×) 파레토 차트(Pareto chart): 문제의 중요도(빈도)를 내림차순으로 표시한 막대그래프, 가장 큰 영향을 주는 소수의 요인(약 20%)이 전체 결과의 대부분(약 80%)을 차지한다는 파레토 법칙(80:20 법칙)에 기반하여, 우선적으로 개선해야 할 항목을 식별
> ③ (×) 가치흐름도(Value Stream Mapping): 공정 전반의 가치(정보) 흐름과 낭비 요소를 시각화하여 개선점을 찾는 도구.
> ⑤ (×) 프로세스 관리도(Process Control chart): 공정의 안정성과 변동을 모니터링하는 데 사용되는 통계적 도구

05 6시그마에 관한 설명으로 옳지 않은 것은? [2025년]

① 품질수준을 높이기 위해 공정의 산포보다 평균에 더 초점을 맞춘다.
② 6시그마의 시그마는 데이터의 산포를 나타내는 표준편차를 의미한다.
③ 통계기법을 사용하여 품질혁신을 달성하기 위한 전사적 품질경영 활동이다.
④ 추진 로드맵은 정의(define), 측정(measure), 분석(analyze), 개선(improve), 통제(control)의 5단계로 구성된다.
⑤ 제조업 중심으로 개발된 기법이나 서비스업에도 적용 가능하다.

> **정답** ①
> **해설** ① (×) 6시그마는 품질수준을 높이기 위해 공정의 평균보다 공정의 산포(변동성)을 줄이는데 더 초점을 맞춘다.

06 품질경영기법에 관한 설명으로 옳지 않은 것은? [2020년]

① SERVQUAL 모형은 서비스 품질수준을 측정하고 평가하는데 이용될 수 있다.
② TQM은 고객의 입장에서 품질을 정의하고 조직 내의 모든 구성원이 참여하여 품질을 향상하고자 하는 기법이다.
③ HACCP은 식품의 품질 및 위생을 생산부터 유통단계를 거쳐 최종 소비될 때까지 합리적이고 철저하게 관리하기 위하여 도입되었다.
④ 6시그마 기법에서는 품질특성치가 허용한계에서 멀어질수록 품질비용이 증가하는 손실함수 개념을 도입하고 있다.
⑤ ISO 9000 시리즈는 표준화된 품질의 필요성을 인식하여 제정되었으며 제3자(인증기관)가 심사하여 인증하는 제도이다.

> **정답** ④
> **해설** ④ (×) 손실함수는 TQM과 관련된 내용이다. 6시그마 기법자체에서는 손실함수 개념을 도입하고 있지 않다.

07 품질경영에 관한 설명으로 옳지 않은 것은? [2021년]

① 쥬란(J. Juran)은 품질삼각축(quality trilogy)으로 품질 계획, 관리, 개선을 주장했다.
② 데밍(W. Deming)은 최고경영진의 장기적 관점 품질관리와 종업원 교육훈련 등을 포함한 14가지 품질경영 철학을 주장했다.
③ 종합적 품질경영(TQM)의 과제 해결 단계는 DICA(Define, Implement, Check, Act)이다.
④ 종합적 품질경영(TQM)은 프로세스 향상을 위해 지속적 개선을 지향한다.
⑤ 종합적 품질경영(TQM)은 외부 고객만족 뿐만 아니라 내부 고객만족을 위해 노력한다.

정답 ③
해설 ③ (×) 종합적 품질경영(TQM)의 과제 해결 단계는 PDCA이다.

08 6시그마와 린을 비교 설명한 것으로 옳은 것은?　　　2021년
① 6시그마는 낭비 제거나 감소에, 린은 결점 감소나 제거에 집중한다.
② 6시그마는 부가가치 활동 분석을 위해 모든 형태의 흐름도를, 린은 가치흐름도를 주로 사용한다.
③ 6시그마는 임원급 챔피언의 역할이 없지만, 린은 임원급 챔피언의 역할이 중요하다.
④ 6시그마는 개선활동에 파트타임(겸임) 리더가, 린은 풀타임(전담) 리더가 담당한다.
⑤ 6시그마의 개선 과제는 전략적 관점에서 선정하지 않지만, 린은 전략적 관점에서 선정한다.

정답 ②
해설 ② (○) 나머지 지문은 반대로 설명되어 있다.

09 품질경영에 관한 설명으로 옳은 것은?　　　2022년
① 품질비용은 실패비용과 예방비용의 합이다.
② R-관리도는 검사한 물품을 양품과 불량품으로 나누어서 불량의 비율을 관리하고자 할 때 이용한다.
③ ABC품질관리는 품질규격에 적합한 제품을 만들어 내기 위해 통계적 방법에 의해 공정을 관리하는 기법이다.
④ TQM은 고객의 입장에서 품질을 정의하고 조직 내의 모든 구성원이 참여하여 품질을 향상하고자 하는 기법이다.
⑤ 6시그마운동은 최초로 미국의 애플이 혁신적인 품질개선을 목적으로 개발한 기업경영전략이다.

정답 ④
해설 ① (×) 품질비용은 통제비용(검사비용+예방비용)과 실패비용의 합이다.
② (×) p-관리도에 관한 설명이다.
③ (×) 통계적 공정관리(SPC)에 관한 설명이다.
⑤ (×) 모토롤라사의 빌 스미스(Bill Smith)라는 경영간부의 착상으로 시작되었다.

10. 다음은 신 QC 7가지 도구 중 무엇에 관한 설명인가? `2024년`

> 문제를 해결하는 활동에 필요한 실시사항을 시계열적인 순서에 따라 네트워크로 나타낸 화살표 그림을 이용하여 최적의 일정계획을 위한 진척도를 관리하는 방법

① 친화도
② 계통도
③ PDPC법(Process Decision Program Chart)
④ 애로우 다이어그램
⑤ 매트릭스 다이어그램

정답 ④
해설 ④ (O) 화살은 영어로 애로우(Arrow)이다.

■ 신 QC(Quality Control) 7가지 도구

유형	내용
친화도(Affinity Diagram), KJ법	• 아이디어, 데이터 수집 → 유사성 및 관련성 있는 항목들을 그룹으로 묶어 정리 • 복잡한 문제를 정리, 아이디어를 시각적으로 표현하는 데 유용함.
계통도(Tree Diagram)	• 목표 및 이를 달성하기 위한 수단, 방법 도출 • 문제의 원인을 단계적으로 분류, 목표 달성을 위한 세부 단계를 도식화
PDPC법 (Process Decision Program Chart)	• 문제 해결의 실행 계획을 수립할 때 발생할 수 있는 잠재적 문제와 해결방안을 도출 • 프로젝트 진행 중 발생할 수 있는 문제들을 예측, 이에 대비하는 실행 계획을 수입
애로우 다이어그램 (Arrow Diagram)	• 문제를 해결하는 활동에 필요한 실시사항을 시계열적인 순서에 따라 네트워크로 나타낸 화살표 그림을 이용하여 최적의 일정계획을 위한 진척도를 관리하는 방법(예 PERT, CPM)
Matrix 다이어그램	• 문제의 요소들을 행과 열로 배치하여 관련성 표시 • 우선적으로 추진해야 할 과제 선택
연관도법(Relations Diagram)	• 원인과 결과, 목적과 수단 등이 얽혀 있을 때 이들간의 관계를 논리적으로 연결
매트릭스 데이터 해석법 (Matrix Data Analysis)	• Matrix 다이어그램에서 얻은 데이터를 분석 → 구체적 수치 산출, 의사결정에 도움 • 여러 변수 간의 관계를 수치화하여 정량적으로 문제 분석

Topic 24 생산관리 최신이론

1 기업의 사회적 책임(corporate social responsibility, CSR)

(1) 개념

기업은 종업원, 고객, 주주, 지역사회와 같은 이해관계자의 복지와 이익에 기여할 수 있도록 의사결정을 하고 행동을 해야 하는 의무

(2) 네 가지 내용

① 경제적 책임 : 기업이 사회가 원하는 제품과 서비스를 생산하여 적정한 가격에 판매하고 이윤을 창출할 책임

② 법적 책임 : 기업이 속한 사회가 제정해 놓은 법을 준수하는 책임

③ 도덕적·윤리적 책임 : 법적으로 강제되지는 않으나, 기업이 모든 이해당사자의 기대와 기준 및 가치에 부합하는 행동을 해야 하는 책임

④ 자선적·자발적 책임 : 기부나 사회공헌 등과 관련된 책임

2 공유가치 창출(CSV : Creating Shared Value)

경제·사회적 조건을 개선하면서 동시에 비즈니스 핵심 경쟁력을 강화하는 일련의 기업 정책 및 경영활동

구분	CSR	CSV
이념	사회적으로 선한 행동	경제적 가치와 사회적 가치의 조화
핵심 개념	선량한 시민으로서의 기업, 지속 가능성, 사회공헌	기업과 지역공동체의 상생 가치 창출
사회공헌 인식	이익창출과는 무관한 시혜적 활동(비용으로 인식)	이익 극대화를 위한 투자로 인식
사회공헌 활동 선정과정	환경규제 등 외부압력에 의해 수동적으로 설정	기업 상황에 맞게 주체적으로 설정

3 ISO(국제표준화기구) 인증

(1) ISO 9000

고객만족 제고와 성과개선을 포함한 일반적인 품질경영에 대한 인증이다.

(2) ISO 14000

① 환경경영시스템에 대한 인증이다.

② 제품의 생애주기 과정에서 환경에 미치는 영향

(3) ISO 26000
  ① 기업의 사회적 책임에 관한 국제 인증제도이다.
  ② 지속가능경영에 대한 인증이다.

4 지속가능성 : ESG

(1) 개념
  ① 미래 세대의 니즈(needs)와 상충되지 않도록 현 사회의 니즈(needs)를 충족시키는 정책과 전략이다.
  ② 조직과 이해관계자와의 의사소통을 증진하고 조직원의 경제적, 사회적, 환경적 지속가능성을 추구하여 조직의 가치를 제고하는 경영활동

(2) 3가지 핵심 요소
  ① 환경(Environmental) : 기후변화 및 탄소배출, 환경오염 및 환경규제, 생태계 및 생물다양성
  ② 사회(Social) : 데이터 보호 및 프라이버시, 인권, 성별 평등 및 다양성, 지역사회관계
  ③ 지배구조(Governance) : 이사회 및 감사위원회 구성, 뇌물 및 반부패, 기업윤리

5 청정생산(cleaner production) : 환경오염 물질 사전 예방 기술

(1) 제품 설계에서 생산, 수송, 사용, 폐기 등에 이르는 전 과정에서 자원과 에너지 효율성을 극대화하는 생산방식을 의미한다.
(2) 청정생산(cleaner production) 방법으로는 친환경원자재의 사용, 청정 프로세스의 활용과 친환경생산 프로세스 관리 등이 있다.

Topic 24 관련 기출 문제

01 생산운영관리의 최신 경향 중 기업의 사회적 책임과 환경경영에 관한 설명으로 옳은 것을 모두 고른 것은? `2021년`

> ㄱ. ISO 29000은 기업의 사회적 책임에 관한 국제 인증제도이다.
> ㄴ. 포터(M. Porter)와 크래머(M. Kramer)가 제안한 공유가치창출(CSV : Creating Shared Value)은 기업의 경쟁력 강화보다 사회적 책임을 우선시한다.
> ㄷ. 지속가능성이란 미래 세대의 니즈(needs)와 상충되지 않도록 현 사회의 니즈(needs)를 충족시키는 정책과 전략이다.
> ㄹ. 청정생산(cleaner production) 방법으로는 친환경원자재의 사용, 청정 프로세스의 활용과 친환경생산 프로세스 관리 등이 있다.
> ㅁ. 환경경영시스템인 ISO 14000은 결과 중심 경영시스템이다.

① ㄱ, ㄴ
② ㄷ, ㄹ
③ ㄹ, ㅁ
④ ㄷ, ㄹ, ㅁ
⑤ ㄱ, ㄷ, ㄹ, ㅁ

정답 ②
해설 ㄱ. (×) ISO(국제표준화기구) 26000은 기업의 사회적 책임에 관한 국제 인증제도이다.
ㄴ. (×) 경제·사회적 조건을 개선하면서 동시에 비즈니스 핵심 경쟁력을 강화하는 일련의 기업 정책 및 경영활동을 강조한다.
ㅁ. (×) 환경경영시스템인 ISO 14000은 조직이 사업 운영에서 조직의 이익(성과)뿐만 아니라 환경보전도 소중히 여기는 균형된 경영을 하는 것을 말한다.

CHAPTER 02
산업심리학

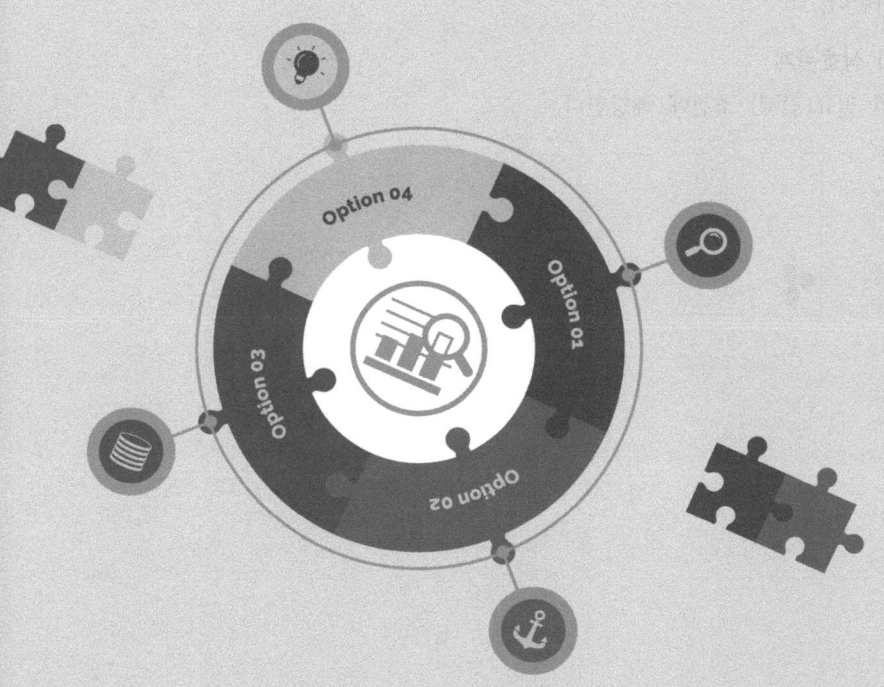

Topic 01 타당도와 신뢰도

1 타당도(vality)

(1) 개념

심리검사가 측정하려고 하는 것을 정확하게 측정하고 있는가를 의미한다.

(2) 유형

① 준거 (관련)타당도(criterion validity)
  ㉠ 선발도구를 통해 얻은 예측치와 직무성과와 같은 기준치(criterion)와의 관련성
  ㉡ 동시 타당도(concurrent validity) : 현직 종업원을 대상으로 예측치와 기준치를 구하고 상관관계의 분석을 통해 타당성을 알아보는 방법이다.
  ㉢ 예측 타당도(predictive validity) : 선발시험 합격자들의 시험성적과 입사 후 일정 기간이 지나서 이들이 달성한 직무성과와의 상관관계를 측정하는 지표

② 내용타당도

선발도구에 측정하고자 하는 내용(예 기술, 지능, 능력)이 포함되어 있는 정도를 말한다.

③ 구성 타당도(construct validity)
  ㉠ 선발도구의 측정항목들이 이론적인 속성에 부합되고 논리적인 특징을 가지고 있는 정도
  ㉡ 수렴 타당도, 변별(확산) 타당도, 요인분석법 등이 있다.

④ 안면 타당도(face validity)
  ㉠ 검사문항들이 외관상 특정 검사의 문항으로 적절하게 보이는 정도를 의미한다.
  ㉡ 일반적으로 검가문항을 전문가가 아닌 일반인들이 읽고 그 검사가 얼마나 타당해 보이는지를 평가한다.

(3) 타당도와 신뢰도의 상호관계

신뢰도는 타당도의 필요(전제) 조건에 해당한다.

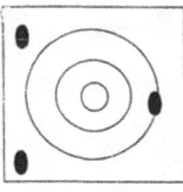
낮은 신뢰도 &
낮은 타당도

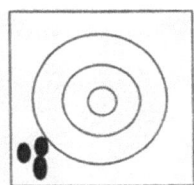
높은 신뢰도 &
낮은 타당도

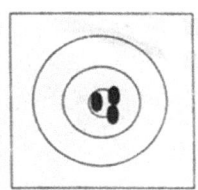
높은 신뢰도 &
높은 타당도

2 신뢰도(reliability)

(1) 개념

어떤 시험을 동일한 환경에서 동일한 사람이 몇 번 다시 보았을 때, 그 결과가 서로 일치하는 정도를 말한다.

① 검사-재검사법 : 동일한 시험을 동일한 집단에 시간을 달리하여 실시하여 그 결과를 비교하는 것이다. 검사-재검사 신뢰도를 구할 때는 균형화(balancing)를 실시한다.

② 복수양식법(동형 검사 신뢰도) : 동일한 구성개념을 측정하는 두 독립적인 검사를 하나의 집단에 실시하여 측정한다.

③ 양분법(반분 신뢰도) : 검사의 내적 일관성 정도를 보여주는 지표이다. 선발도구의 항목을 임의로 반으로 나누어 각각 독립된 두 개의 척도로 사용함. 크론바하의 알파 등으로 검토한다.

(2) 신뢰도 측정 : 내적일관성

내적일관성 신뢰도에는 반분검사 신뢰도, Kuder-Richardson 20, Kuder-Richardson 21, Hoyt 신뢰도, Cronbach α(0.6 이상이면 검사문항들 간 내적 일관성이 높음) 등이 있다.

Topic 01 관련 기출 문제

01 심리검사 결과를 분석할 때 상관계수를 이용하여 검증하는 타당도(validity)를 모두 고른 것은?

2013년

> ㄱ. 구성 타당도
> ㄴ. 내용 타당도
> ㄷ. 준거관련 타당도
> ㄹ. 수렴 타당도
> ㅁ. 확산 타당도

① ㄱ, ㄴ, ㄹ
② ㄱ, ㄴ, ㅁ
③ ㄷ, ㄹ, ㅁ
④ ㄱ, ㄴ, ㄷ, ㄹ
⑤ ㄱ, ㄷ, ㄹ, ㅁ

> **정답** ⑤
> **해설** ㄴ. (×) 내용 타당도: 검사 문항이 측정하고자 하는 내용 영역을 얼마나 잘 대표하는지를 전문가의 주관적인 판단으로 평가한다. 상관계수를 이용하여 검증하는 방법이 아니다.
> ㄱ, ㄹ, ㅁ. (○) 구성 타당도: 검사 점수가 이론적 구성개념을 제대로 반영하고 있는지를 검증. 다양한 상관분석을 통해 확인(예: 수렴타당도, 확산타당도)
> ㄷ. (○) 준거관련 타당도: 검사 점수가 외부 준거(기준)와 어느 정도 일치하는가를 검증(예: 동시타당도, 예언타당도)
> ㄹ. (○) 수렴 타당도: 동일한 구성개념을 측정하는 다른 검사와 높은 상관을 보이면 타당성이 높음(자유주의 대 민주주의)
> ㅁ. (○) 확산 타당도: 서로 다른 구성개념을 측정하는 검사 간에는 낮은 상관을 보여야 함(진보주의 대 보수주의)

02 심리평가에서 검사의 신뢰도와 타당도의 상호관계에 관한 설명으로 옳은 것은? 2016년

① 타당도가 높으면 신뢰도는 반드시 높다.
② 타당도가 낮으면 신뢰도는 반드시 낮다.
③ 신뢰도가 낮아도 타당도는 높을 수 있다.
④ 신뢰도가 높아야 타당도가 높게 나온다.
⑤ 신뢰도와 타당도는 직접적인 상호관계가 없다.

정답 ①
해설 ② (×) 타당도가 낮더라도 신뢰도는 높을 수 있다. 두 번째 그림에 해당하는 내용이다.
③ (×) 신뢰도가 낮으면 타당도는 반드시 낮다. 첫 번째 그림에 해당하는 내용이다.
④ (×) 신뢰도가 높더라도 타당도가 높게 나오지는 않는다. 두 번째 그림에 해당하는 내용이다.
⑤ (×) 신뢰도는 타당도의 필요 조건에 해당한다.

03 인사 담당자인 김부장은 신입사원 채용을 위해 적절한 심리검사를 활용하고자 한다. 심리검사에 관한 설명으로 옳지 않은 것은? 〔2020년〕

① 다른 조건이 모두 동일하다면 검사의 문항 수는 내적 일관성의 정도에 영향을 미치지 않는다.
② 반분 신뢰도(split-half reliability)는 검사의 내적 일관성 정도를 보여주는 지표이다.
③ 안면 타당도(face validity)는 검사문항들이 외관상 특정 검사의 문항으로 적절하게 보이는 정도를 의미한다.
④ 준거 타당도(criterion validity)에는 동시 타당도(concurrent validity)와 예측 타당도(predictive validity)가 있다.
⑤ 동형 검사 신뢰도(equivalent-form reliability)는 동일한 구성개념을 측정하는 두 독립적인 검사를 하나의 집단에 실시하여 측정한다.

정답 ①
해설 ① (×) 다른 조건이 모두 동일하다면 검사의 문항 수는 내적 일관성의 정도에 영향을 미친다.

04 업무를 수행 중인 종업원들로부터 현재의 생산성 자료를 수집한 후 즉시 그들에게 검사를 실시하여 그 검사 점수들과 생산성 자료들과의 상관을 구하는 타당도는? 〔2022년〕

① 내적 타당도(internal validity)
② 동시 타당도(concurrent validity)
③ 예측 타당도(predictive validity)
④ 내용 타당도(content validity)
⑤ 안면 타당도(face validity)

정답 ②
해설 ② (○) 대상이 업무를 수행 중인 종업원이므로 동시 타당도에 관한 설명이다.

05 산업심리학의 연구방법에 관한 설명으로 옳은 것은? `2024년`

① 내적 타당도는 실험에서 종속변인의 변화가 독립변인과 가외변인(extraneous variable)의 영향에 따른 것이라고 신뢰하는 정도이다.
② 검사-재검사 신뢰도를 구할 때는 역균형화(counterbalancing)를 실시한다.
③ 쿠더 리차드슨 공식 20(Kuder-Richardson formula 20)은 검사 문항들 간의 내적 일관성 정도를 알려준다.
④ 내용타당도와 안면타당도는 동일한 타당도이다.
⑤ 실험실 실험(laboratory experiment)보다 준실험(quasi experiment)에서 통제를 더 많이 한다.

> **정답** ③
>
> **해설** ③ (○) 쿠더 리차드슨 공식 20은 반분신뢰도 추정방법이 일관적인 신뢰도를 산출하지 못하는 문제를 해결하기 위해 고안된 것이다.
> ① (×) 가외변인(외생변인)이란 독립변인이 아닌 변인이 종속변인에 영향을 미치는 변인을 뜻한다. 가외변인의 영향이 없을수록 내적 타당도가 올라간다. 연구자는 종속변수에 영향을 미칠 수 있는 가외변인들을 통제(control)할 필요가 있다.
> ② (×) 검사-재검사 신뢰도를 구할 때는 균형화(balancing)를 실시한다. 균형화란 실험집단과 통제집단 사이의 동질성을 확보하는 것을 의미한다. 균형화가 이루어진 뒤 두 집단 사이에 나타나는 종속변수 간의 수준 차이는 독립변수로만 인한 효과라는 것이다.
> ④ (×) 내용타당도와 안면타당도는 별개의 개념에 해당한다.
> ⑤ (×) 반대로 설명되어 있다. 준실험(quasi experiment)보다 실험실 실험(laboratory experiment)에서 통제를 더 많이 한다.
>
> 1. 실험실 실험(laboratory experiment)
>   ① 연구자가 독립변인을 조작하고 피험자를 실험조건과 통제조건에 할당하는 연구방법이다.
>   ② 실험실에서 연구자는 연구 수행에 대하여 강한 통제력을 갖는다. 즉, 실험실 상황에서는 연구자가 원하는 대로 독립변인을 조작할 수 있고, 종속변인에 영향을 미칠 수 있는 독립변인 이외의 다른 변인들을 엄격하게 통제하는 것이 가능하다. 이는 종속변인에 영향을 미칠 수 있는 독립변인 이외의 다른 변인들을 엄격하게 통제하는 것이다.
>   ③ 매우 제한된 상황에서 연구를 하기 때문에 내적 타당도는 상대적으로 높으나, 외적 타당도가 낮다.
>
> 2. 준실험(quasi experiment)
>   ① 연구자가 실험실이 아닌 현장상황에서 독립변인을 조작하여 연구를 수행하는 방법이다.
>   ② 시험과 거의 유사하지만 실제로는 연구대상이 되는 변인에 대한 통제 정도가 약한 것을 의미한다. 자연스러운 장면에서 독립변인을 조작하는 것이다.

Topic 02 주의(attention)

Topic 02 관련 기출 문제

01 주의(attention)에 관한 설명으로 옳은 것은? `2016년`

① 용량의 제한이 없기 때문에 한 번에 여러 과제를 동시에 수행할 수 있다.
② 많은 사람들 가운데 오직 한 사람의 목소리에만 주의를 기울일 수 있는 것은 선택주의(selective attention) 덕분이다.
③ 선택된 자극의 여러 속성을 통합하고 처리하기 위해 분할주의(divided attention)가 필요하다.
④ 운전하면서 친구와 대화하기처럼 두 과제 모두를 성공적으로 수행하기 위해서는 초점주의(focused attention)가 필요하다.
⑤ 무덤덤한 여러 얼굴 가운데 유일하게 화난 얼굴은 의식하지 않아도 쉽게 눈에 띄는데, 이는 무주의 맹시(inattentional blindness) 때문이다.

> **정답** ②
> **해설** ② (○) 선택주의(selective attention)란 하나의 자극에 집중하여 다른 자극들은 무시하는 것을 말한다. 이에 비해 분할주의(divided attention)란 둘 이상 자극들에 주의를 할당하는 것을 말한다.
> ① (×) 용량의 제한이 있기 때문에 한 번에 여러 과제를 동시에 수행할 수 없다.
> ③ (×) 선택된 자극의 여러 속성을 통합하고 처리하기 위해 통합주의가 필요하다(세부특징 통합이론). 분할주의는 첫 번째 자극이 처리되는 동안 두 번째 자극이 제시됐을 때, 두번째 자극에 대한 반응 속도가 지연되는 것을 말한다.
> ④ (×) 초점주의(focused attention)란 일정한 사건이나 현상에 지나치게 주의를 집중하여 다른 사건이나 현상들은 무시함으로써 미래의 행복에 대하여 잘못된 예측을 하는 것을 말한다(예 도시에 사는 사람들이 편리성만을 강조함으로써 농촌사람들이 불편할 것이라고만 생각하는 것)
> ⑤ (×) 무주의 맹시(inattentional blindness)란 자기가 보고 싶은 것에만 집중하느라 정작 중요한 것은 놓치게 되는 현상을 뜻한다.

Topic 03 직무만족(job satisfaction)

1 직무만족의 선행변인

(1) 통제소재(locus of control)
   ① 사람들이 그들의 삶에서 받는 결과물이 그들 자신의 행동으로 통제할 수 있다고 믿는 정도
   ② 내재론 : 상황과 사건, 그리고 그에 따른 결과가 스스로의 통제 하에 있다고 여김
   ③ 외재론 : 운이나 상황, 운명, 팔자 등 자신이 아닌 자신을 둘러싼 외부요소에 의한 결과로 인식
   ④ 통제소재에서 내재론자들은 외재론자들보다 자신들의 직무에 대해 더 만족한다.

(2) 공정성
   ① 절차공정성 : 조직구성원들이 조직 내의 보상과정에 사용된 절차를 얼마나 공정하게 인지하고 있는가의 정도를 의미(예 실적에 근거한 고과, 일관성 있는 기준 적용 등)
   ② 분배공정성 : 자신이 조직에 투입한 노력과 기여의 정도와 그로부터 받은 보상 비율이 자신의 준거대상인 타인의 투입과 보상비율에 비해 얼마나 일치하는지의 여부(Adams)

2 직무기술 지표(JDI) : Smith, Kendall, Hulin

(1) 업무, 직무(work)

(2) 관리 감독(supervision)

(3) 임금(pay)

(4) 승진 기회(promotion opportunity)

(5) 동료(co-worker)

3 직무특성

(1) 해크먼(Hackman)과 올드햄(Oldham)은 직무만족과 관련하여 직무특성이론을 발표하였다.
(2) 직무만족을 가져오는 직무의 특성으로 기술의 다양성, 직무의 정체성, 직무의 중요성, 자율성, 피드백을 들고 있다.

Topic 03 관련 기출 문제

01 직무만족의 선행변인에 관한 설명으로 옳은 것은? `2013년`
① 통제소재에서 내재론자들은 외재론자들보다 자신들의 직무에 대해 더 만족한다.
② 직무특성과 직무만족간의 상관은 질문지로 측정한 연구에서는 나타나지 않았다.
③ 집단주의적 아시아 문화권에서는 직무특성과 직무만족간에 상관이 높은 것으로 나타났다.
④ 급여만족은 분배공정성보다 절차공정성이 더 밀접한 관련이 있다.
⑤ 직무특성 차원과 직무만족간의 상관을 산출해 본 결과 직무만족과 가장 낮은 상관을 나타내는 직무특성은 기술 다양성이었다.

> **정답** ①
> **해설** ② (×) 직무특성과 직무만족간의 상관은 질문지로 측정한 연구에서 나타난다.
> ③ (×) 집단주의적 아시아 문화권에서는 직무특성과 직무만족간에 상관이 낮은 것으로 나타났다.
> ④ (×) 급여만족은 절차공정성보다 분배공정성이 더 밀접한 관련이 있다.
> ⑤ (×) 직무특성 중 기술다양성, 직무정체성, 자율성은 직무만족에 정(正)의 영향을 미치는 것으로 나타났고 직무중요성과 피드백은 직무 만족에 부(負)의 영향을 미치는 것으로 나타났다.

02 직무만족을 측정하는 대표적인 척도인 직무기술 지표(Job Descriptive Index : JDI)의 하위 요인이 아닌 것은? `2023년`
① 업무
② 동료
③ 관리 감독
④ 승진 기회
⑤ 작업 조건

> **정답** ⑤
> **해설** ① (×) 업무: 직무 자체에 대한 만족도를 측정하는 요인
> ② (×) 동료: 직장 동료와의 관계에 대한 만족도를 측정하는 요인
> ③ (×) 관리 감독: 상사와의 관계에 대한 만족도를 측정하는 요인
> ④ (×) 승진 기회: 승진 가능성이나 기회에 대한 만족도를 측정하는 요인

Topic 04 유동적 작업일정

1 유연근무제(flextime)

(1) 종업원들의 출퇴근 시간을 유동적으로 운영하는 작업일정

(2) 유연근무제가 팀 기능을 저해할 가능성이 크다. 팀원 각자의 근무시간이 다르기 때문에 팀 수행에 장애가 될 수도 있다.

2 집중근무제(compressed workweek)

(1) 하루에 더 많은 시간을 일하는 대신에 일주일 동안 일하는 날짜는 더 적은 근무방식

(2) 개인은 3일 동안의 주말을 가지게 되어서 여가를 더 많이 즐길 수 있고, 부업을 가질 수 있고, 가족들과 더 많은 시간을 함께 보낼 수 있다.

(3) 하지만 작업자들의 피로, 생산적으로 일하는 시간의 감소, 사고의 증가와 같은 단점도 지니고 있다.

3 교대근무(교대작업)

(1) 개념

① 하루 24시간 운영되는 비전통적 작업방식, 일반적으로 오전 7시부터 오후 3시까지, 오후 3시부터 오후 11시까지, 오후 11시부터 오전 7시까지 8시간을 주기로 교대로 작업하는 근무형태

② 주로 24시간 운영되는 산업(예 군대, 경찰, 항만, 공항 등), 서비스(편의점, 택배, 톨게이트 등) 및 의료(병원) 분야에서 사용된다.

(2) 부정적 효과

① 야간작업은 멜라토닌 생성·조절을 방해하여 면역체계를 약화시킨다. 야간작업시에는 인공 빛에 노출되면서 멜라토닌 분비가 감소하여 발암 가능성이 증가하는 것으로 판단한다.

② 고정적 야간근무보다 순환적 야간근무가 신체·심리적 건강을 더 위협한다. 생체리듬의 혼란을 야기하고, 바이오리듬에 부정적 영향을 미치기 때문이다.

③ 교대작업은 배우자나 자녀와의 여가생활을 어렵게 하여 사회적 문제를 유발할 수 있다. 약속 시간도 잡기 힘들고, 휴식 시간에는 수면을 취하는 경우가 많기 때문이다.

④ 순행적 교대근무보다 역행적 교대근무가 적응하기 더 어렵다. 주간 근무에서 야간 근무, 야간 근무에서 오후 근무를 하는 역행순환이 주간 근무에서 오후 근무, 오후 근무에서 야간 근무를 하는 순행순환보다 적응하기에 더 어렵다는 증거가 있다.

⑤ 야간조명은 자연광선 효과를 대신할 수 없고, 낮잠은 밤에 자는 것과 같은 효과를 나타내지 못한다.

Topic 04 관련 기출 문제

01 교대근무의 부정적 효과에 관한 설명으로 옳지 <u>않은</u> 것은? `2014년`
① 야간작업은 멜라토닌 생성·조절을 방해하여 면역체계를 약화시킨다.
② 순환적 야간근무보다 고정적 야간근무가 신체·심리적 건강을 더 위협한다.
③ 교대작업은 배우자나 자녀와의 여가생활을 어렵게 하여 사회적 문제를 유발할 수 있다.
④ 순행적 교대근무보다 역행적 교대근무가 적응하기 더 어렵다.
⑤ 야간조명은 자연광선 효과를 대신할 수 없고, 낮잠은 밤에 자는 것과 같은 효과를 나타내지 못한다.

> **정답** ②
> **해설** ② (×) 고정적 순환근무보다 순환적 야간근무는 생체리듬의 혼란을 야기하고, 바이오리듬에 부정적 영향을 미치기 때문이다.

Topic 05 일과 삶의 균형

1 일과 가정간의 관계 설명 이론

(1) 전이이론, 파급모델(spillover model)
개인이 직장에서 경험하거나 느낀 감정, 태도, 행동 등이 가정에 영향을 미치며, 또한 반대로 가정에서의 갈등이 직무태도에 영향을 미치는 관점

(2) 보충(보상)모델(compensation model)
직장이나 가정에서 불만이 생기면 다른 영역에서 보다 많은 만족을 찾으려고 시도하여 보상 받으려고 한다는 관점

(3) 분리모델(segmentation model)
① 직장환경과 가정환경이 상호 개별적인 것이고, 개인은 다른 영역의 영향 없이 한 영역에서 성공적으로 기능할 수 있다고 주장한다.
② 가정은 사랑, 친밀감, 중요관계의 영역으로 파악(여성의 의무)되는 반면, 직장은 몰개성, 경쟁성, 수단성의 장소(남성의 의무)인 것으로 생각된다.

임상심리학자의 역할과 훈련
(1) 과학자-실무자 모델(scientist-practitioner model) : 과실 모델, 볼더 모델(Boulder model), 실사구시
 ① 과학과 임상 실습의 통합적 접근을 통해 임상심리학자가 과학자이자 서비스제공자로서의 역할을 동시에 수행할 것을 강조하였다.
 ② 임상 심리학자는 연구를 할 수 있어야 하고, 임상 서비스를 위해 경험적 증거를 이용해야 함을 중시한 것이다.
(2) 실무자-학자 모델(practitioner-scholarship model)
 과학을 통해 서비스 활동에 대한 지식을 얻지만 연구 수행 기술이 필요 없는 임상가를 양성하기 위해 개발
(3) 임상-과학자 모델
 ① 일차적인 목표는 심리학, 관련 기초 분야의 지식적인 토대를 쌓게 하는 것
 ② 과학자로서 전문가적 삶을 구축하는 임상 과학자를 배출하는 훈련을 강조

유인-선발-이탈 모델(ASA : attraction-selection-attrition model) : Schneider의 조직문화
유사한 성격과 가치를 가진 사람들이 어떤 조직으로 지원하게 되고(유인), 그들은 이러한 조직에 고용되고(선발), 조직에서 공유되는 가치와 맞지 않는 사람들은 조직을 떠나게 된다(이탈)고 주장한다. 결국 비슷한 성격이나 가치를 지닌 대상들만이 남아 그들만의 문화를 이루게 된다.

2 일-가정 갈등(work-family conflict)[9]

(1) 개념

　　일과 가정 간의 충돌하는 요구로 인해 두 영역을 효과적으로 하기 어려워지는 것

(2) 내용

　　① 장시간 근무나 과도한 업무량은 일-가정 갈등을 유발하는 주요한 원인이 될 수 있다.

　　② 적은 시간에 많은 것을 해내기를 원하는 경향이 강한 사람은 더 많은 일-가정 갈등을 경험한다.

　　③ 돌봐 주어야 할 어린 자녀가 많을수록 더 많은 일-가정 갈등을 경험한다.

(3) Ford 등

　　자녀가 있는 가정에서는 주당 근로시간과 가족 만족도 간에 강한 부적(負的) 관계가 있음을 발견했다.

(4) Dierdorff와 Ellington

　　① 일-가정 갈등에서 직업 간의 차이를 연구하였다.

　　② 사람들과 상호작용을 많이 하는 직업에서 갈등이 더 크다는 것을 발견하였다(예 형사, 소방관, 의사 등).

3 일-가정 충실(work-family enrichment)

(1) 일과 가정에서의 역할이 서로의 기능을 강화해주고 촉진하는 정도를 말한다.

(2) 직장에서 포상을 받을 경우 직원은 가정생활에서 가족과의 상호작용을 더욱 충실하게 할 수 있다는 것이다.

4 일-가정 개입

(1) 개인과 조직의 개입은 일-가정 갈등을 줄이고 일-가정 충실을 향상시키는데 효과적이다.

(2) 일과 가정 간 갈등을 줄이기 위하여 아동양육센터를 직장이나 직장과 가까운 곳에 둘 수 있다.

---

[9] 산업 및 조직심리학, 유태용 역, 시그마프레스

Topic 05 관련 기출 문제

01 일과 가정간의 관계를 설명하는 3가지 기본 모델을 모두 고른 것은? `2014년`

> ㄱ. 파급모델(spillover model)
> ㄴ. 과학자-실무자 모델(scientist-practitioner model)
> ㄷ. 보충모델(compensation model)
> ㄹ. 유인-선발-이탈 모델(attraction-selection-attrition model)
> ㅁ. 분리모델(segmentation model)

① ㄱ, ㄴ, ㄷ ② ㄱ, ㄷ, ㄹ
③ ㄱ, ㄷ, ㅁ ④ ㄴ, ㄷ, ㄹ
⑤ ㄴ, ㄹ, ㅁ

정답 ③

02 일-가정 갈등(work-family conflict)에 관한 설명으로 옳지 <u>않은</u> 것은? `2019년`
① 일과 가정의 요구가 서로 충돌하여 발생한다.
② 장시간 근무나 과도한 업무량은 일-가정 갈등을 유발하는 주요한 원인이 될 수 있다.
③ 적은 시간에 많은 것을 해내기를 원하는 경향이 강한 사람은 더 많은 일-가정 갈등을 경험한다.
④ 직장은 일-가정 갈등을 감소시키는 데 중요한 역할을 담당하지 않는다.
⑤ 돌봐 주어야 할 어린 자녀가 많을수록 더 많은 일-가정 갈등을 경험한다.

정답 ④
해설 ④ (×) 직장은 일-가정 갈등을 감소시키는 데 중요한 역할을 담당한다.

Topic 06 반생산적 업무행동

1 개념

반생산적 업무행동(CWB : Counter productive Work Behavior)이란 조직이 안정적으로 운영되고 생산성을 유지하는 데 장애물이 되는 조직 구성원들의 일탈 행동이나 규범을 어기는 행동

2 원인

(1) 사람기반 원인
반생산적 업무행동의 사람기반 원인에는 성실성(conscientiousness), 특성분노(trait anger), 자기통제력(self control), 자기애적 성향(narcissism) 등이 있다.

(2) 상황기반 원인
반생산적 업무행동의 주된 상황기반 원인에는 규범, 스트레스에 대한 정서적 반응, 외적 통제소재, 불공정성 등이 있다.

3 Spector의 Five-Factor 모델

철회	종업원이 업무에 관여하지 않고 벗어나려고 하는 시도
사보타주	• 직·간접적으로 조직 내에서 행해지는 일을 방해하려는 의도적 시도 • 조직의 재산이나 조직 성원의 일을 의도적으로 파괴하거나 손상을 입히는 행동 • 심각성(경미한/중대한), 반복가능성(일회적/지속적), 가시성(관찰 가능/불가능)에 따라 구분
생산일탈	종업원이 고의적으로 자신의 능력 이하로 업무를 수행하려는 시도
타인학대	업무 현장에서 언어적·신체적으로 차별·폭력을 가하는 행동
절도	종업원이 자신의 것이 아닌 재산·재물을 취득하는 행위

4 Gruys와 Sackett의 11-factor 모델

결근	일터에 나가지 않는 것
직장무례	• 직장에서 상호존중에 대한 규범을 어기고, 타인에게 해를 끼치고자 함(직장내 갑질, 폭언 등) • 용수철 효과 : 용수철을 건드리면 튀어 오르는 것처럼 동료간 사소한 모욕이 강압적 행동으로 발전
학대적 지도	상사가 부하직원에게 행해지는 다양한 형태의 학대(업무수행 중 학력으로 무시)
사회적 폄하	• 구성원들 간에 좋은 관계를 형성하지 못하게 하고 업무에서 성공적이지 못하도록 하는 행동 • 뒷담화

Topic 06 관련 기출 문제

01 반생산적 업무행동(CWB)에 관한 설명으로 옳지 <u>않은</u> 것은? `2017년`
① 반생산적 업무행동의 사람기반 원인에는 성실성(conscientiousness), 특성분노(trait anger), 자기통제력(self control), 자기애적 성향(narcissism) 등이 있다.
② 반생산적 업무행동의 주된 상황기반 원인에는 규범, 스트레스에 대한 정서적 반응, 외적 통제소재, 불공정성 등이 있다.
③ 조직의 재산이나 조직 성원의 일을 의도적으로 파괴하거나 손상을 입히는 반생산적 업무행동은 심각성, 반복가능성, 가시성에 따라 구분되어 진다.
④ 사회적 폄하(social undermining)는 버릇없거나 의욕을 떨어뜨리는 행동으로 직장에서 용수철 효과(spiraling effect)처럼 작용하는 반생산적 업무행동이다.
⑤ 직장폭력과 공격을 유발하는 중요한 예측치는 조직에서 일어난 일이 얼마나 중요하게 인식되는가를 의미하는 유발성 지각(perceived provocation)이다.

> **정답** ④
> **해설** ④ (×) 직장무례에 관한 설명이다.

02 반생산적 업무행동(CWB) 중 직・간접적으로 조직 내에서 행해지는 일을 방해하려는 의도적 시도를 의미하며 다음과 같은 사례에 해당하는 것은? `2021년`

> ○ 고의적으로 조직의 장비나 재산의 일부를 손상시키기
> ○ 의도적으로 재료나 공급물품을 낭비하기
> ○ 자신의 업무영역을 더럽히거나 지저분하게 만들기

① 철회(withdrawal)
② 사보타주(sabotage)
③ 직장무례(workplace incivility)
④ 생산일탈(production deviance)
⑤ 타인학대(abuse toward others)

> **정답** ②

Topic 07 조직몰입, 조직시민행동 등

1 조직몰입(organizational commitment)

(1) 개념

조직 구성원이 조직 및 조직의 목표와 자신을 동일시하고 조직의 일원으로 남아 있고자 하는 상태를 의미한다. 높은 수준의 직무몰입이 직무와 자신을 동일시하는 것인 반면에 높은 수준의 조직몰입은 조직과 자신을 동일시하는 것을 말한다.

(2) 마이어와 알렌(J. P. Meyer & N. J. Allen)의 세 가지 차원

① 정서적 몰입

조직에 대한 감정적인 밀착 및 조직의 가치에 대한 신념이며, 조직구성원이 조직에 대하여 느끼는 심리적 애착을 말한다. 정서적 몰입이 높은 조직구성원은 조직을 위해 노력을 아끼지 않는 태도를 가지게 된다(예 : 이 조직은 나에게 개인적 의미를 많이 부여해 준다.).

② 지속적 몰입

조직구성원으로 남아 있는 것과 떠나는 것 사이의 경제적 가치에 근거한 몰입을 말한다. 어떤 조직 구성원은 회사의 급여 수준이 높고 직장을 그만 둘 경우에 입을 경제적인 타격 때문에 회사에 몰입할 수 있다(예 : 가까운 미래에 이 조직을 그만두게 된다면 이는 나에게 비용이 너무 많이 드는 일이다.).

③ 규범적 몰입

도덕적 또는 윤리적 이유로 조직 구성원으로서 남아 있고자 하는 의무감에 기초한 몰입을 말한다. 새로운 사업을 앞장서서 추진하던 조직 구성원의 경우, 자신이 조직을 떠나면 회사가 심각한 타격을 입을 수 있다는 점 때문에 이직하지 못할 수 있다(예 : 내가 지금 이 조직을 그만둔다면 죄책감을 느끼게 될 것이다.).

2 조직시민행동(OCB)

(1) 개념

개인이 자신의 직무에서 요구되는 의무 이상의 행동을 함으로써 조직의 전반적인 복리에 기여하는 행동

(2) D. Organ의 유형

OCB-I (Individual)	이타주의	조직과 관련된 과업이나 문제를 가진 특정 인물에 대해 기꺼이 도와주는 행동
	예의	다른 사람의 권리를 염두에 두고 존중하는 것
OCB-O (Organization)	성실성 (양심행동)	시간을 정확하게 지키고, 조직의 규칙 등 요구하는 수준 이상의 역할을 수행하고, 규정 등을 잘 따르는 것
	스포츠맨십	불평, 불만, 험담을 하지 않고, 과장해서 이야기하지 않는 등 정당한 행동
	시민덕목	• 조직생활에 책임감을 갖고 참여하는 것 • 회의 참석, 조직 내 의사소통 참여, 의견 제안하기

Topic 07 관련 기출 문제

01 오건(D. Organ)이 범주화한 조직시민행동의 유형에서 불평, 불만, 험담 등을 하지 않고, 있지도 않은 문제를 과장해서 이야기 하지 않는 행동에 해당하는 것은? `2023년`

① 시민덕목(civic virtue)
② 이타주의(altruism)
③ 성실성(conscientiousness)
④ 스포츠맨십(sportsmanship)
⑤ 예의(courtesy)

정답 ④

---

02 조직에서 생산적 행동(Productive behavior)과 반생산적 행동(Counterproductive work behavior : CWB)에 관한 설명으로 옳지 않은 것은? `2024년`

① 조직시민행동(Organizational Citizenship Behavior: OCB)은 생산적 행동에 속한다.
② OCB는 친사회적 행동이며 역할 외 행동이라고도 한다.
③ 일탈행동(Deviance)은 CWB에 속하지만 조직에 해로운 행동은 아니다.
④ 조직시민행동은 OCB-I(Individual)와 OCB-O(Organizational)로 분류되기도 한다.
⑤ CWB는 개인적 범주와 조직적 범주로 분류할 수 있다.

정답 ③

해설 ③ (×) 일탈행동(Deviance)은 CWB에 속하며, 조직에 해로운 행동이다. 직장 내 일탈행동은 조직, 조직구성원, 모두에 해를 끼치는 잠재성을 가지는 행동인데, '일탈'의 개념은 중요한 규범을 어기는 행동들이다.
⑤ (○) CWB는 조직을 표적으로 하는 행동(예 의도적으로 회사 재료나 경비를 소비, 고용주를 속일려고 하는 것 등)과 조직에 있는 사람들을 표적으로 하는 행동(예 동료를 돕지 않는 것, 동료에게 언어적, 물리적으로 공격하는 것) 등 크게 2가지로 분류할 수 있다.

03 다음의 설문 문항들이 측정하고자 하는 것은? `2025년`

> - 이 조직은 나에게 개인적 의미를 많이 부여해 준다.
> - 가까운 미래에 이 조직을 그만두게 된다면 이는 나에게 비용이 너무 많이 드는 일이다.
> - 내가 지금 이 조직을 그만둔다면 죄책감을 느끼게 될 것이다.

① 직무 만족(job satisfaction)
② 조직 몰입(organizational commitment)
③ 조직 정의(organizational justice)
④ 조직 동일시(organizational identification)
⑤ 조직지지 지각(perceived organizational support)

정답 ②
해설 ③ (×) 조직 내에서 구성원이 자신이 받는 대우와 보상이 공정하다고 인식하는 정도를 의미한다. 즉, 조직 구성원이 의사결정, 절차, 대우, 정보 전달 과정이 공정하게 이루어졌는가를 판단하는 심리적 개념이다.
④ (×) 구성원이 자신을 조직의 일원으로 인식하고 조직의 성공과 실패를 자신의 것처럼 느끼는 정도를 의미한다. 개인이 자신과 조직을 심리적으로 동일시하여, 조직의 가치·목표·성과를 자신의 정체성과 연결시키는 과정을 말한다. 즉, "나는 이 조직의 사람이다"라는 소속감과 일체감을 느끼는 상태이다.
⑤ (×) 종업원들이 조직에서 그들의 공헌에 대한 가치를 부여하고 종업원 복지에 대한 관심을 갖고 있다고 믿는 정도를 말한다.

Topic 08 동기부여

1 내용이론(욕구이론) : What

동기를 유발하는 요인을 욕구라고 보고, 욕구의 내용과 요인이 무엇인가를 찾아내고 설명하고자 하는 이론

(1) Maslow의 욕구 5단계 이론
  ① 개념
    ㉠ 만족-진행접근법의 입장
    ㉡ 인간은 무엇인가를 필요로 하는 결핍의 존재, 충족되지 못한 어떤 욕구들을 충족시키기 위해서 동기가 유발된다.
    ㉢ 욕구가 충족되면 그 욕구의 강도는 약해지며, 충족된 욕구는 동기유발의 요인으로서 상실된다.
  ② 욕구 5단계론

생리적 욕구	• 가장 하위계층의 욕구 • 의식주, 휴식, 성적 욕구 등 • 냉난방 시설 및 사내식당 운영
안전 욕구	• 신체적인 위험·위협에 대한 안정추구 • 안전한 작업조건 조성 및 고용 보장
사회적 욕구	• 애정욕구 • 조직 내 대인관계, 집단에 대한 소속감 • 화해와 친목분위기 조성 및 우호적인 작업팀 결성
존경 욕구	• 자존 및 타인으로부터의 존경·인정 • 타인의 인정 및 칭찬
자아실현 욕구	• 가장 상위계층의 욕구 • 개인의 잠재력을 실현하려는 욕구 • 자기발전·창의성과 관련 • 도전적 과업 및 창의적 역할 부여

(2) Alderfer의 ERG 이론
  ① 매슬로우의 5단계 욕구를 비판하면서 3단계로 통합하여 재분류하였다.
  ② 좌절-퇴행 개념을 도입, 욕구충족이 좌절되면 퇴행을 한다고 보았다.
  ③ 두 가지 이상의 욕구가 동시에 나타난다고 주장한다.
  ④ 욕구 내용 : E(existence, 존재욕구), R(relatedness, 관계욕구, 애정 및 존경 욕구 포함), G(growth, 성장욕구, 자아실현 욕구)

(3) D. McGregor의 X이론과 Y이론

	X이론	Y이론
인간관 (기본가정)	• 본성적으로 일을 회피한다. • 명령받기를 좋아한다. • 수동적이다. • 자기중심적이고 조직이 필요로 하는 것에 대해서는 무관심하다.	• 상황에 따라 태도가 변함 • 책임지기를 좋아함 • 능동적임 • 문제해결에 있어서 높은 수준의 상상력·창의력을 발휘할 수 있음
관리 전략	• 강경한(hard) 접근방법 : 강제와 위협, 면밀한 감독, 행동의 엄격한 통제 • 부드러운(soft) 접근방법 : 인간의 하위욕구 충족, 대인관계 개선, 경제적 보상체계	• 통합의 원리 : 개인의 목적과 조직의 목적을 부합시킴 • 자율에 의한 통제와 자기규제 중시 • 경제적·사회적 보상체계 • 목표관리(MBO)·권한 위임 • 잠재력 발휘를 위한 여건의 조성 • 비공식적 조직활용

(4) F. Herzberg의 2요인 이론(two-factor theory)
  ① 의의
    ㉠ 불만족 요인(위생요인)과 만족요인(동기요인, motivators)은 상호 독립된 개념
    ㉡ 동기가 직무 자체의 본질에서 발생하는 것이지 외부의 보상이나 직무 조건으로부터 발생하는 것은 아니라고 주장한다.
    ㉢ 위생요인을 제거한다고 해서 동기유발이 되는 것은 아니다.
  ② 욕구차원

동기요인(만족관련요인)	위생요인(불만관련요인)
사람과 사람이 하는 일 사이의 관계	사람과 직무상황 또는 환경과의 관계
① 보람있는 직무(직무내용자체) ② 직무상의 성취 ③ 직무성취에 대한 인정(인정감), 승진 ④ 책임 부여 ⑤ 성장 또는 발전	① 조직의 정책과 행정 ② 감독 ③ 임금(급여), 지위, 안전 등 ④ (원만한)대인관계 ⑤ 작업(업무)조건, 복리후생

(5) Argyris의 미성숙—성숙이론
  ① 성숙한 인간의 욕구와 조직합리성에 치중하는 공식조직 중심의 관리전략이 부조화를 초래
  ② 인간은 미성숙상태에서 성숙상태로 발전하는 과정에서 성격 변화 경험 ⇨ 조직의 구성원을 성숙한 인간으로 발전하도록 관리하여야 한다.

(6) McClelland의 성취동기이론
  ① 욕구는 학습되는 것 ⇨ 개인마다 욕구의 계층에 차이(Maslow 이론 비판)
  ② 성취 욕구(성공적인 기업가, 우수한 결과를 얻기 위해 높은 기준 설정), 권력 욕구(타인에게 영향력 행사), 친교 욕구, 자율욕구(제약으로부터 자유롭고 독립적이고 싶은 욕구)

③ 성취욕구를 측정하기에 가장 적합한 것은 TAT(주제통각검사)10)이다.

(7) Hackman과 Oldham의 직무특성모델(작업설계 이론)
① 의의
  ㉠ 열심히 노력하도록 만드는 직무의 차원이나 특성에 관한 이론으로, 직무를 적절하게 설계하면 작업 자체가 개인의 동기를 촉진할 수 있다고 주장한다.
  ㉡ 직무의 특성이 직무 수행상의 성장 욕구에 부합될 때 동기유발
  ㉢ 개인차 고려(Herzberg 이론보다 진일보), 성장욕구 수준이 낮은 직무 수행자의 경우 단순하고 정형화된 직무를 제공하는 것이 바람직

② 직무특성
  ㉠ 기술 다양성(skill variety) : 직무 수행하는데 요구되는 기술의 종류
  ㉡ 과업 정체성(task identity) : 제품·서비스를 처음부터 끝까지 완성시킬 수 있도록 구성
  ㉢ 과업 중요성(task significance) : 타인의 삶과 일에 영향
  ㉣ 자율성(autonomy) : 직무에 대해 느끼는 책임감의 정도
  ㉤ 피드백(feedback) : 직무 수행 성과에 대한 정보의 유무

③ 최고조의 동기부여 발생
  환류와 자율성이 인정되는 가운데 개인의 성장욕구가 강할 때

2 과정이론(기대이론) : How

(1) 과정이론
① 어떤 과정들을 통해서 동기가 유발되는 과정을 설명하는 이론
② 욕구충족과 직무수행의 관계가 직접적으로 연결되는 것이 아니라, 만족과 동기유발 사이에는 개인의 주관적인 평가 과정, 즉 다른 기대치가 존재한다는 입장

- 내용이론 : 욕구충족 → 동기유발
- 과정이론 : 욕구충족 → 개인의 기대치 충족 → 동기유발

(2) V. Vroom의 기대이론(VIE이론 : 동기부여의 힘=기대·Σ(도구성·유인가))
① 개념
  ㉠ 기대감(Expectancy) : 자신의 노력이 일정한 수준의 성과를 달성한다는 기대(0~1)
  ㉡ 수단성(Instrumentality) : 성과가 보상을 가져올 주관적 확률판단(0~1, -1~1)
  ㉢ 유의성(Valence) : 보상에 대한 주관적 가치판단(10점 척도, 5점 척도)

---

10) 머레이와 모건(Murray & Morgan)이 고안. 모호한 대상을 지각하는 과정에는 개인 특유의 심리적인 과정이 포함되어 독특한 해석을 도출하게 된다는 이론적 입장에서 출발. 통각(Apperception)이란 지각에 대한 의미 있는 해석을 말한다.

② 내용

각 요소 중 하나라도 0이 되면 전체 값이 0이 되어 동기부여가 안됨

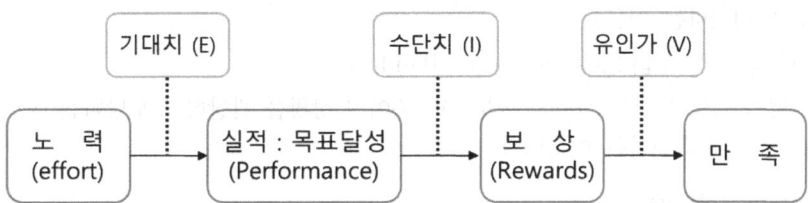

(3) Adams의 공정성(형평성) 이론
① 개념
㉠ 처우의 공평성은 자신의 투입·산출을 준거인의 투입·산출과 주관적·상대적으로 비교하여 평가
㉡ 비율이 불균형하다고 생각되면 불공정성을 해소시키는 과정에서 개인의 동기가 형성됨. 대등한 경우 동기가 유발되지 않음
② 불형평성 해소
㉠ 투입 또는 산출을 변화시켜 조정
㉡ 투입과 산출에 대한 본인의 지각을 바꾸는 것
㉢ 자신과 타인의 투입-성과 간 불형평 상태에 어떤 요인이 영향을 주었을 거라는 등 해당 상황을 왜곡하여 해석하기도 한다.
㉣ 애초에 비교 대상이 되었던 타인을 다른 비교 대상으로 교체
㉤ 자신의 성과를 높이기 위하여 조직의 원칙에 반하는 비윤리적 행동도 불사할 수 있다.
㉥ 전직 등 조직 이동
③ 관리상 함의
공정한 보상의 중요성을 인식시켜 줌

(4) Locke의 목표설정 이론(goal-setting theory)

목표설정 이론(goal-setting theory)의 기본 전제는 명확하고 구체적이며 도전적인 목표를 설정하면 수행동기가 증가하여 더 높은 수준의 과업수행을 유발한다는 것이다.

(5) 학습(learning) 이론
① 행동주의적 학습
㉠ 고전적 조건화(classical conditioning) : Pavlov
조건화된 자극(예 종소리와 음식)에 의해 조건화된 반응(예 침의 분비)을 이끌어 내는 것이다.
㉡ 작동적·조작적 조건화(operant conditioning) : Skinner
행동의 결과를 조건화함으로써 행태적 반응을 유발하는 과정을 설명한다. Thorndike의 효과의 법칙에 근거

② 인지주의적 학습 : Tolman
외부자극보다는 인간의 내면적 욕구, 만족, 기대 등 자발적 인지(cognition)가 학습에 영향을 미친다는 이론이다.
③ 사회(인지)적 학습(social learning) : Bandura
사람의 행동은 다른 사람의 행동이나 주어진 상황을 관찰하고 모방하는 정신적 처리과정을 통해 학습된다는 이론이다.

(6) Skinner의 강화이론
① 의의
  ㉠ 행태변화에 초점을 둔 행태주의자들의 동기이론
  ㉡ 행동의 원인보다 결과에 초점
② 강화요인 종류

	조 건	행태적 반응
적극적 강화	원하는 상황(음식·급료·승진)	바람직한 행동 반복
소극적 강화(회피)	싫어하는 상황 제거(벌칙 제거)	
처 벌	싫어하는 상황 제공(벌칙, 해고)	바람직하지 않은 행동 제거
소 거	원하는 상황 제공 중단(급료인상철회)	

③ 조직에서의 강화일정

① 연속적 강화	• 행동이 일어날 때마다 강화 요인을 제공 초기 단계의 학습에서 바람직한 행동의 빈도를 늘리는 데 효과적 • 강화 요인이 제거되면, 강화 효과 역시 빨리 소멸됨
② 고정간격 강화	• 부하의 행동이 얼마나 발생하든 미리 결정되어 있는 일정한 간격으로 강화 요인을 제공 • 매월 25일에 봉급을 주는 것
③ 변동간격 강화	• 강화 요인을 사용하는 시기에 일정한 간격을 두지 않고 변동적인 간격으로 강화 요인을 사용 • 칭찬·인정 같은 적극적 강화 요인과 회피 같은 부정적 강화 요인을 사용할 때에는 효과적
④ 고정비율 강화	• 행동의 일정 비율에 의해 강화 요인을 제공하는 것 • 생산량에 비례하여 임금을 지급하는 성과급제 • 일반적으로 바람직한 행동을 유지시키는 데 효과적
⑤ 변동비율 강화	• 강화 요인을 제공하는 데 필요한 행동의 횟수가 시간에 따라 변화하는 것 • 불규칙한 횟수의 행동이 나타났을 때 강화 요인을 제공(예 카지노의 슬롯머신) • 강화 요인을 제공하는 사이의 시간 간격을 너무 길게 하지 않게 해서 부하들의 사기가 떨어지지 않도록 배려할 필요

(7) E. Deci의 인지평가이론(cognitive evaluation theory)
   ① 내재적 보상(예 하는 일에 대한 만족감과 성취감)과 외재적 보상(외부에서 주어지는 보상)으로 구분한다.
   ② 어떤 직무가 내재적으로 동기가 유발되어 있는 경우 외적 보상이 주어지면 내재적 동기가 감소된다고 본다.

(8) Deci & Ryan의 자기결정이론(self-determination theory)
   ① 의의
      ㉠ 자기결정이론은 동기를 내적 동기와 외적 동기로 구분하고, 내적 동기가 더 강력하고 지속적이며, 더 긍정적인 결과를 초래한다고 주장한다.
      ㉡ 내적(intrinsic) 동기는 내부적으로 느끼는 즐거움, 자기 계발, 자기만족 등으로 행동을 이끌어 낸다.
      ㉢ 외적(extrinsic) 동기는 외부적인 보상, 인정, 경쟁 등의 요소로 행동을 동기부여를 한다.
   ② 내적 동기에 영향을 미치는 세 가지 기본욕구
      ㉠ 자율성(autonomy) : 업무에 대한 최종결정권을 가지고 있다고 느끼는 정도
      ㉡ 유능성(competence) : 업무에 대해 자신이 능력이 있다고 느끼는 정도
      ㉢ 관계성(relatedness) : 업무에서 다른 사람과 연결되어있고, 소속되어있다고 느끼는 정도
   ③ 내용
      이 세 가지 욕구가 충족될 때 내적 동기가 높아지고, 노력에 대한 방향, 강도, 지속이 높아진다.

(9) 자기조절이론(self-regulation theory)
   ① 개인이 행위의 주체로서 목표를 달성하기 위하여 주도적인 역할(스스로 목표 설정 및 피드백을 받고자 노력)을 한다고 주장한다.
   ② 자기효능감[11]이 긍정적인 결과를 초래할지 아니면 부정적인 결과를 초래할지에 대한 문제를 이해하는데 도움을 주는 이론이다.
   ③ 피드백의 결과 목표달성을 위한 바람직한 상태와 현재 상태간에 차이가 없는 경우 자기효능감을 가지게 되고 자신감을 느낀다. 반대로 차이가 큰 경우 자신감이 줄어들고 목표를 수정하게 된다는 것이다.

---

[11] 성공적으로 수행할 수 있다는 자신의 능력에 대한 믿음을 말한다.

Topic 08 관련 기출 문제

01 동기에 관한 이론적 접근 중에서 앨더퍼(C. Alderfer)의 ERG이론이 해당되는 것은? `2025년`
① 행동적 이론(behavioral theory)
② 인지과정 이론(cognitive process theory)
③ 욕구기반 이론(need-based theory)
④ 자기결정 이론(self-determination theory)
⑤ 직무기반 이론(job-based theory)

정답 ③
해설 ③ (O) 욕구기반 이론(need-based theory) : 매슬로우, 앨더퍼, 맥클랜드
① (X) 행동적 이론(behavioral theory) : 학습이론, 강화이론
② (X) 인지과정 이론(cognitive process theory) : 공정성 이론, 기대 이론, 목표설정 이론
④ (X) 자기결정 이론(self-determination theory) : Deci의 인지평가이론
⑤ (X) 직무기반 이론(job-based theory) : 2요인 이론, 직무특성모형

02 브룸(Vroom)은 직무동기의 힘을 3가지 인지적 요소들에 의한 함수관계로 정의하였다. 다음 공식의 a와 b에 들어갈 요소를 순서대로 나열한 것은? `2014년`

$$\text{직무동기의 힘} = \text{기대} \times \sum_{1}^{n}(a \times b)$$

① 기대, 유인가　　② 기대, 도구성
③ 공정성, 유인가　　④ 공정성, 도구성
⑤ 유인가, 도구성

정답 ⑤

03 브룸(V. Vroom)의 기대 이론(expectancy theory)에서 일정 수준의 행동이나 수행이 결과적으로 어떤 성과를 가져올 것이라는 믿음을 나타내는 것은? `2023년`
① 기대(expectancy) ② 방향(direction)
③ 도구성(instrumentality) ④ 강도(intensity)
⑤ 유인가(valence)

정답 ①

---

04 아담스(J. Adams)의 공정성이론에서 투입과 산출의 내용 중 투입이 <u>아닌</u> 것은? `2023년`
① 시간 ② 노력
③ 임금 ④ 경험
⑤ 창의성

정답 ③
해설 ③ (×) 임금은 산출(output)에 해당한다. 기타 산출로는 승진, 인정, 복리후생 등이 있다.

---

05 동기부여이론에 관한 설명으로 옳지 <u>않은</u> 것은? `2015년`
① 데시(E. Deci)의 인지평가이론에 의하면 외재적 보상이 주어지면 내재적 동기가 증가된다.
② 로크(E. Locke)의 목표설정이론에 의하면 목표가 종업원들의 동기유발에 영향을 미치며, 피드백이 주어지지 않을 때 보다는 피드백이 주어질 때 성과가 높다.
③ 엘더퍼(C. Alderfer)의 ERG이론은 매슬로우(A. Maslow)의 욕구단계이론과 달리 좌절-퇴행 개념을 도입하였다.
④ 브룸(V. Vroom)의 기대이론에 의하면 종업원의 직무수행 성과를 정확하고 공정하게 측정하는 것은 수단성을 높이는 방법이다.
⑤ 아담스(J. Adams)의 공정성이론에 의하면 종업원은 자신과 준거집단이나 준거인물의 투입과 산출 비율을 비교하여 불공정하다고 지각하게 될 때 공정성을 이루는 방향으로 동기유발된다.

정답 ①
해설 ① (×) 데시(E. Deci)의 인지평가이론에 의하면 외재적 보상(금전)이 주어지면 내재적 동기가 감소한다.

06 종업원은 흔히 투입과 이로부터 얻게 되는 성과를 다른 종업원과 비교하게 된다. 그 결과, 과소보상으로 인한 불형평 상태가 지각되었을 때, 아담스의 형평이론에서 예측하는 종업원의 후속 반응에 관한 설명으로 옳지 않은 것은?   2016년
① 현재의 상황을 형평 상태로 되돌리기 위하여 자신의 투입을 낮출 것이다.
② 자신의 성과를 높이기 위하여 조직의 원칙에 반하는 비윤리적 행동도 불사할 수 있다.
③ 자신과 타인의 투입-성과 간 불형평 상태에 어떤 요인이 영향을 주었을 거라는 등 해당 상황을 왜곡하여 해석하기도 한다.
④ 애초에 비교 대상이 되었던 타인을 다른 비교 대상으로 교체할 수 있다.
⑤ 개인의 '형평민감성'이 높고 낮음에 관계없이 형평 상태로 되돌리려는 행동에서 차이가 없다.

> **정답** ⑤
> **해설** ⑤ (×) 개인의 '형평민감성'이 높고 낮음에 관계가 있으며, 형평 상태로 되돌리려는 행동에서 차이가 있다.

07 동기부여이론에 관한 설명으로 옳지 않은 것은?   2017년
① 동기부여이론을 내용이론과 과정이론으로 구분할 때 알더퍼(C. Alderfer)의 ERG이론은 내용이론이다.
② 맥클랜드(D. McClelland)의 성취동기이론에서 성취욕구를 측정하기에 가장 적합한 것은 TAT(주제통각검사)이다.
③ 허츠버그(F. Herzberg)의 이요인이론에 따르면, 동기유발이 되기 위해서는 동기요인은 충족시키고, 위생요인은 제거해 주어야 한다.
④ 브룸(V. Vroom)의 기대이론은 기대감, 수단성, 유의성에 의해 노력의 강도가 결정되는데 이들 중 하나라도 0이면 동기부여가 안된다고 한다.
⑤ 아담스(J. Adams)는 페스팅거(L. Festinger)의 인지부조화 이론을 동기유발과 연관시켜서 공정성이론을 체계화하였다.

> **정답** ③
> **해설** ③ (×) 동기유발이 되기 위해서는 동기요인은 충족시키고, 또한 위생요인도 충족되어야 한다. 위생요인은 동기유발이 되기 위한 전제조건이다.

08 작업동기이론에 관한 설명으로 옳지 <u>않은</u> 것은? <small>2017년</small>
① 기대이론(expectancy theory)은 다른 사람들 간의 동기의 정도를 예측하는 것보다는 한 사람이 서로 다양한 과업에 기울이는 노력의 수준을 예측하는데 유용하다.
② 형평이론(equity theory)에 따르면 개인마다 형평에 대한 선호도에 차이가 있으며, 이러한 형평 민감성은 사람들이 불형평에 직면하였을 때 어떤 행동을 취할지를 예측한다.
③ 목표설정이론(goal-setting theory)에 따르면 목표가 어려울수록 수행은 더욱 좋아질 가능성이 크지만, 직무가 복잡하고 목표의 수가 다수인 경우에는 수행이 낮아진다.
④ 자기조절이론(self-regulation theory)에서는 개인이 행위의 주체로서 목표를 달성하기 위하여 주도적인 역할을 한다고 주장한다.
⑤ 자기결정이론(self-determination theory)은 자기효능감이 긍정적인 결과를 초래할지 아니면 부정적인 결과를 초래할지에 대한 문제를 이해하는데 도움을 주는 이론이다.

정답 ⑤
해설 ⑤ (×) 자기조절이론에 관한 설명이다.

09 목표설정 이론(goal setting theory)에서 종업원의 직무수행을 향상시킬 수 있는 요인들을 모두 고른 것은? <small>2018년</small>

ㄱ. 도전적인 목표	ㄴ. 구체적인 목표
ㄷ. 종업원의 목표 수용	ㄹ. 목표 달성 과정에 대한 피드백

① ㄱ, ㄹ
② ㄴ, ㄷ
③ ㄱ, ㄴ, ㄹ
④ ㄴ, ㄷ, ㄹ
⑤ ㄱ, ㄴ, ㄷ, ㄹ

정답 ⑤

10 해크만(J. Hackman)과 올드햄(G. Oldham)이 제시한 직무특성모델(job characteristic model)에서 5가지 핵심직무차원(core job dimensions)에 포함되지 <u>않는</u> 것은? <small>2018년</small>
① 기술다양성(skill variety)
② 성장욕구(growth need)
③ 과업정체성(task identity)
④ 자율성(autonomy)
⑤ 피드백(feedback)

정답 ②

11 해크만(J. Hackman)과 올드햄(G. Oldham)의 직무특성 이론은 5개의 핵심직무특성이 중요 심리상태라고 불리는 다음 단계와 직접적으로 연결된다고 주장하는데, '일의 의미감(meaningfulness) 경험'이라는 심리상태와 관련 있는 직무특성을 모두 고른 것은? 2023년

ㄱ. 기술 다양성 ㄴ. 과제 피드백
ㄷ. 과제 정체성 ㄹ. 자율성
ㅁ. 과제 중요성

① ㄱ, ㄷ ② ㄱ, ㄷ, ㅁ
③ ㄴ, ㄹ, ㅁ ④ ㄷ, ㄹ, ㅁ
⑤ ㄴ, ㄷ, ㄹ, ㅁ

정답 ②
해설

일의 의미감 경험 (meaningfulness)	• 자신의 일이 가치있고 중요하다고 느끼는 정도 • 기술 다양성, 과업 정체성, 과제 중요성의 영향을 받음
경험적 책임감 (experienced responsibility)	• 작업성과에 대해 개인적 책임감을 느끼는 정도 • 자율성의 영향을 받음
결과에 대한 지식 (knowledge of results)	• 자신의 직무수행 성과가 어떠한지 아는 정도 • 피드백의 영향을 받음

12 해크만과 올드햄(J. Hackman & Oldham)이 제시한 직무특성모형에서 작업성과에 대한 경험적 책임(experienced responsibility)에 영향을 미치는 핵심직무차원은? 2025년

① 자율성 ② 피드백
③ 과업정체성 ④ 과업의 결합
⑤ 종업원의 성장욕구

정답 ①
해설 ① (○) 자율성이 높을수록 직원은 업무 결과에 대한 개인적인 책임감을 더 크게 느끼게 된다.

13 허즈버그(F. Herzberg)가 제시한 2요인 이론(two factor theory)에서 동기부여요인(motivators)에 포함되지 않는 것은? 2018년
① 성취(achievement)
② 임금(wage)
③ 책임(responsibility)
④ 성장(growth)
⑤ 인정(recognition)

> **정답** ②
> **해설** ② (×) 임금은 위생요인에 해당한다.

14 홍길동이 A회사에 입사한 후 3년이 지났다. 홍길동이 그 동안 있었던 승진자들을 살펴보니 모두 뛰어난 업적을 보인 사람들이었다. 이에 홍길동은 자신도 뛰어난 성과를 보여 승진하겠다는 결심을 하고 지속적으로 열심히 노력하였다. 이 경우 홍길동과 관련된 학습이론은? 2018년
① 사회적 학습(social learning)
② 조직적 학습(organizational learning)
③ 고전적 조건화(classical conditioning)
④ 작동적 조건화(operant conditioning)
⑤ 액션 러닝(action learning)

> **정답** ①
> **해설** ① (○) 사회적 학습은 사람의 행동은 다른 사람의 행동이나 주어진 상황을 관찰하고 모방하는 정신적 처리과정을 통해 학습된다는 이론이다. 설문에서 홍길동은 그동안 있었던 승진자들을 살펴보고 (관찰) 자신도 뛰어난 성과를 보이겠다는 결심(모방)을 하였다.
> ⑤ (×) 액션 러닝(action learning): 행동을 통한 학습(learning by doing) 관점에 기반하여, 경영현장에서 실제로 겪을 수 있는 다양한 사례들에 대하여 가상적인 의사결정과 문제해결절차를 경험하게 함으로써 다양한 이슈와 문제에 대한 대응능력을 키우는 것을 목표로 하는 훈련기법이다.

15 매슬로우(A. Maslow)의 욕구단계이론 중 자아실현욕구를 조직행동에 적용한 것은? 2019년
① 도전적 과업 및 창의적 역할 부여
② 타인의 인정 및 칭찬
③ 화해와 친목분위기 조성 및 우호적인 작업팀 결성
④ 안전한 작업조건 조성 및 고용 보장
⑤ 냉난방 시설 및 사내식당 운영

> **정답** ①

16 동기부여 이론에 관한 설명으로 옳은 것을 모두 고른 것은? [2020년]

> ㄱ. 매슬로우(A. Maslow)의 욕구 5단계이론에서 가장 상위계층의 욕구는 자기가 원하는 집단에 소속되어 우의와 애정을 갖고자 하는 사회적 욕구이다.
> ㄴ. 허츠버그(F. Herzberg)의 2요인이론에서 급여와 복리후생은 동기요인에 해당한다.
> ㄷ. 맥그리거(D. McGregor)의 X이론에 의하면 사람은 엄격한 지시·명령으로 통제되어야 조직 목표를 달성할 수 있다.
> ㄹ. 맥클랜드(D. McClelland)는 주제통각시험(TAT)을 이용하여 사람의 욕구를 성취욕구, 권력욕구, 친교욕구로 구분하였다.

① ㄱ, ㄴ
② ㄱ, ㄹ
③ ㄷ, ㄹ
④ ㄱ, ㄴ, ㄷ
⑤ ㄴ, ㄷ, ㄹ

정답 ③
해설 ㄱ. (×) 가장 상위계층의 욕구는 자아실현욕구이다.
ㄴ. (×) 급여와 복리후생은 위생요인에 해당한다.

17 자기결정이론(self-determination theory)에서 내적동기에 영향을 미치는 세 가지 기본욕구를 모두 고른 것은? [2021년]

> ㄱ. 자율성   ㄴ. 관계성   ㄷ. 통제성
> ㄹ. 유능성   ㅁ. 소속성

① ㄱ, ㄴ, ㄷ
② ㄱ, ㄴ, ㄹ
③ ㄱ, ㄷ, ㅁ
④ ㄴ, ㄷ, ㅁ
⑤ ㄷ, ㄹ, ㅁ

정답 ②

18 작업동기 이론에 관한 설명으로 옳은 것을 모두 고른 것은? `2022년`

> ㄱ. 기대 이론(expectancy theory)에서 노력이 수행을 이끌어 낼 것이라는 믿음을 도구성(instrumentality)이라고 한다.
> ㄴ. 형평 이론(equity theory)에 의하면 개인이 자신의 투입에 대한 성과의 비율과 다른 사람의 투입에 대한 성과의 비율이 일치하지 않는다고 느낀다면 이러한 불형평을 줄이기 위해 동기가 발생한다.
> ㄷ. 목표설정 이론(goal-setting theory)의 기본 전제는 명확하고 구체적이며 도전적인 목표를 설정하면 수행동기가 증가하여 더 높은 수준의 과업수행을 유발한다는 것이다.
> ㄹ. 작업설계 이론(work design theory)은 열심히 노력하도록 만드는 직무의 차원이나 특성에 관한 이론으로, 직무를 적절하게 설계하면 작업 자체가 개인의 동기를 촉진할 수 있다고 주장한다.
> ㅁ. 2요인 이론(two-factor theory)은 동기가 외부의 보상이나 직무 조건으로부터 발생하는 것이지 직무 자체의 본질에서 발생하는 것이 아니라고 주장한다.

① ㄱ, ㄴ, ㅁ
② ㄱ, ㄷ, ㄹ
③ ㄴ, ㄷ, ㄹ
④ ㄴ, ㄹ, ㅁ
⑤ ㄷ, ㄹ, ㅁ

정답 ③
해설 ㄱ. (×) 기대치(E)에 관한 설명이다.
ㅁ. (×) 2요인 이론(two-factor theory)은 동기가 외부의 보상이나 직무 조건으로부터 발생하는 것이 아니라 직무 자체의 본질에서 발생하는 것이라고 주장한다.

19 내적(intrinsic) 동기와 외적(extrinsic) 동기의 특징과 관계를 체계적으로 다루는 동기이론으로 옳은 것은? `2024년`

① 앨더퍼(Alderfer)의 ERG이론
② 아담스(Adams)의 형평이론(equity theory)
③ 로크(Locke)의 목표설정이론(goal-setting theory)
④ 맥클레란드(McClelland)의 성취동기이론(need for achievement theory)
⑤ 리안(Ryan)과 디시(Deci)의 자기결정이론(self-determination theory)

정답 ⑤
해설 ⑤ (○)

Topic 09 산업재해

1 산업재해 발생 이론

(1) 하인리히(H. Heinrich)의 연쇄성 이론(도미노 이론)
① 산업재해는 사고를 일으키는 여러 요인들의 순차적 연쇄 반응에 의해 발생[1(대형사고) : 29(작은사고) : 300(사소한 징후)의 법칙]
② 사고를 예방하는 방법은 연쇄적으로 발생하는 사고원인들 중에서 어떤 원인(3단계 원인)을 제거하여 연쇄적인 반응을 막는 것이다.
③ 사고를 촉발시키는 도미노 중에서 불안전상태와 불안전행동을 가장 중요한 것으로 본다.
④ 재해의 직접적인 원인은 불안전행동과 불안전상태를 유발하거나 방치한 전술적 오류에서 비롯된다고 보았다.

1단계	2단계	3단계	4단계	5단계
유전적 요인과 성장 과정(사회적 환경)	개인적 결함 성격 결함 개성 결함	불안전상태(10%)와 불안전행동(88%)	사고	상해 재해
선천적 결함	간접적인 원인	직접적인 원인		

(2) 버드(F. Bird)의 수정된 도미노 이론
① 하인리히(H. Heinrich)의 도미노 이론을 수정한 이론으로, 사고 발생의 근본적 원인을 관리 부족이라고 본다.
② 재해는 관리부족, 기본원인, 직접원인, 사고가 연쇄적으로 발생하면서 일어나는 것으로 보았다.

1단계	2단계	3단계	4단계	5단계
통제(관리, 경영) 부족	기본 원인	직접 원인 (징후)	사고	상해 손실 손실
근본적 원인	기원, 원이론			

(3) 애덤스(E. Adams)의 사고연쇄반응 이론

1단계	2단계	3단계	4단계	5단계
관리구조의 결함(부재)	작전적 에러	전술적 에러 (불안전 행동 및 상태)	사고	상해 손해

① 작전적 에러는 관리자의 의사결정이 그릇되거나 잘못된 행동으로 인한 것이다.

② 불안전행동과 불안전상태(전술적 에러)를 유발하거나 방치하는 오류는 재해의 직접적인 원인이다.
③ 사고와 상해는 우연적 관계로 존재한다.

(4) 리전(J. Reason)의 스위스 치즈 모델
① 스위스 치즈 조각들에 뚫려 있는 구멍들이 모두 관통되는 것처럼 모든 요소의 불안전이 겹쳐져서 산업재해가 발생한다는 이론이다.
② 사고나 재해는 사고를 낸 당사자나 사고발생 당시의 불안전행동, 그리고 불안전행동을 유발하는 조건과 감독의 불안전 등이 동시에 나타날 때 발생한다.
③ 치즈슬라이스 한겹만이라도 구멍이 없다면 빛이 통과하지 못하므로, 사고나 재해는 하나의 안전요소나 방호장치만 제대로 작동해도 막을 수 있다는 중요한 의미를 갖고 있다.

(5) 하돈(W. Haddon)의 매트릭스(matrix) 모델
① 사고와 관련된 4가지 요인 : 사람(host), 원인인자(agent), 물리적 환경, 사회적 환경
② 사고 예방을 위하여 사고전, 사고당시, 사고후 3가지 상황에서 피해를 최소화하기 위한 영역들을 분석하기 위한 틀을 활용

(6) 적응긴장이론
① 작업자의 긴장 수준이 지나치게 높을 때, 사고가 일어나기 쉽고 작업 수행의 질도 떨어지게 된다는 것이 핵심이다.
② 소음, 조명 등으로 인한 부적응의 결과로 심리적 긴장이 나타난다.

(7) 주의이완 이론
작업자의 주의력이 저하하거나 약화될 때 작업의 질은 떨어지고 오류가 발생해서 사고나 재해가 유발되기 쉽다.

(8) Albert Ellis의 ABC행동이론
개인은 선행사건(Activating Event; 직장에서의 해고 등 부정적 사건)이 발생하면 자신의 신념체계(Belief system; 합리적 신념 혹은 비합리적 신념, 직장에 대한 삶의 의미부여)를 매개로 하여 지각하고, 가치관에 따라 평가하며, 이로 인해 어떠한 행동적인 결과(Consequence; 불안, 우울)를 초래한다는 것이다.

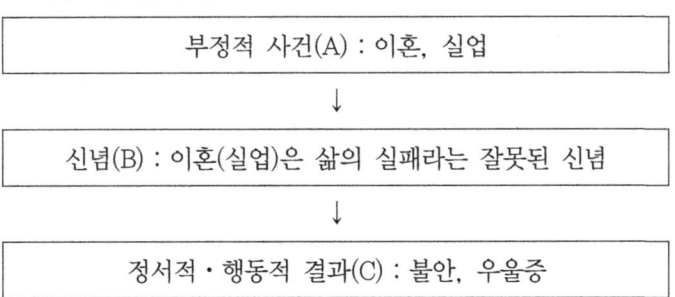

2 산업재해의 발생원인

(1) **물리적 환경 요인**
  작업환경, 작업시간, 조명, 온도, 장비, 설비, 설계 등

(2) **인적 요인**
  인간의 지능, 건강, 신체조건, 피로도, 근로경험, 연령, 성격 등

Topic 09 관련 기출 문제

01 직장내 안전사고와 관련된 요인에 관한 설명으로 옳지 않은 것은? `2014년`
① 일을 수행하는데 안전을 위한 단계를 지켜야 한다는 종업원의 공유된 지각이 필요하다.
② 성격 5요인(Big-five) 중에서 성실성은 안전사고와 관련된다.
③ 직무만족이 높을수록 안전사고가 감소한다.
④ 일과 무관한 개인적 스트레스 요인은 안전사고에 영향을 주지 않는다.
⑤ 시간급보다 생산성에 따라 급여를 받는 능률급은 안전을 더 저해하는 요인으로 작용할 수 있다.

> **정답** ④
> **해설** ④ (×) 일과 무관한 개인적 스트레스 요인(예 부부싸움)도 안전사고에 영향을 준다.
> ② (○) 성격특성 중 성실성(계획적이고, 효율적이고, 목표달성을 중요시하는 등의 특성)이 높을수록, 작업 시 안전하게 행동하고, 사고도 덜 경험한다고 알려져 있다. 반대로 외향적인 사람들은 내향적인 사람들보다 사고를 더 많이 경험한다.
> ⑤ (○) 시간을 때우면서 일하는 것보다(시간급), 일을 더 한만큼 보수를 받게 되면(능률급) 더 많은 일을 빨리 하려고 하기 때문이다.

02 하인리히(H. Heinrich)의 연쇄성 이론에 관한 설명으로 옳지 않은 것은? `2018년`
① 연쇄성 이론은 도미노 이론이라고 불리기도 한다.
② 사고를 예방하는 방법은 연쇄적으로 발생하는 사고원인들 중에서 어떤 원인을 제거하여 연쇄적인 반응을 막는 것이다.
③ 연쇄성 이론에 의하면 5개의 도미노가 있다.
④ 사고 발생의 직접적인 원인은 불안전한 행동과 불안전한 상태다.
⑤ 연쇄성 이론에서 첫 번째 도미노는 개인적 결함이다.

> **정답** ⑤
> **해설** ⑤ (×) 연쇄성 이론에서 첫 번째 도미노는 선천적 결함이다.

03 다음 중 산업재해이론과 그 내용의 연결로 옳지 <u>않은</u> 것은? `2019년`

① 하인리히(H. Heinrich)의 도미노 이론 : 사고를 촉발시키는 도미노 중에서 불안전상태와 불안전행동을 가장 중요한 것으로 본다.
② 버드(F. Bird)의 수정된 도미노 이론 : 하인리히(H. Heinrich)의 도미노 이론을 수정한 이론으로, 사고 발생의 근본적 원인을 관리 부족이라고 본다.
③ 애덤스(E. Adams)의 사고연쇄반응 이론 : 불안전행동과 불안전상태를 유발하거나 방치하는 오류는 재해의 직접적인 원인이다.
④ 리전(J. Reason)의 스위스 치즈 모델 : 스위스 치즈 조각들에 뚫려 있는 구멍들이 모두 관통되는 것처럼 모든 요소의 불안전이 겹쳐서 산업재해가 발생한다는 이론이다.
⑤ 하돈(W. Haddon)의 매트릭스 모델 : 작업자의 긴장 수준이 지나치게 높을 때, 사고가 일어나기 쉽고 작업 수행의 질도 떨어지게 된다는 것이 핵심이다.

정답 ⑤
해설 ⑤ (×) 적응긴장이론에 관한 설명이다.

04 산업재해이론 중 아담스(E. Adams)의 사고연쇄 이론에 관한 설명으로 옳은 것은? `2023년`

① 관리구조의 결함, 전술적 오류, 관리기술 오류가 연속적으로 발생하게 되며 사고와 재해로 이어진다.
② 불안전상태와 불안전행동을 어떻게 조절하고 관리할 것인가에 관심을 가지고 위험해결을 위한 노력을 기울인다.
③ 긴장 수준이 지나치게 높은 작업자가 사고를 일으키기 쉽고 작업수행의 질도 떨어진다.
④ 작업자의 주의력이 저하하거나 약화될 때 작업의 질은 떨어지고 오류가 발생해서 사고나 재해가 유발되기 쉽다.
⑤ 사고나 재해는 사고를 낸 당사자나 사고발생 당시의 불안전행동, 그리고 불안전행동을 유발하는 조건과 감독의 불안전 등이 동시에 나타날 때 발생한다.

정답 ①, ②
해설 ③ (×) 적응긴장이론에 관한 설명이다.
④ (×) 주의이완 이론에 관한 설명이다.
⑤ (×) 스위스 치즈 이론에 관한 설명이다.

05 용접공이 작업 중에 보호안경을 쓰지 않으면 시력손상을 입는 산업재해가 발생한다. 용접공의 행동특성을 ABC행동이론(선행사건, 행동, 결과)에 근거하여 기술한 내용으로 옳은 것을 모두 고른 것은? `2020년`

> ㄱ. 보호안경을 착용하지 않으면 편리하다는 확실한 결과를 얻을 수 있다.
> ㄴ. 보호안경 착용으로 나타나는 예방효과는 안전행동에 결정적인 영향을 미친다.
> ㄷ. 미래의 불확실한 이득(시력보호)으로 보호안경의 착용 행위를 증가시키는 것은 어렵다.
> ㄹ. 모범적인 보호안경 착용자에게 공개적인 인센티브를 제공하여 위험행동을 감소하도록 유도한다.

① ㄱ, ㄷ
② ㄴ, ㄹ
③ ㄱ, ㄷ, ㄹ
④ ㄴ, ㄷ, ㄹ
⑤ ㄱ, ㄴ, ㄷ, ㄹ

정답 ①
해설 ㄱ, ㄷ. (ㅇ) ABC행동이론은 부정적 선행사건(A, 시력손상)을 전제로 하므로, ㄱ. '보호안경을 착용하지 않으면', ㄷ. '보호안경의 착용 …… 어렵다.'를 고르면 된다.

---

06 산업재해이론 중 하인리히(H. Heinrich)가 제시한 이론에 관한 설명으로 옳은 것은? `2021년`
① 매트릭스 모델(Matrix model)을 제안하였으며, 작업자의 긴장수준이 사고를 유발한다고 보았다.
② 사고의 원인이 어떻게 연쇄반응을 일으키는지 도미노(domino)를 이용하여 설명하였다.
③ 재해는 관리부족, 기본원인, 직접원인, 사고가 연쇄적으로 발생하면서 일어나는 것으로 보았다.
④ 재해의 직접적인 원인은 불안전행동과 불안전상태를 유발하거나 방치한 전술적 오류에서 비롯된다고 보았다.
⑤ 스위스 치즈 모델(Swiss cheese model)을 제시하였으며, 모든 요소의 불안전이 겹쳐져서 사고가 발생한다고 주장하였다.

정답 ②
해설 ① (×) 하돈(W. Haddon)이 매트릭스 모델(Matrix model)을 제안하였다.
③ (×) 버드(F. Bird)의 수정된 도미노 이론에 관한 설명이다.
④ (×) 애덤스(E. Adams)의 사고연쇄반응 이론에 관한 설명이다.
⑤ (×) 리즌(Reason)이 스위스 치즈 모델(Swiss cheese model)을 제시하였다.

07 산업재해의 인적 요인이라고 볼 수 없는 것은? <small>2022년</small>
① 작업 환경　　　　　　　　② 불안전행동
③ 인간 오류　　　　　　　　④ 사고 경향성
⑤ 직무 스트레스

> **정답** ①
> **해설** ① (×) 작업 환경은 인적 요인에 영향을 미치는 환경적 요인에 해당한다.

08 위험감수성(Danger Sensitivity)에 영향을 미치는 주된 요인으로 옳지 않은 것은? <small>2025년</small>
① 체험적 경험　　　　　　　② 인지적 정보
③ 지각적 경험　　　　　　　④ 교육적 정보
⑤ 정서적 경험

> **정답** 모두 정답
> **해설** ① (○) 체험적 경험 : 과거에 경험한 사고나 위험 상황은 미래의 위험을 인지하고 반응하는 방식에 직접적인 영향을 미친다.
> ② (○) 인지적 정보 : 위험에 관련된 지식과 정보를 바탕으로 상황을 판단하고 위험의 정도를 평가하는 것이다.
> ③ (○) 지각적 경험 : 감각을 통해 위험을 인식하는 것이다(시각, 청각 등).
> ④ (○) 교육적 정보 : 반복된 안전 교육, 체험형 학습을 통해 습득한 위험 정보를 말한다.
> ⑤ (○) 정서적 경험 : 공포, 불안정서와 같은 감정적 요인은 위험 상황에 대한 반응에 영향을 미친다.

Topic 10 휴먼에러

1 개념

시스템의 성능, 안전 또는 효율을 저하시키거나 감소시킬 잠재력을 갖고 있는 부적절하거나 원치 않는 인간의 결정이나 행동을 말한다. 어떤 허용범위를 벗어난 일련의 인간동작 중의 하나를 의미한다.

2 유형

(1) 행위(behavior)적 관점 : A. Swain & H. Cuttmann
  ① 생략·누락오류(omission error) : 작업자가 태만으로 필요한 업무를 수행하지 않을 때 발생하는 오류, 보수나 유지 작업에서 자주 발생(예 자동차 실내등→방전)
  ② 시간오류(timing error) : 업무를 정해진 시간보다 너무 빠르게 혹은 늦게 수행했을 때 발생하는 오류(예 자동차로 회사 도착 → 지각처리)
  ③ 순서오류(sequence error) : 업무의 순서를 잘못 이해했을 때 발생하는 오류(예 사이드 브레이크를 내리지 않고 액셀 밟음)
  ④ 실행·작위오류(commission error) : 수행해야 할 업무를 부정확하게 수행하기 때문에 생겨나는 오류(예 주차금지 구역에 주차→스티커 발부)
  ⑤ 부가오류(extraneous error) : 불필요한 절차를 수행하는 경우에 생기는 오류(예 운전 중 창문 밖으로 손을 내밀어 다침)

(2) 원인(cause)에 의한 분류 : Reason
  ① primary error : 작업자로부터 발생한 오류(안전교육으로 예방)
  ② secondary error : 작업형태, 작업조건 중에 문제가 발생하여 필요한 직무나 절차를 수행할 수 없는 오류
  ③ command error : 작업자가 움직이려 해도 움직일 수 없어 발생한 오류(정보, 에너지, 자재 공급이 미흡)

(3) Reason의 불안전한 행동
  ① 의도적인 경우, ② 비의도적인 경우

불안전한 행동			
비의도적 행동		의도적 행동	
숙련기반에러		착오(mistake)	고의(violation)
실수(slip)	건망중(lapse)	규칙기반착오 지식기반착오	

③ 실수(slip)
　㉠ 의도하지 않았고 어떤 기준에 맞지 않는 것이다.
　㉡ 상황이나 목표해석을 제대로 하였으나 의도와는 다른 행동
④ 건망증, 망각(lapse)12)
　㉠ 단기 기억의 기능 실패
　㉡ 순간 정비 불량
⑤ 착오・실책(mistake)
　㉠ 부적절한 의도(계획)에서 발생한다.
　㉡ 외국 도로 표지판 이해 못함
⑥ 위반(violation)
　㉠ 고의성 있는 위험한 행동이다(예 사보타주 행위).
　㉡ 작업수행방법과 절차를 알고 있으면서도 의식적으로 따르지 않은 것

(4) Reason의 정보처리 모형
사람들의 오류를 분석하고 심리수준에서 구체적으로 설명할 수 있는 모델이며 욕구체계, 기억체계, 의도체계, 행위체계가 존재한다.

(5) Rasmussen의 모델
① 숙련기반행동(skill-based error)
　㉠ 무의식에 의한 행동, 행동 패턴에 의한 자동적 행동
　㉡ 대부분 실행과정에서의 에러(운전 중 딴 생각)
② 규칙기반행동(rule-based error)
　㉠ 친숙한 상황에 적용, 저장된 규칙을 적용하는 행동
　㉡ 상황을 잘못 인식하여 에러 발생(주말 고속도로 전용 차선 운행 금지 시간 착오)
③ 지식기반행동(knowledge-based error)
　㉠ 생소하고 특수한 상황에서 나타나는 행동(외국의 생소한 신호체계)
　㉡ 부적절한 추론이나 의사결정에 의해 에러 발생

(6) 정보처리과정 : Wickens
① 입력 오류(input error) : 외부정보를 받아들이는 과정에서 인간의 감각기능의 한계로 인한 오류
② 정보처리 오류 : 정보처리 과정에서 기억, 추론, 판단상의 오류
③ 출력 오류(output error) : 신체적 반응에서 제대로 수행하지 못함으로 인한 오류
④ 피드백 오류(feedback error)
⑤ 의사결정 오류(decision making error)

---

12) mistake을 실책으로, lapse를 착오로 번역하는 학자도 있다.

(7) Rook의 분류
① 인간공학적 설계 에러, ② 제작 에러, ③ 검사 에러
④ 설치 및 보수 에러, ⑤ 조작 에러, ⑥ 취급 에러

(8) Norman의 스키마 지향성 이론(Schema-oriented Theory)
실수(slip)[13]의 기본적인 분류는 3가지 주제에 대한 것으로 의도형성에 따른 오류, 잘못된 활성화에 의한 오류, 잘못된 촉발에 의한 오류이다.
① 의도형성에 따른 오류 : 양식 오류(mode error), 휴대폰이 '비행기 모드'인데 전화 걸기 시도
② 잘못된 활성화에 의한 오류(activation error)
기존 지식체계의 의도치 않은 활성화는 기대하지 않은 행동이 발생하는 오류의 원인이 된다.
㉠ 포획 오류(capture error)
㉡ 연합 오류(associative error)
㉢ 연상활성화 오류(association activation error)
③ 잘못된 촉발에 의한 오류(triggering error)
잘못된 시기에 촉발되는 것이나 촉발되어야 할 때 촉발되지 못하는 것을 나타낸다(예 : 컴퓨터에서 파일을 저장(S)하려다가 닫기(X) 버튼을 눌러버리는 경우).

3 인간오류의 방지대책

(1) **배타설계**(exclusion design) : 오류를 범할 수 없도록 설계
(2) **보호설계**(preventive design) : 오류를 범하기 어렵도록 설계
(3) **안전설계**(fail-safe design) : 오류의 가능성은 감소시킬 수 없지만 그 결과를 감소시키도록 설계

---

[13] Norman은 mistake은 부적절한 의도에서 발생한 오류를, lapse는 예기지 않은 오류, slip은 고의성이 없는 오류라고 정의하였다. 따라서, 의도형성에 따른 오류는 mistake에 해당한다는 견해도 있다.

Topic 10 관련 기출 문제

01 행위적 관점에서 분류한 휴먼에러의 유형에 해당하는 것은? `2015년`
① 순서 오류(sequence error)
② 피드백 오류(feedback error)
③ 입력 오류(input error)
④ 의사결정 오류(decision making error)
⑤ 출력 오류(output error)

> **정답** ①
> **해설** ① (O) 나머지는 정보처리과정에 따른 유형에 해당한다.

02 휴먼에러(human error)에 관한 설명으로 옳은 것은? `2017년`
① 리전(J. Reason)의 휴먼에러 분류는 행위의 결과만을 보고 분류하므로 에러 분류가 비교적 쉽고 빠른 장점이 있다.
② 지식기반 착오(knowledge based mistake)는 무의식적 행동 관례 및 저장된 행동 양상에 의해 제어되는 것이다.
③ 라스무센(J. Rasmussen)은 인간의 불안전한 행동을 의도적인 경우와 비의도적인 경우로 구분하여 에러 유형을 분류하였다.
④ 누락오류, 작위오류, 시간오류, 순서오류는 원인적 분류에 해당하는 휴먼에러이다.
⑤ 스웨인(A. Swain)은 휴먼에러를 작업 완수에 필요한 행동과 불필요한 행동을 하는 과정에서 나타나는 에러로 나누었다.

> **정답** ⑤
> **해설** ① (×) 리전은 행위의 결과가 아니라, 불안전 행동(Unsafe act)을 의도의 유무와 원인을 토대로 네 가지로 분류하고 있다.
> ② (×) 숙련기반행동(skill-based error)에 관한 설명이다.
> ③ (×) Reason의 불안전한 행동(Unsafe act)에 관한 설명이다.
> ④ (×) A. Swain & H. Cuttmann의 행위(behavior)적 관점에 따른 분류이다.

03 휴먼에러 발생 원인을 설명하는 모델 중, 주로 익숙하지 않은 문제를 해결할 때 사용하는 모델이며 지름길을 사용하지 않고 상황파악, 정보수집, 의사결정, 실행의 모든 단계를 순차적으로 실행하는 방법은?　<small>2020년</small>
① 위반행동 모델(violation behavior model)
② 숙련기반행동 모델(skill-based behavior model)
③ 규칙기반행동 모델(rule-based behavior model)
④ 지식기반행동 모델(knowledge-based behavior model)
⑤ 일반화 에러 모형(generic error modeling system)

정답 ④

---

04 스웨인(A. Swain)과 커트맨(H. Cuttmann)이 구분한 인간오류(human error)의 유형에 관한 설명으로 옳지 않은 것은?　<small>2021년</small>
① 생략오류(omission error) : 부분으로는 옳으나 전체로는 틀린 것을 옳다고 주장하는 오류
② 시간오류(timing error) : 업무를 정해진 시간보다 너무 빠르게 혹은 늦게 수행했을 때 발생하는 오류
③ 순서오류(sequence error) : 업무의 순서를 잘못 이해했을 때 발생하는 오류
④ 실행오류(commission error) : 수행해야 할 업무를 부정확하게 수행하기 때문에 생겨나는 오류
⑤ 부가오류(extraneous error) : 불필요한 절차를 수행하는 경우에 생기는 오류

정답 ①
해설 ① (×) 생략오류는 작업자가 태만으로 필요한 업무를 수행하지 않을 때 발생하는 오류이다.

---

05 리전(J. Reason)의 불안전행동에 관한 설명으로 옳지 않은 것은?　<small>2022년</small>
① 위반(violation)은 고의성 있는 위험한 행동이다.
② 실책(mistake)은 부적절한 의도(계획)에서 발생한다.
③ 실수(slip)는 의도하지 않았고 어떤 기준에 맞지 않는 것이다.
④ 착오(lapse)는 의도를 가지고 실행한 행동이다.
⑤ 불안전행동 중에는 실제 행동으로 나타나지 않고 당사자만 인식하는 것도 있다.

정답 ④
해설 ④ (×) 착오(lapse)는 실수가 기억력을 포함하는 의도하지 않는 행동이다. 번역상으로 이견이 있으므로 영어를 기준으로 정답을 골라야 한다.

06 라스뮈센(J. Rasmussen)의 수행수준 이론에 관한 설명으로 옳은 것은? 2023년

① 실수(slip)의 기본적인 분류는 3가지 주제에 대한 것으로 의도형성에 따른 오류, 잘못된 활성화에 의한 오류, 잘못된 촉발에 의한 오류이다.
② 인간의 행동을 숙련(skill)에 바탕을 둔 행동, 규칙(rule)에 바탕을 둔 행동, 지식(knowledge)에 바탕을 둔 행동으로 분류한다.
③ 오류의 종류로 인간공학적 설계오류, 제작오류, 검사오류, 설치 및 보수오류, 조작오류, 취급오류를 제시한다.
④ 오류를 분류하는 방법으로 오류를 일으키는 원인에 의한 분류, 오류의 발생결과에 의한 분류, 오류가 발생하는 시스템 개발단계에 의한 분류가 있다.
⑤ 사람들의 오류를 분석하고 심리수준에서 구체적으로 설명할 수 있는 모델이며 욕구체계, 기억체계, 의도체계, 행위체계가 존재한다.

> **정답** ②
> **해설** ① (×) Norman의 스키마 지향성 이론(Schema-oriented Theory)에 관한 설명이다.
> ③ (×) Rook의 분류에 관한 설명이다.
> ④ (×) 특정학자가 아닌 전반적인 휴먼에러의 분류에 대한 내용이다.
> ⑤ (×) Reason의 정보처리 모형은 입력기능, 욕구체계, 기억체계, 의도체계, 행위체계, 출력체계로 구성되어 있다.

07 라스뮈센(Rasmussen)의 인간행동 분류에 관한 설명으로 옳은 것을 모두 고른 것은? 2024년

> ㄱ. 숙련기반행동(skill-based behavior)은 사람이 충분히 습득하여 자동적으로 하는 행동을 말한다.
> ㄴ. 지식기반행동(knowledge-based behavior)은 입력된 정보를 그때마다 의식적이고 체계적으로 처리해서 나타난 행동을 말한다.
> ㄷ. 규칙기반행동(rule based behavior)은 친숙하지 않은 상황에서 기억 속의 규칙에 기반한 무의식적 행동을 말한다.
> ㄹ. 수행기반행동(commission based behavior)은 다수의 시행착오를 통해 학습한 행동을 말한다.

① ㄱ, ㄴ
② ㄴ, ㄹ
③ ㄷ, ㄹ
④ ㄱ, ㄴ, ㄷ
⑤ ㄱ, ㄷ, ㄹ

정답 ①
해설 ㄷ. (×) 규칙기반행동(rule based behavior)은 친숙한 상황에서 기억 속의 규칙에 기반한 무의식적 행동을 말한다. '산소 농도 18% 이하인 밀폐된 공간에서 작업할 때는 공기 호흡기를 착용한다'와 같은 규칙을 적용해 개인보호구를 착용하는 행동을 예로 들 수 있다.
ㄹ. (×) 수행기반행동(commission based behavior)은 라스뮈센(Rasmussen)의 인간행동 분류에 해당하지 않는다.

08 스웨인(Swain)이 분류한 휴먼에러 유형에 해당하는 것을 모두 고른 것은? 2024년

ㄱ. 조작에러(performance error)
ㄴ. 시간에러(time error)
ㄷ. 위반에러(violation error)

① ㄱ
② ㄴ
③ ㄱ, ㄹ
④ ㄴ, ㄷ
⑤ ㄱ, ㄴ, ㄷ

정답 ②

09 노만(D. Norman)의 스키마 이론에서 실수(slip)의 기본적 분류에 해당하는 것을 모두 고른 것은? 2025년

ㄱ. 의도형성에 따른 오류
ㄴ. 잘못된 활성화에 의한 오류
ㄷ. 제어방식에 기인한 오류
ㄹ. 잘못된 촉발에 의한 오류

① ㄱ, ㄷ
② ㄴ, ㄹ
③ ㄱ, ㄴ, ㄷ
④ ㄱ, ㄴ, ㄹ
⑤ ㄴ, ㄷ, ㄹ

정답 ②, ④
해설 ㄱ. 문제에서 제시된 실수(slip)는 의도는 올바르지만 실행 단계에서 발생하는 오류를 의미한다. 의도 형성의 오류는 '실수(slip)'가 아니라 '착오(mistake)'에 가깝다. 따라서, ②가 더 정답에 가깝다.
ㄷ. (×) 노만의 기본 분류에는 포함되지 않으며, 다른 이론에서 언급될 수 있는 개념이다.

10 특정 상황과 부분적으로 결합되는 친근한 정보에 사로잡히면서 발생하는 인간 오류는? 2025년

① 포획 오류(capture error)
② 양식 오류(mode error)
③ 연합 오류(associative error)
④ 완료후 오류(post-completion error)
⑤ 연상활성화 오류(association activation error)

> **정답** ①, ③, ⑤
> **해설** ① (ㅇ) 포획 오류(capture error) : 평소 자주 하던 행동이 자동으로 발동되어 새로운 또는 비슷한 상황에서 의도와 다른 결과를 초래하는 경우이다(예 : 주말에 출근하지 않아도 되는데 평소 습관처럼 출근길로 나서는 경우).
> ③ (ㅇ) 연합 오류(associative error) : 연합 오류는 비슷한 자극이나 상황이 이전에 학습된 행동과 연합되어 잘못된 반응을 유발하는 오류이다(예 : 병원 간호사가 A병동 환자에게 약을 주려다, 이전 근무 때 자주 투약하던 B병동 환자 이름을 보고 약을 잘못 전달하는 경우).
> ⑤ (ㅇ) 연상활성화 오류(association activation error) : 현재 상황과 관련된 연상(association)이 무의식적으로 작동하여, 실제로 하려던 행동 대신 익숙하거나 관련 있는 행동이 자동으로 수행되는 것이다(예 : 출근길에 평소 습관대로 회사 방향으로 가다가 사실은 병원에 들러야 하는 날인데 그대로 회사로 가버림).
> ② (×) 양식 오류(mode error) : 사용자가 시스템이 현재 어떤 '양식(mode)'에 있는지를 잘못 인식하여, 의도한 조작이 아닌 다른 결과를 초래하는 오류를 말한다(예 : 사용자가 사진 모드인 줄 알고 셔터를 눌렀는데, 실제로는 동영상 모드여서 녹화가 시작됨).
> ④ (×) 완료후 오류(post-completion error) : 어떤 작업의 주요 목표가 완료된 후, 부수적이지만 요한 후속 단계(step)를 잊거나 수행하지 않는 오류를 말한다(예 : '돈 인출'이라는 주요 과업은 끝났으나, 카드를 챙기는 부수적 단계 누락).

Topic 11 인간의 정보처리

1 인간의 일반적인 정보처리 순서

(1) 자극(stimulus)

(2) 감각(sensing)

(3) 지각(perception) : 감각기관을 통해 들어온 정보를 기존의 기억된 정보 등과 비교해 의미를 알아차리는 과정. 선택-조직-해석의 과정

(4) 인지(cognition; 의사결정)

(5) 실행계획

(6) 반응(response)

> 1. 힉-하이만 법칙(Hick-Hyman law)
> 선택반응시간과 자극 정보량 사이의 선형함수 관계로 나타난다.
>
> 2. Weber의 법칙
> 10kg의 물체에 대한 무게 변화감지역(JND)이 1kg의 물체에 대한 무게 변화감지역보다 더 크다.

2 인간의 정보처리 능력

(1) 인간의 정보처리 능력은 단기기억에 대한 처리 능력을 의미하며, 절대식별 능력으로 조사한다.

(2) 절대식별이란 특정 부류에 속하는 신호가 단독으로 제시되었을 때 이를 식별할 수 있는 능력이다.

(3) 경로용량은 절대식별에 근거하여 정보를 신뢰성 있게 전달할 수 있는 최대용량이다.

(4) 단일 자극이 아니라 여러 차원을 조합하여 사용하는 경우에는 정보전달의 신뢰성이 **증가**한다.

(5) Weber의 법칙에 따르면 10kg의 물체에 대한 무게 변화감지역(JND, Just Noticeable Difference)[14]이 1kg의 물체에 대한 무게 변화감지역보다 더 크다.

3 주의력의 특성

(1) **선택성** : 주의력의 한계가 있어 주의력을 선택적으로 배분, 특정 소수에만 배분

---

[14] 자극 사이의 변화를 감지할 수 있는 최소 자극범위를 말한다.

(2) **방향성** : 주의의 초점이 존재해 그곳에는 주의수준이 높으나 주변으로는 거리가 멀어질수록 저하

(3) **변동성** : 주의력 수준의 고저가 주기적(40~50분)으로 변동, 장시간 주의력을 집중하지 못한다.

4 인간의 기억을 증진시키는 방법

(1) 단기기억의 용량은 덩이 만들기(chunking)[15]를 통해 확장할 수 있다.

(2) 감각기억에 있는 정보를 단기기억으로 이전하기 위해서는 주의가 필요하다.

(3) 가급적이면 절대식별을 **줄이는** 방향으로 설계하도록 한다.

(4) 밀러(Miller)에 의하면 인간의 절대적 판단에 의한 단일 자극의 판별범위는 보통 5~9가지이다(밀러의 매직넘버 7±2).

(5) 인간이 신뢰성 있게 정보를 전달할 수 있는 기억은 일반적으로 5가지 미만이다.

5 지각 : 착시현상

(1) **개념**

사물을 그대로 지각하는 것이 아니라 주변의 상황에 따라 실제 사물과 다르게 보이는 현상을 말한다.

(2) **종류**

① 크기 착시

㉠ 뮬러-라이어(Muller-Lyer) 착시 : 동일한 길이의 두 선분에서 양쪽끝 화살표의 방향이 달라짐에 따라 선분의 길이가 서로 다르게 지각되는 착시 현상

㉡ 폰조(Ponzo) 착시 : 평행한 두 선분은 동일한 길이임에도 불구하고 위의(멀리 있어 보이는) 선분이 더 길어 보이는 현상

㉢ 에빙하우스(Ebbinghaus) 착시, 티체너(Titchener) 착시현상 : 같은 크기의 원이지만 주의에 작은 원들로 둘러싸인 경우가 큰 원들로 둘러싸인 경우에 비해 커 보이는 현상 (예 몸이 마른 친구 옆에 있으면 더 살쪄 보이는 현상)

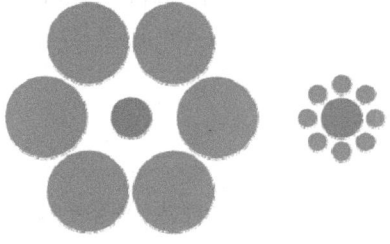

---

15) 인간의 기억용량의 한계를 극복하기 위하여 몇 가지 입력단위를 묶어서 새로운 기억단위로 암호화하는 것을 말한다.

② 델뵈프(Delboeuf) 착시 : 한 물체의 크기가 주변에 있는 다른 물체의 크기에 따라 다르게 보이는 시각적 착시 현상. 두 개의 검은 원이 크기는 동일하지만 오른쪽이 더 크게 보이는 현상

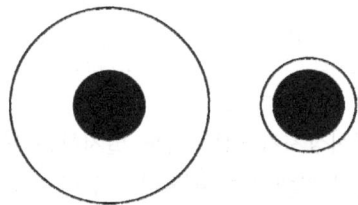

② 방향 착시
  ㉠ 포겐도르프(Poggendorf) 착시 : 한 개의 직선을 비스듬히 긋고 그 위에 직사각형을 세워 그려 사선을 차단하면, 차단된 직선은 동일한 직선이 아닌 것같이 보이는 현상
  ㉡ 쵤너(Zollner) 착시현상 : 평행하는 수직선들이 교차하는 사선으로 인하여 비스듬한 선 (휘어져 보이는 선)으로 보이는 현상

(3) 기타 종류
  ① 가현(파이)운동 착시 : 실제로는 움직이지 않는데도 불구하고 마치 움직이는 것처럼 느껴지는 심리적 현상을 말한다(예 영화, 네온사인 등).
  ② 유도운동 착시 : 예컨대, 기차역 플랫폼에서 다른 열차가 움직이는 것인데 본인이 타고 있는 열차가 반대 방향으로 움직이는 것처럼 느끼는 경우
  ③ 자동운동 착시 : 암실 내에서 정지되어 있는 광점을 놓고 한동안 응시하고 있으면, 광점이 움직이는 것처럼 착각하는 현상. 이는 야간에 불빛을 섬광으로 하는 이유이다.
  ④ 스트로보스코픽운동 착시 : 스트로보는 카메라의 플래쉬를 말한다. 약간 다른 영상을 연속적으로 보여 주면 움직임으로 착각

6 지각 : 조직과정

(1) 개념

선택된 대상은 게스탈트(gestalt; shape) 과정을 통해 조직화된다.

(2) 유형
  ① 근접성(proximity) : 시간과 공간 차원에서 근접해 있는 자극 요소들을 함께 묶어서 지각하는 경향
  ② 유사성(similarity) : 모양, 크기, 색깔이 비슷한 요소를 동일한 관계로 묶어 인식하려는 경향
  ③ 폐쇄성(closure) : 전체적인 맥락에서(기본의 지식을 토대로) 문자나 그림 등의 빠진 부분을 채워서 보는 지각 원리
  ④ 대칭성(symmetry) : 대칭적인 것은 안정감을 주기에 서로 대칭하는 형태를 그룹으로 나누어 인지함

⑤ 연속성(continuation) : 시각(청각, 움직임 등 포함)적인 형태를 받아들일 때 연속되는 형태를 하나의 그룹으로 인지함

7 표시장치의 양립성(compatibility)

(1) 개념
① 양립성은 인간의 인지기능과 기계의 표시장치가 어느 정도 일치하는가를 말한다.
② 양립성의 정도가 높을수록 학습이 더 빨리 진행되고, 반응시간이 더 짧아지며, 오류가 줄어들고, 정신적 부하가 감소된다.

(2) 종류
① 개념양립성 : 사람들이 가지고 있는 개념적 연상의 양립성(예 정수기 냉수와 온수를 색깔로 구분, 화장실 남녀 구분 등)
② 운동양립성 : 표시장치와 조종장치, 그리고 체계 반응의 운동 방향 간의 관련을 나타내는 것(예 자동차 핸들 방향, 라디오 음량 조절)
③ 공간양립성 : 특정한 표시장치, 조종장치에서 물리적 형태나 공간적인 배치의 양립성 (예 가스 레인지의 버튼 위치)
④ 양태양립성 : 자극-반응에 관한 양립성, 말로 정보가 제시되면 말로 반응, 행동으로 정보가 제시되면 행동으로 반응

Topic 11 관련 기출 문제

01 인간의 정보처리 능력에 관한 설명으로 옳지 않은 것은? `2015년`
① 경로용량은 절대식별에 근거하여 정보를 신뢰성 있게 전달할 수 있는 최대용량이다.
② 단일 자극이 아니라 여러 차원을 조합하여 사용하는 경우에는 정보전달의 신뢰성이 감소한다.
③ 절대식별이란 특정 부류에 속하는 신호가 단독으로 제시되었을 때 이를 식별할 수 있는 능력이다.
④ 인간의 정보처리 능력은 단기기억에 대한 처리 능력을 의미하며, 절대식별 능력으로 조사한다.
⑤ 밀러(Miller)에 의하면 인간의 절대적 판단에 의한 단일 자극의 판별범위는 보통 5~9가지이다.

정답 ②
해설 ② (×) 단일 자극이 아니라 여러 차원을 조합하여 사용하는 경우에는 정보전달의 신뢰성이 증가한다.

02 인간지각 특성에 관한 설명으로 옳지 않은 것은? `2017년`
① 평행한 직선들이 평행하게 보이지 않는 방향착시는 가현운동에 의한 착시의 일종이다.
② 선택, 조직, 해석의 세 가지 지각과정 중 게슈탈트 지각 원리들이 나타나는 것은 조직 과정이다.
③ 전체적인 맥락에서 문자나 그림 등의 빠진 부분을 채워서 보는 지각 원리는 폐쇄성(closure)이다.
④ 일반적으로 감시하는 대상이 많아지면 주의의 폭은 넓어지고 깊이는 얕아진다.
⑤ 주의력의 특성으로는 선택성, 방향성, 변동성이 있다.

정답 ①
해설 ① (×) 쵤너(Zollner) 착시현상에 관한 설명이다.

03
인간정보처리(human information processing) 이론에서 정보량과 관련된 설명이다. 다음 중 옳지 않은 것은?　　2018년

① 인간정보처리이론에서 사용하는 정보 측정단위는 비트(bit)다.
② 힉-하이만 법칙(Hick-Hyman law)은 선택반응시간과 자극 정보량 사이의 선형함수 관계로 나타난다.
③ 자극-반응 실험에서 인간에게 입력되는 정보량(자극 정보량)과 출력되는 정보량(반응 정보량)은 동일하다고 가정한다.
④ 정보란 불확실성을 감소시켜 주는 지식이나 소식을 의미한다.
⑤ 자극-반응 실험에서 전달된(transmitted) 정보량을 계산하기 위해서는 소음(noise) 정보량과 손실(loss) 정보량도 고려해야 한다.

> **정답** ③
> **해설** ③ (×) 자극-반응 실험에서 인간에게 입력되는 정보량(자극 정보량)과 출력되는 정보량(반응 정보량)은 동일하지 않다고 가정한다. ⑤지문처럼 소음(noise) 정보량과 손실(loss) 정보량도 고려해야 하기 때문이다.

04
다음 중 인간의 정보처리와 표시장치의 양립성(compatibility)에 관한 내용으로 옳은 것을 모두 고른 것은?　　2019년

ㄱ. 양립성은 인간의 인지기능과 기계의 표시장치가 어느 정도 일치하는가를 말한다. ㄴ. 양립성이 향상되면 입력과 반응의 오류율이 감소한다. ㄷ. 양립성이 감소하면 사용자의 학습시간은 줄어들지만, 위험은 증가한다. ㄹ. 양립성이 향상되면 표시장치의 일관성은 감소한다.

① ㄱ, ㄴ　　② ㄴ, ㄷ
③ ㄷ, ㄹ　　④ ㄱ, ㄴ, ㄹ
⑤ ㄱ, ㄴ, ㄷ, ㄹ

> **정답** ①
> **해설** ㄷ. (×) 양립성이 감소하면 사용자의 학습시간은 늘어나며, 위험은 증가한다.
> ㄹ. (×) 양립성이 향상되면 표시장치의 일관성은 증가한다.

05 인간의 정보처리과정에 관한 설명으로 옳은 것을 모두 고른 것은? `2020년`

> ㄱ. 단기기억의 용량은 덩이 만들기(chunking)를 통해 확장할 수 있다.
> ㄴ. 감각기억에 있는 정보를 단기기억으로 이전하기 위해서는 주의가 필요하다.
> ㄷ. 신호검출이론(signal-detection theory)에서 누락(miss)은 신호가 없는데도 있다고 잘못 판단하는 경우이다.
> ㄹ. Weber의 법칙에 따르면 10kg의 물체에 대한 무게 변화감지역(JND)이 1kg의 물체에 대한 무게 변화감지역보다 더 크다.

① ㄴ, ㄷ
② ㄱ, ㄴ, ㄹ
③ ㄱ, ㄷ, ㄹ
④ ㄴ, ㄷ, ㄹ
⑤ ㄱ, ㄴ, ㄷ, ㄹ

정답 ②

해설 ㄷ. (×) 신호검출이론(signal-detection theory)에서 누락(miss)은 신호가 있는데도 없다고 잘못 판단하는 경우이다.

---

06 인간의 일반적인 정보처리 순서에서 행동실행 바로 전 단계에 해당하는 것은? `2022년`

① 자극
② 지각
③ 주의
④ 감각
⑤ 결정

정답 ⑤

---

07 동일한 길이의 두 선분에서 양쪽끝 화살표의 방향이 달라짐에 따라 선분의 길이가 서로 다르게 지각되는 착시 현상은? `2014년`

① 뮬러-라이어 착시
② 유도운동 착시
③ 파이운동 착시
④ 자동운동 착시
⑤ 스트로보스코픽운동 착시

정답 ①

08 아래 그림에서 평행한 두 선분은 동일한 길이임에도 불구하고 위의 선분이 더 길어 보인다. 이러한 현상을 나타내는 용어는? 2019년

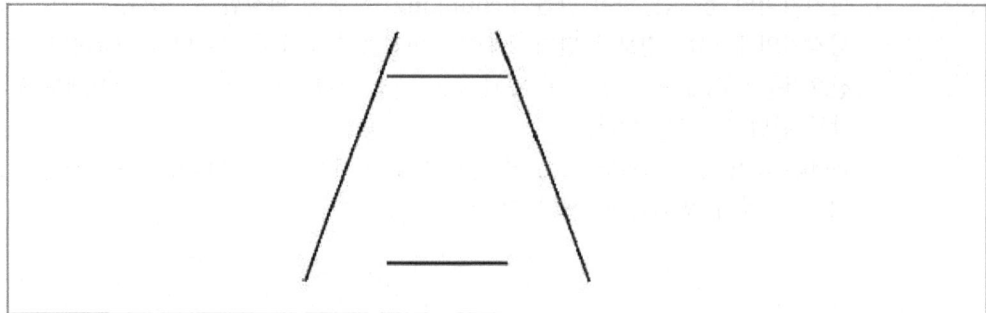

① 포겐도르프(Poggendorf) 착시현상
② 뮬러-라이어(Muller-Lyer) 착시현상
③ 폰조(Ponzo) 착시현상
④ 티체너(Titchener) 착시현상
⑤ 쵤너(Zollner) 착시현상

정답 ③

09 아래 그림에서 (a)와 (c)가 일직선으로 보이지만 실제로는 (a)와 (b)가 일직선이다. 이러한 현상을 나타내는 용어는? 2021년

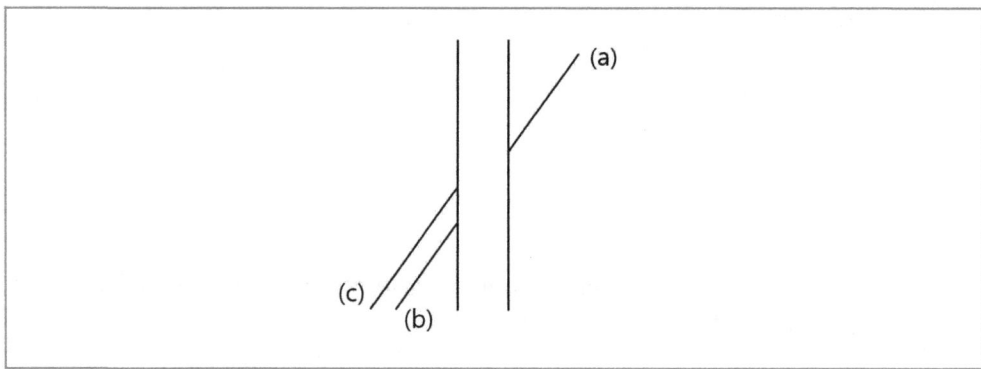

① 뮬러-라이어(Muller-Lyer) 착시현상
② 티체너(Titchener) 착시현상
③ 폰조(Ponzo) 착시현상
④ 포겐도르프(Poggendorf) 착시현상
⑤ 쵤너(Zollner) 착시현상

정답 ④

10 아래의 그림에서 a에서 b까지의 선분 길이와 c에서 d까지의 선분 길이가 다르게 보이지만 실제로는 같다. 이러한 현상을 나타내는 용어는?　　2022년

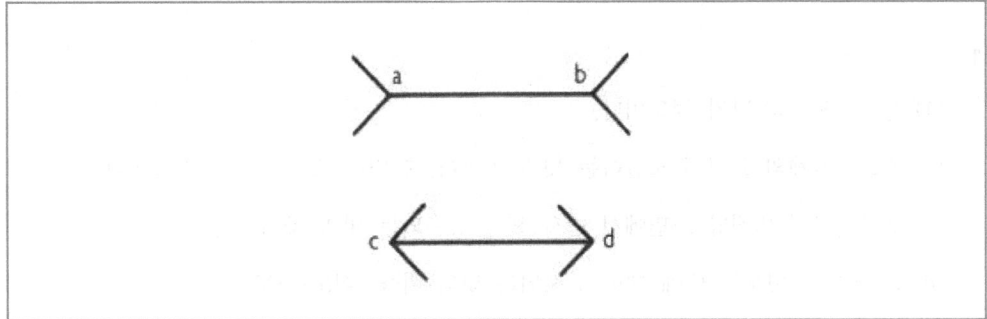

① 포겐도르프(Poggendorf) 착시현상
② 뮬러-라이어(Muller-Lyer) 착시현상
③ 폰조(Ponzo) 착시현상
④ 죌너(Zollner) 착시현상
⑤ 티체너(Titchener) 착시현상

정답 ②

11 착시를 크기 착시와 방향 착시로 구분하는 경우, 동일한 물리적인 길이와 크기를 가지는 선이나 형태를 다르게 지각하는 크기 착시에 해당하지 않는 것은?　　2023년
① 뮬러-라이어(Muller-Lyer) 착시　　② 폰조(Ponzo) 착시
③ 에빙하우스(Ebbinghaus) 착시　　④ 포겐도르프(Poggendorf) 착시
⑤ 델뵈프(Delboeuf) 착시

정답 ④

12 면적에 관련한 착시현상으로 옳은 것은?　　2024년
① 뮬러-라이어(Muller-Lyer) 착시　　② 폰조(Ponzo) 착시
③ 포겐도르프(Poggendorf) 착시　　④ 에빙하우스(Ebbinghaus) 착시
⑤ 죌너(Zollner) 착시

정답 ④
해설 ④ (O) 에빙하우스(Ebbinghaus) 착시란 같은 크기의 원이지만 주의에 작은 원들로 둘러싸인 경우가 큰 원들로 둘러싸인 경우에 비해 커 보이는 현상을 말한다.

Topic 12 조명

1 조명의 개요

(1) **광도** : 광원의 밝기 정도이다.

(2) **조도** : 물체의 표면에 도달하는 빛의 양이다. 단위는 럭스(lux)를 사용한다.

(3) **휘도** : 단위 면적당 표면에서 반사 혹은 방출되는 빛의 양이다.

(4) **반사율** : 들어오는 빛에 대한 반사되는 빛의 비율, 휘도/조도

2 조명의 방식[16]

직접조명	광원으로부터 빛이 거의 직접 작업면에 조사되는 것
반직접조명	광원에서 나오는 빛의 60~90% 정도 원하는 면에 직접 비추고 나머지 빛은 위로 향하게 하여 천장에 반사되도록 하는 조명 방식
간접조명	전등의 빛을 천장면에 조사시켜 반사광으로 조명
반간접조명	대부분의 전등 빛이 천장면으로 조사되지만, 아래 방향으로도 어느 정도의 빛을 조사하는 방식
전반확산조명	간접조명과 직접조명의 중간 방식

3 내용

(1) 직접조명은 간접조명보다 조도는 높으나 눈부심이 일어나기 쉽다.

(2) 정밀 조립작업을 수행할 경우에는 일반 사무작업을 할 때보다 권장조도가 높다.

(3) 고령의 작업자가 작업할 때 권장 조도가 높다.

(4) 작업환경에서 조명의 색상은 작업자의 건강이나 생산성과 관련이 있다.

(5) 표면 반사율이 높을수록 조도를 낮춰야 한다.

(6) 눈부심의 불쾌감은 배경의 휘도가 클수록, 광원의 크기가 작을수록 감소하게 된다.

---

[16] 대한산업안전협회, 2021

4 증후군

(1) 레이노 증후군(Raynaud's syndrome)

진동이나 추위, 심리적 변화 등으로 인해 나타나는 말초혈관 운동의 장애로 손가락이 창백해지고 통증을 느끼는 증상을 말한다.

(2) VDT(Visual Display Terminal) 증후군

VDT(Visual Display Terminal) 증후군은 컴퓨터의 키보드나 마우스를 오래 사용하는 작업자에게 발생하는 반복긴장성 손상의 대표적인 질환이다.

Topic 12 관련 기출 문제

01 작업 환경과 건강에 관한 설명으로 옳은 것을 모두 고른 것은? [2017년]

> ㄱ. 안전한 절차, 실행, 행동을 관리자가 장려하고 보상한다는 종업원의 공유된 지각을 조직지지 지각(perceived organizational support)이라 한다.
> ㄴ. 레이노 증후군(Raynaud's syndrome)이란 진동이나 추위, 심리적 변화 등으로 인해 나타나는 말초혈관 운동의 장애로 손가락이 창백해지고 통증을 느끼는 증상을 말한다.
> ㄷ. 눈부심의 불쾌감은 배경의 휘도가 클수록, 광원의 크기가 작을수록 감소하게 된다.
> ㄹ. VDT(Visual Display Terminal) 증후군은 컴퓨터의 키보드나 마우스를 오래 사용하는 작업자에게 발생하는 반복긴장성 손상의 대표적인 질환이다.

① ㄱ, ㄴ
② ㄴ, ㄷ
③ ㄱ, ㄷ, ㄹ
④ ㄴ, ㄷ, ㄹ
⑤ ㄱ, ㄴ, ㄷ, ㄹ

정답 모두 정답 처리함

02 작업장의 적절한 조명수준을 결정하려고 한다. 다음 중 옳은 것을 모두 고른 것은? [2018년]

> ㄱ. 직접조명은 간접조명보다 조도는 높으나 눈부심이 일어나기 쉽다.
> ㄴ. 정밀 조립작업을 수행할 경우에는 일반 사무작업을 할 때보다 권장조도가 높다.
> ㄷ. 40세 이하의 작업자보다 55세 이상의 작업자가 작업할 때 권장 조도가 높다.
> ㄹ. 작업환경에서 조명의 색상은 작업자의 건강이나 생산성과 무관하다.
> ㅁ. 표면 반사율이 높을수록 조도를 높여야 한다.

① ㄱ, ㄴ
② ㄱ, ㄴ, ㄷ
③ ㄱ, ㄷ, ㅁ
④ ㄴ, ㄷ, ㄹ
⑤ ㄱ, ㄴ, ㄷ, ㄹ, ㅁ

정답 ②
해설 ㄹ. (×) 작업환경에서 조명의 색상은 작업자의 건강이나 생산성과 관련성이 있다.
ㅁ. (×) 표면 반사율이 높을수록 조도를 낮춰야 한다.

03 조명의 측정단위에 관한 설명으로 옳은 것을 모두 고른 것은? 〔2022년〕

ㄱ. 광도는 광원의 밝기 정도이다.
ㄴ. 조도는 물체의 표면에 도달하는 빛의 양이다.
ㄷ. 휘도는 단위 면적당 표면에서 반사 혹은 방출되는 빛의 양이다.
ㄹ. 반사율은 조도와 광도간의 비율이다.

① ㄱ, ㄷ ② ㄴ, ㄹ
③ ㄱ, ㄴ, ㄷ ④ ㄱ, ㄷ, ㄹ
⑤ ㄱ, ㄴ, ㄷ, ㄹ

정답 ③
해설 ㄹ. (×) 반사율은 조도와 휘도간의 비율이다.

04 신체와 환경의 열교환 종류에 관한 설명으로 옳지 않은 것은? 〔2024년〕
① 대류(convection)는 피부와 공기의 온도 차이로 생긴 기류를 통해서 열을 교환 하는 것이다.
② 반사(reflection)는 피부에서 열이 혼합되면서 열전달이 발생하는 것이다.
③ 증발(evaporation)은 땀이 피부의 열로 가열되어 수증기로 변하면서 열교환이 발생하는 것이다.
④ 복사(radiation)는 전자파에 의해 물체들 사이에서 일어나는 열전달 방법이다.
⑤ 전도(conduction)는 신체가 고체나 유체와 직접 접촉할 때 열이 전달되는 방법이다.

정답 ②
해설 ② (×) 신체로부터 바깥의 공기 열 이동은 전도, 대류, 복사, 증발의 4가지 경로로 이루어진다. 전도, 대류, 복사는 건성 방열 수단으로서 주로 피부혈관반응에 의해 이루어지고, 증발은 습성 발열 수단으로서 발한이나 호흡기로부터의 수분 증발로 이루어진다.

Topic 13 직업(작업, 직무)스트레스

1 성격 유형 : A유형 Vs B유형[17]

(1) 성격 비교

A유형	B유형
• 빠른 말을 하며 • 느린 것을 참지 못함 • 항상 한꺼번에 두 가지 일을 함 • 자아-선입견적 • 삶을 즐길 시간을 갖지 못하고 생활에 불만족 • 사람들의 행동을 여러 차원에서 평가 • 공격적이고 경쟁적임 • 중간경영자 중에 많음	• 덜 서두르고 • 태평하며 • 자만하지 않고 • 덜 경쟁적이며, 협조적이며 • 문제의식을 느끼지 않고 • 인생을 보다 정확한 방법으로 접근함 • 최고경영자와 하위경영자 중에 많음

(2) **직무스트레스와 성격유형의 관계**

A유형이 B유형 성격의 사람에 비해 스트레스에 더 취약하다. 통제할 수 없는 스트레스 유형에 직면하게 되면 A유형은 B유형보다 더 쉽게 포기하고 더 많은 무력감을 느끼기 때문이다. 또한 A유형은 대체로 성질이 급하고 더 많은 과업을 보다 더 빨리 수행하려고 자신을 끊임없이 채찍 할 뿐만 아니라 항상 시간에 쫓겨서 생활하고 B유형보다 할 일이 많은데 시간이 더 빨리 지나간다고 느끼며 효율성, 성공을 추구하기 위하여 지나치게 각성되어 있기 때문이다(류현미).

2 스트레스를 설명하는 이론

(1) T. Beehr와 T. Franz

직업 스트레스를 의학적 접근, 임상·상담적 접근, 공학심리학적 접근, 조직심리학적 접근 등 네 가지 다른 관점에서 설명할 수 있다고 제안하였다.

(2) Karasek의 요구-통제 모델(Demands-Control Model)

① 직무요구(업무의 부하량)와 직무통제(권한과 자율성)가 상호작용하여 스트레스가 생긴다는 모형이다.

② 통제력은 요구의 부정적 효과를 줄이거나 완충해 주는 역할을 한다. 직장에서 받는 요구가 많지만 개인이 충분한 통제력을 가지고 있지 않으면 스트레스 반응이 높아진다고 보았다.

③ 말단 사원이나 일반 직원은 요구 수준이 높고 업무에 대한 통제력이 낮아서 직무 스트레스가 더 많으며, 관리직이나 임원은 요구 수준이 높더라도 통제 수준도 동시에 높기 때문에 상대적으로 스트레스를 덜 받는다.

---

17) Quick & Quick, 1984

(3) 요구-자원 모델(Demands-Resources Model)
　① 요구는 직무를 수행하는 데 필요한 노력, 기술, 지식 등을 의미한다. 자원은 개인이 일을 수행하는 데 도움이 되는 능력, 지식, 도구, 지원 등을 말한다. 충분한 자원은 스트레스를 감소시키고, 성과를 향상시킬 수 있다.
　② 다양한 직무요구에 대해 종업원들의 외적요인(조직의 지원, 의사결정과정에 대한 참여)과 내적요인(자신의 업무요구에 대한 종업원의 정신적 접근방법)이 개인적으로 직면하는 스트레스 요인에 완충 역할을 한다는 것이다.

(4) Siegrist의 노력-보상 불균형 모형((Effort-reward imbalance model)
　조직에 기여하는 노력에 비해 받는 보상이 낮다면 조직 구성원은 호혜성(reciprocity)의 규범이 지켜지고 있지 않다고 인식하여 긴장과 스트레스 등을 경험한다.

(5) 자원보존 이론(Conservation of Resources Theory)
　종업원들은 시간에 걸쳐 자원을 축적하려는 동기를 가지고 있으며, 자원의 실제적 손실 또는 손실의 위협이 그들에게 스트레스를 경험하게 한다고 주장한다.

(6) H. Selye의 일반적 적응증후군 모델
　① 개념
　　㉠ 다양한 자극(stressor)들로 인해 스트레스 반응이 나타나지만 그 반응은 항상 비슷하거나 동일하다고 가정한다.
　　㉡ 스트레스원으로부터 스스로를 방어하려는 일반화된 시도를 의미한다.
　② 3단계
　　㉠ 경고 반응(alarm reaction) : 교감 신경계를 통해 스트레스원에 대한 방어가 이루어짐. 심장박동, 혈압 상승, 호흡 증가, 위장기관의 활동 저하. 단기적으로 적응일 수 있지만 장기적으로 노출시 부적응적 반응이 될 수 있음
　　㉡ 저항(resistance) : 스트레스 자극에 계속적으로 대응하는 단계, 지속적인 스트레스는 질병을 유발함(고혈압, 심혈관질환, 위궤양, 갑상선 기능항진증 등)
　　㉢ 소진(exhaustion) : 번 아웃(burn out) 단계, 스트레스에 장기간 노출되어 적응 에너지가 소진된 단계, 심하면 사망하게 됨

(7) 비어와 뉴먼(T. Beehr & J. Newman)의 모델
　① 개념
　　개인과 환경의 불일치가 스트레스를 유발시키는 주요인이 되고, 과정은 스트레스로 인하여 발생되는 심리적·생리적 긴장을 의미하며, 결과는 개인의 건강이나 행위, 조직의 생산성, 유효성, 이탈행위 등으로 집약된다.

② 모델 구성 요소

구분	설명
개인요소 (personal facet)	• 개인의 성격, 태도, 능력, 생리적 특성 등이 스트레스에 미치는 영향
환경요소 (environment facet)	• 직무 환경, 직장 관계, 조직 문화 등 외부적 요인을 의미한다.
과정요소 (process facet)	• 개인과 환경 간의 상호작용이 어떻게 스트레스로 이어지는지를 설명한다. • 스트레스의 인지, 평가, 반응 등 심리적 과정
시간요소 (time facet)	• 스트레스 과정이 시간의 흐름에 따라 어떻게 변화하는지를 나타낸다.

3 직무 스트레스를 발생시키는 요인

(1) 역할 모호성(role ambiguity)
  ① 역할 모호성은 상사가 명확한 지침과 방향성을 제시하지 못하는 경우에 유발된다.
  ② 수행 준거 모호성, 작업 방법 모호성, 작업 계획 모호성의 영향을 받는다.

(2) 역할 갈등(role conflict)
  ① 역할 내 갈등은 직무상 요구가 여럿일 때 발생한다.
  ② 조직의 한 구성원에 대하여 두 가지 이상의 상반되는 역할기대가 존재할 경우 나타나는 현상으로서 어느 하나의 역할을 성공적으로 수행하고자 할 경우 여타의 다른 역할을 제대로 수행하지 못하게 되는 상태를 말한다.

(3) 역할 과부하(role overload), 작업부하(workload)
  ① 부과되는 업무의 요구량
  ② 양적 부하 : 주어진 시간 안에 개인이 처리하기에 너무 많은 과제로 인한 과부하
  ③ 질적 부하 : 개인이 처리하기에는 너무 어려운 작업조건

(4) 감정노동(emotional labor)
  직무를 수행하거나 서비스를 제공하는 동안 자신이 느끼는 본래 감정과 다른 감정을 고객에게 의무적으로 표현해야 하는 행동을 의미한다.

4 스트레스반응에 영향을 주는 원인들

(1) 개인적 특성
  연령, 성별, 성격(A형성격), 건강, 자존감

(2) 상황적 원인
　① 이해 가능성 : 타인의 위로와 격려
　　주위 사람들의 이해와 격려가 있다면 스트레스를 극복할 가능성이 높다.
　② 예측 가능성
　　㉠ 예측할 수 있는 상황에서는 나름대로 대처방법을 강구할 수 있기 때문에 스트레스를 덜 받게 된다.
　　㉡ 스트레스 완화효과가 가장 큰 것이다.
　③ 통제 가능성
　　㉠ 동일한 어려움에 놓여 있어도 스스로 통제할 수 없는 상황에서는 통제할 수 있는 상황에서보다 스트레스를 더 크게 받게 된다.
　　㉡ 돈이 있으면서 절약하는 경우와 돈이 없어서 절약하는 경우, 후자가 더 큰 스트레스를 받게 된다.

5 스트레스 대처 방법

(1) 문제 중심적 대처
　스트레스 관련 정보수집, 시간관리, 구체적 목표의 수립 등

(2) 정서 중심적 대처
　① 스트레스 유발 감정을 완화시키려 노력
　② 자기 합리화, 투사(projection), 부정 등

Topic 13 관련 기출 문제

01 직업 스트레스에 관한 설명으로 옳지 <u>않은</u> 것은? 〔2023년〕

① 비르(T. Beehr)와 프랜즈(T. Franz)는 직업 스트레스를 의학적 접근, 임상·상담적 접근, 공학심리학적 접근, 조직심리학적 접근 등 네 가지 다른 관점에서 설명할 수 있다고 제안하였다.
② 요구-통제 모델(Demands-Control Model)은 업무량 이외에도 다양한 요구가 존재한다는 점을 인식하고, 이러한 다양한 요구가 종업원의 안녕과 동기에 미치는 영향을 연구한다.
③ 자원보존 이론(Conservation of Resources Theory)은 종업원들은 시간에 걸쳐 자원을 축적하려는 동기를 가지고 있으며, 자원의 실제적 손실 또는 손실의 위협이 그들에게 스트레스를 경험하게 한다고 주장한다.
④ 셀리에(H. Selye)의 일반적 적응증후군 모델은 경고(alarm), 저항(resistance), 소진(exhaustion)의 세 가지 단계로 구성된다.
⑤ 직업 스트레스 요인 중 역할 모호성(role ambiguity)은 종업원이 자신의 직무기능과 책임이 무엇인지 불명확하게 느끼는 정도를 말한다.

정답 ②
해설 ② (×) 요구-자원 모델(Demands-Resources Model)에 관한 설명이다.

02 작업장 스트레스의 대처방안 중 조직차원의 기법에 해당하는 것만을 모두 고른 것은? 〔2013년〕

ㄱ. 바이오 피드백	ㄴ. 작업 과부하의 제거
ㄷ. 사회적 지지의 제공	ㄹ. 이완훈련
ㅁ. 조직분위기 개선	

① ㄱ, ㄴ, ㄷ
② ㄱ, ㄷ, ㄹ
③ ㄴ, ㄷ, ㅁ
④ ㄴ, ㄹ, ㅁ
⑤ ㄷ, ㄹ, ㅁ

정답 ③
해설 ㄱ. (×) 바이오 피드백(biofeedback)이란 신경생리학적 장치들을 이용한 심신수련치료법이다. 혈압, 뇌파, 근전도, 체온 등을 기기 등을 통해 관찰하고 대응하는 것이다.
ㄹ. (×) 이완훈련은 개인적 차원의 기법에 해당한다. 업무 중간에 스트레칭을 하는 것이 대표적인 예이다.

03 작업스트레스에 관한 설명으로 옳은 것은?   2014년

① 급하고 의욕이 강한 A유형 성격의 사람들은 스트레스 조절능력이 강해서 느긋하고 이완된 B유형의 사람들과 비교하여 심장질환에 걸릴 확률이 절반 정도로 낮다.
② 스트레스 출처에 대한 이해가능성, 예측가능성, 통제가능성 중에서 스트레스 완화효과가 가장 큰 것은 예측가능성이다.
③ 내적 통제형의 사람들은 자신들이 스트레스 출처에 대해 직접적인 영향력을 행사하려고 하지 않고 그냥 견딘다.
④ 공항에서 근무하는 소방관의 경우 한 건의 화재도 없이 몇 주 동안 대기근무만 하였을 때 스트레스가 없다.
⑤ 작업스트레스는 역할 과부하에서 주로 발생하며, 역할들 간의 갈등으로는 발생하지 않는다.

> **정답** ②
> **해설** ① (×) 반대로 설명되어 있다.
> ③ (×) 외적 통제형의 사람들은 자신들이 스트레스 출처에 대해 직접적인 영향력을 행사하려고 하지 않고 그냥 견딘다. 내적 통제형의 사람들은 성공이나 실패를 자신이 통제할 수 있다고 믿는 형이며, 외적 통제형은 성공이나 실패가 자기자신이 통제할 수 있는 범위 밖에 있다고 믿는 형이다.
> ④ (×) 공항에서 근무하는 소방관의 경우 한 건의 화재도 없이 몇 주 동안 대기근무만 하였을 때에도 스트레스가 있다.
> ⑤ (×) 작업스트레스는 역할 과부하에서 발생하며, 역할들 간의 갈등으로도 발생한다.

04 직무스트레스 요인에 관한 설명으로 옳지 않은 것은?   2015년

① 역할 내 갈등은 직무상 요구가 여럿일 때 발생한다.
② 역할 모호성은 상사가 명확한 지침과 방향성을 제시하지 못하는 경우에 유발된다.
③ 작업부하는 업무 요구량에 관한 것으로 직접 유형과 간접 유형이 있다.
④ 요구-통제 모형에 의하면 통제력은 요구의 부정적 효과를 줄이거나 완충해 주는 역할을 한다.
⑤ 대인관계 갈등과 타인과의 소원한 관계는 다양한 스트레스 반응을 유발할 수 있다.

> **정답** ③
> **해설** ③ (×) 작업부하는 업무 요구량에 관한 것으로 양적인 것과 질적인 것이 있다.

05 스트레스의 작용과 대응에 관한 설명으로 옳지 않은 것은? 2020년
① A유형이 B유형 성격의 사람에 비해 스트레스에 더 취약하다.
② Selye가 구분한 스트레스 3단계 중에서 2단계는 저항단계이다.
③ 스트레스 관련 정보수집, 시간관리, 구체적 목표의 수립은 문제중심적 대처 방법이다.
④ 자신의 사건을 예측할 수 있고, 통제 가능하다고 지각하면 스트레스를 덜 받는다.
⑤ 긴장(각성) 수준이 높을수록 수행 수준은 선형적으로 감소한다.

정답 ⑤
해설 ⑤ (×) 긴장(각성) 수준이 높을수록 적절한 각성 수준일 때 최고수행 수준을 보인다. 하지만 적정 수준을 넘어서면 수행 수준은 역U형으로 급격히 감소한다(역U이론).

06 직업 스트레스 모델 중 다양한 직무요구에 대해 종업원들의 외적요인(조직의 지원, 의사결정과정에 대한 참여)과 내적요인(자신의 업무요구에 대한 종업원의 정신적 접근방법)이 개인적으로 직면하는 스트레스 요인에 완충 역할을 한다는 것은? 2017년
① 자원보존(Conservation of Resources, COR) 이론
② 요구-통제 모델(Demands-Control Model)
③ 요구-자원 모델(Demands-Resources Model)
④ 사람-환경 적합 모델(Person-Environment Fit Model)
⑤ 노력-보상 불균형 모델(Effort-Reward Imbalance Model)

정답 ③

07 직업 스트레스 모델 중 종단 설계를 사용하여 업무량과 이외의 다양한 직무요구가 종업원의 안녕과 동기에 미치는 영향을 살펴보기 위한 것은? 2021년
① 요구-통제 모델(Demands-Control model)
② 자원보존이론(Conservation of Resources theory)
③ 사람-환경 적합 모델(Person-Environment Fit model)
④ 직무 요구-자원 모델(Job Demands-Resources model)
⑤ 노력-보상 불균형 모델(Effort-Reward Imbalance model)

정답 ④

08 조직 스트레스원 자체의 수준을 감소시키기 위한 방법으로 옳은 것을 모두 고른 것은? `2021년`

> ㄱ. 더 많은 자율성을 가지도록 직무를 설계하는 것
> ㄴ. 조직의 의사결정에 대한 참여기회를 더 많이 제공하는 것
> ㄷ. 직원들과 더 효과적으로 의사소통할 수 있도록 관리자를 훈련하는 것
> ㄹ. 갈등해결기법을 효과적으로 사용할 수 있도록 종업원을 훈련하는 것

① ㄱ, ㄴ
② ㄷ, ㄹ
③ ㄱ, ㄴ, ㄹ
④ ㄴ, ㄷ, ㄹ
⑤ ㄱ, ㄴ, ㄷ, ㄹ

정답 ⑤

---

09 직업 스트레스 모델에 관한 설명으로 옳지 않은 것은? `2022년`

① 노력-보상 불균형 모델(Effort-Reward Imbalance Model)은 직장에서 제공하는 보상이 종업원의 노력에 비례하지 않을 때 종업원이 많은 스트레스를 느낀다고 주장한다.
② 요구-통제 모델(Demands-Control Model)에 따르면 작업장에서 스트레스가 가장 높은 상황은 종업원에 대한 업무 요구가 높고 동시에 종업원 자신이 가지는 업무통제력이 많을 때이다.
③ 직무요구-자원 모델(Job Demands-Resources Model)은 업무량 이외에도 다양한 요구가 존재한다는 점을 인식하고, 이러한 다양한 요구가 종업원의 안녕과 동기에 미치는 영향을 연구한다.
④ 자원보존 모델(Conservation of Resources Model)은 자원의 실제적 손실 또는 손실의 위협이 종업원에게 스트레스를 경험하게 한다고 주장한다.
⑤ 사람-환경 적합 모델(Person-Environment Fit Model)에 의하면 종업원은 개인과 환경 간의 적합도가 낮은 업무 환경을 스트레스원(stressor)으로 지각한다.

정답 ②
해설 ② (×) 요구-통제 모델(Demands-Control Model)에 따르면 작업장에서 스트레스가 가장 높은 상황은 종업원에 대한 업무 요구가 높고 동시에 종업원 자신이 가지는 업무통제력이 적을 때이다.

10 직업 스트레스 과정을 여러 개의 요소(facet)로 나눌 수 있다고 제안한 비어와 뉴먼(T. Beehr & J. Newman) 모델의 구성 요소가 아닌 것은?　2025년

① 개인 요소(personal facet)
② 시간 요소(time facet)
③ 환경 요소(environment facet)
④ 과정 요소(process facet)
⑤ 경제 요소(economy facet)

정답 ⑤

11 인간의 뇌파에 관한 설명으로 옳지 <u>않은</u> 것은?　2024년

① 델타(δ)파는 무의식, 실신 상태에서 주로 나타나는 뇌파이다.
② 세타(θ)파는 피로나 졸림 등의 상태에서 주로 나타나는 뇌파이다.
③ 알파(α)파는 편안한 휴식 상태에서 주로 나타나는 뇌파이다.
④ 베타(β)파는 적극적으로 활동할 때 주로 나타나는 뇌파이다.
⑤ 오메가(Ω)파는 과도한 집중과 긴장 상태에서 주로 나타나는 뇌파이다.

정답 ⑤
해설 ⑤ (×) 베타(β)파, 간질파에 관한 설명이다.

단계 (phase)	뇌파 패턴	의식의 상태 (mode)	주의의 작용	생리적 상태
0	델타 (δ)파	무의식, 실신	제로	수면, 뇌발작
I	세타 (θ)파	의식이 둔한 상태	활발하지 않음	피로, 단조, 졸림, 취중
II	알파 (α)파	편안한 상태	수동적임	안정상태, 휴식 시, 정상작업 시
III	베타 (β)파	명석한 상태	활발함, 적극적임	적극적 활동 시
IV	베타 (β)파, 간질파	흥분 상태(과긴장)	눈앞의 한 점에 응집, 판단 정지	긴급방위반응, 당황 → 패닉

Topic 14 인간의 특성과 인간관계

1 인간의 특성과 인간관계

(1) 대표성 어림법(representativeness heuristic)
   어떤 사건이나 대상이 일어나거나 특정범주에 속할 확률을 추정할 때, 실제 확률을 계산하는 것이 아니라 그 대상이 얼마나 대표적인지를 가지고 확률을 추정하는 방법

(2) 가용성 어림법(availability heuristic)
   한 사례가 얼마나 쉽게 많이 머리에 떠오르게 될까에 대해서도 확률을 추정

(3) 과잉확신(overconfidence)
   사람들이 자기의 판단이나 지식 등에 대해 실제보다 과장되게 평가하는 경향.

(4) 확증 편향(confirmation bias)
   어떤 가설을 받아들이고 나면 다른 가능성은 검토하지도 않고 그 가설을 지지하는 증거만을 탐색해서 받아들이는 현상

(5) 사후확신 편향(hindsight bias) : 그럴 줄 알았어(knew-it-all-along effect) 효과
   ① 이미 일어난 사건을 그 일이 일어나기 전에 비해 더 예측 가능한 것으로 생각하는 경향
   ② 이미 발생해서 결과를 알고 있는 일을 자신이 사전에 예측한 것처럼 여기는 심리

Topic 14 관련 기출 문제

01 어떤 가설을 받아들이고 나면 다른 가능성은 검토하지도 않고 그 가설을 지지하는 증거만을 탐색해서 받아들이는 현상에 해당하는 것은? 2020년
① 대표성 어림법(representativeness heuristic)
② 가용성 어림법(availability heuristic)
③ 과잉확신(overconfidence)
④ 확증 편향(confirmation bias)
⑤ 사후확신 편향(hindsight bias)

정답 ④

CHAPTER 03
산업위생개론

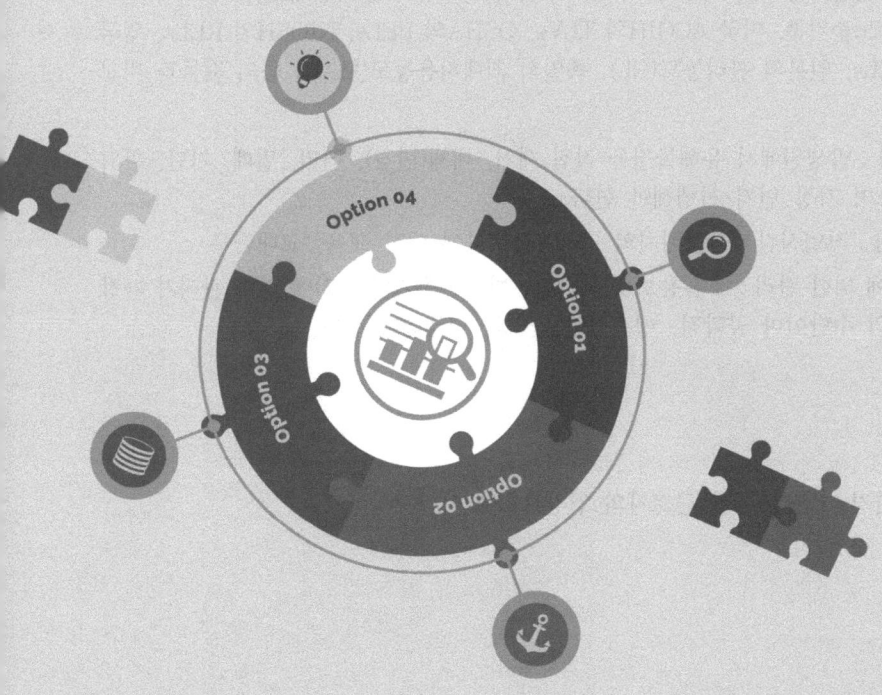

Topic 01 산업위생의 의의

1 산업위생의 개념

(1) 정의 : 미국산업위생협회(AIHA)

근로자나 일반대중에게 질병, 건강장애와 안녕, 방해 심각한 불쾌감 및 능률 저하 등을 초래하는 작업환경 요인과 스트레스를 예측(anticipation), 인지(recognition) 측정 및 평가(evaluation)하고 관리(control)하는 과학(science)과 기술(art)

(2) 산업위생의 활동

① 예측(anticipation)
   ㉠ 산업위생 활동에서 처음으로 요구되는 활동이다.
   ㉡ 기존의 작업환경 및 조건 + 새로운 물질·작업공정·기계의 도입, 새로운 제품의 생산 및 부산물의 산출로 인한 근로자들의 건강장애 및 영향을 사전 예측

② 인지(recognition)
   ㉠ 현재 상황의 유해인자를 파악하는 것으로 위험성 평가(Risk Assessment)를 통해 실행할 수 있다.
   ㉡ 유해인자로는 물리, 화학, 생물, 인간공학적 인지로 구분할 수 있다.

③ 측정 및 평가(evaluation)
   ㉠ 측정은 유해인자의 노출 정도를 정량적으로 계측하는 것이며 정성적 계측도 포함한다. 특히, 공기 중 유해한 화학물질의 측정에 있어서는 정확한 공기시료의 채취가 중요하다.
   ㉡ 평가의 대표적인 활동은 측정된 결과를 참고자료 혹은 노출기준과 비교하는 것이다. 유해정도는 관찰, 인터뷰, 측정에 의해 이루어지며 이렇게 얻어진 값들을 우리나라 고용노동부의 노출기준, 미국 ACGIH의 TLVs, OSHA의 PELs, NIOSH의 RELs, 영국 HSE의 WELs, 일본의 관리농도(CL), 독일의 최대허용농도(MAK) 등의 값들과 비교

④ 관리(control)
   ㉠ 공학적 관리 : 발생원에서 유해물질을 직접 제거, 대체(변경), 격리, 밀폐, 차단, 환기 방법이 있으며 가장 먼저 시행해야 한다.
   ㉡ 행정적 관리 : 작업시간·작업배치의 조정, 근로자에 대한 교육, 교대근무
   ㉢ 개인보호구에 의한 관리 : 호흡용보호구(방진·방독·송기마스크)에 의한 관리가 가장 중요, 최후의 수단이며 공학적, 행정적인 관리와 병행해야 한다.

2 산업위생의 목적

(1) 궁극적으로 근로환경 개선을 통한 근로자의 건강보호에 있다.
   ① 유해인자 예측 및 관리

② 작업조건의 인간공학적 개선
③ 작업환경 개선 및 직업병 예방
④ 작업자의 건강보호 및 생산성 향상

3 산업위생의 역사

(1) 산업보건의 역사

시대		주요 내용
BC 4세기	Hippocrates	납 광산 노동자의 납 중독을 처음 보고
AD 1세기	P. Elder	아연과 황의 독성을 처음 주장 분진 방지용 호흡기계 방호구(방광막) 착용 주장
16세기	Paracelsus	독성학의 아버지 "모든 물질은 독이 있다. 단지 그 양이 문제이다."
16세기	G. Agricola	독일 의사 "광물에 대하여" 저술 먼지에 의한 규폐증 기록
1700년	B. Ramazzini	"직업인의 질병", 산업보건 시조 직업병의 원인으로 작업환경 중 유해물질과 부자연스러운 작업자세를 제안
1790년	T. Percival	맨체스터에서 발진티푸스가 유행, 그 원인을 아동을 노동자로 사용하는 공장이라는 것을 지적 영국 최초의 공장법(1802) 제정 계기
18세기	P. Pott	굴뚝청소부 음낭암의 원인이 굴뚝의 검댕이(Soot)라고 최초 보고 "굴뚝 청소원법(1788)"제정 계기가 됨
19세기 이후		영국 성냥공장에서 황린의 사용 금지 영국에서 사용 금지된 최초의 물질임
20세기	A. Hamilton	미국 산업보건(의학, 위생) 시조 미국 산업재해보상법 제정에 기여 1910년 납공장 조사, 수은, 이황화탄소 노출의 유해성을 알림 1918년 하버드 대학에 산업위생분야의 학위과정 신설 1919년 국제 노동기구(ILO) 창립 1948년 세계보건기구(WHO) 창립 1974년 영국 산업안전보건법 제정

(2) 우리나라 산업보건 역사

연도	주요 내용
1953년	근로기준법 제정(산업위생에 관한 최초 법령)
1954년	최초 직업병 진폐증이 학계에 보고됨
1981년	산업안전보건법 제정·공포
1988년	15세의 문송면 군이 수은 중독으로 사망
1991년	원진레이온(주) 이황화탄소(CS_2) 중독
1995년	LG전자부품 세척공정 근로자 생식독성의 원인 인자는 2-브로모프로판 집단 중독이다.
2004년	태국 여성 근로자 다발성 신경 손상에 의한 하지마비(앉은뱅이병) 원인인자는 노멀헥산 중독이었다.
2016년	하청 제조업체에서 메탄올(메틸알코올) 급성중독 발생 작업환경측정이나 특수건강진단을 실시한 적이 없음
2022년	경남 창원 소재 에어컨 부속 제조업체의 세척 작업 중 트리클로로메탄에 의한 간 독성 사례

4 산업위생전문가의 윤리강령

- 기업주와 근로자 사이에서 엄격한 중립을 지킴

(1) 전문가로서의 책임
  ① 성실성과 학문적 실력에서 최고의 수준을 유지한다.
  ② 과학적 방법의 적용과 자료의 해석에서 객관성을 유지한다.
  ③ 전문 분야로서의 산업위생을 학문적으로 발전시킨다.
  ④ 근로자, 사회 및 전문 직종의 이익을 위해 과학적 지식을 공개하고 발표한다.
  ⑤ 기업체의 기밀은 누설하지 않는다.
  ⑥ 전문적 판단이 타협에 의해 좌우될 수 있거나 이해관계가 있는 상황에는 개입하지 않는다.

(2) 근로자에 대한 책임
  ① 근로자의 건강 보호가 산업위생 전문가의 1차적인 책임이라는 것을 인식한다.
  ② 근로자와 기타 여러 사람의 건강과 안녕이 산업위생 전문가의 판단에 의하여 좌우된다는 것을 깨닫고, 유해요인의 측정, 평가 및 관리에 있어서 외부의 압력에 굴하지 않고 중립적 태도를 취한다.
  ③ 위험요소와 예방조치에 관하여 근로자와 상담한다.

(3) 기업주와 고객에 대한 책임
  ① 쾌적한 작업환경을 만들기 위하여 산업위생의 이론을 적용하고 책임있게 행동한다.

② 신뢰를 존중하여 정직하게 권고하고 결과와 개선점을 정확히 보고한다.
③ 결과와 결론을 뒷받침할 수 있도록 기록을 유지하고 산업위생 사업을 전문가답게 운영, 관리한다.
④ 궁극적 책임은 기업주와 고객보다는 근로자의 건강보호에 있다.

(4) 일반 대중에 대한 책임
① 일반대중에 관한 사항은 정직하게 발표한다.
② 적절하고도 확실한 사실을 근거로 전문적인 견해를 발표한다.

5 위험성 감소 대책 : 효과가 높은 순서

(1) 제거 : 위험요소제거(예 밀폐공간 내 기계를 외부로 기계 재배치하는 것)

(2) 대체 : 위험요인 대체(예 메탄올에서 에탄올로 대체)

(3) 공학적 개선(통제) : 위험요인과 작업자를 격리(예 방호장치 설치)

(4) 행정적 개선(통제) : 작업방법 변경(예 작업허가제 도입)

(5) 개인보호구착용(PPE) : 송기마스크 등 개인보호구 사용

Topic 01 관련 기출 문제

01 산업위생과 관련된 설명 중 옳은 것은? 〈2013년〉
① 작업환경 중 유해요인으로부터 근로자의 건강을 보호하기 위해 국제적으로 통일하여 제정한 노출기준은 MAK이다.
② 최근 사업장에 도입되고 있는 위험성 평가(risk assessment)는 산업위생 분야의 작업환경측정과는 관련성이 없는 제도라고 할 수 있다.
③ 산업위생은 근로자 개인위생을 기본으로 하고 있으며, 개인의 생활습관 및 체력관리를 통하여 건강을 유지·관리하는 것을 최우선으로 하고 있다.
④ 산업위생의 궁극적 목적은 근로자의 건강을 보호하기 위한 대책을 강구하는 것으로 일반적인 대책의 우선순위는 제거-대체-공학적 개선-행정적 개선-개인보호구착용 순이다.
⑤ 작업환경 중 건강 유해요인은 크게 물리적, 화학적, 생물학적, 육체적 또는 정신적 부담 요인으로 나눌 수 있으며, 이중에서 산업위생분야는 정신적 부담 요인을 제외한 나머지를 관리대상으로 한다.

> **정답** ④
> **해설** ① (×) MAK은 독일의 최대허용농도를 말한다.
> ② (×) 위험성 평가(risk assessment)란 사업장의 유해·위험요인을 파악하여 해당 유해·위험요인에 의한 부상 또는 질병의 발생 가능성(빈도)과 중대성(강도)을 추정·결정하고 감소대책을 수립하여 실행하는 일련의 과정을 말한다(법적근거 : 산업안전보건법 제36조).
> ③ (×) 산업위생의 목적은 궁극적으로 근로환경 개선을 통한 근로자의 건강보호에 있다.
> ⑤ (×) 작업환경 중 건강 유해요인은 크게 물리적, 화학적, 생물학적, 육체적 또는 정신적 부담 요인으로 나눌 수 있으며, 산업위생분야는 이를 관리대상으로 한다.

02 산업혁명 전후의 산업보건 역사에 관한 설명으로 옳지 않은 것은? 〈2014년〉
① 산업혁명으로 공장이라는 형태의 밀집된 생산시스템이 시작되었다.
② 산업혁명 이전에도 금속의 채광 및 제련업에 종사하는 사람들의 직업병 문제가 제기되었다.
③ 증기기관이 발명되어 생산의 기계화가 진행되면서 화학물질 사용량이 크게 감소하였다.
④ 굴뚝청소부 음낭암의 원인이 굴뚝의 검댕(soot)이라는 것이 밝혀졌고, 이것이 최초의 직업성암의 사례이다.
⑤ 초기의 공장은 청소, 작업복의 세탁불량, 작업장 내 식사 등 위생적인 문제 해결만으로도 작업환경이 개선되었기 때문에 산업위생이라는 이름이 붙었다.

> **정답** ③
> **해설** ③ (×) 증기기관이 발명되어 생산의 기계화가 진행되면서 화학물질 사용량이 크게 증가하였다.

03 산업위생 분야에 관한 설명으로 옳지 <u>않은</u> 것은? `2015년`
① 산업위생 목적은 궁극적으로 근로환경 개선을 통한 근로자의 건강보호에 있다.
② 국내 사업장의 산업위생 분야를 관장하는 행정부처는 고용노동부이다.
③ B. Ramazzini는 직업병의 원인으로 작업환경 중 유해물질과 부자연스러운 작업 자세를 제안하였다.
④ 사업장에서 산업보건 직무담당자를 보건관리자라고 한다.
⑤ 세계보건기구는 산업보건 관련 국제연합기구로서 근로조건의 개선도모를 목적으로 1919년에 설치되었다.

> **정답** ⑤
> **해설** ⑤ (×) 국제노동기구인 ILO는 세계 노동자의 노동조건과 생활수준의 향상을 목적으로 하는 기구로써 1919년에 설립됐다. 세계보건기구(WHO)는 1948년 국제보건사업의 지도조정, 회원국정부의 보건 부문 발전을 위한 원조제공, 전염병과 풍토병 및 기타 질병 퇴치활동, 보건관계 단체간의 협력관계 증진 등을 목적으로 발족되었다.

04 우리나라 산업보건 역사에 관한 설명으로 옳은 것은? `2016년`
① 원진레이온 이황화탄소 중독을 계기로 산업안전보건법이 제정되었다.
② 1988년 문송면 씨 사망으로 수은 중독이 사회적 이슈가 되었다.
③ 2004년 외국인 근로자 다발성 신경 손상에 의한 하지마비(앉은뱅이병) 원인인자는 벤젠이었다.
④ 2016년 메탄올 중독 사건은 특수건강진단에서 밝혀졌다.
⑤ 1995년 전자부품제조 근로자 생식독성의 원인 인자는 납이였다.

> **정답** ②
> **해설** ① (×) 산업안전보건법은 1981년 제정되었으며, 원진레이온 사태는 1991년에 발생하였다.
> ③ (×) 태국 여성 근로자 다발성 신경 손상에 의한 하지마비(앉은뱅이병) 원인인자는 노말헥산 중독이었다.
> ④ (×) 하청 제조업체에서 메탄올(메틸알코올) 급성중독 발생하였다. 작업환경측정이나 특수건강진단을 실시한 적이 없었다.
> ⑤ (×) LG전자부품 세척공정 근로자 생식독성의 원인 인자는 2-브로모프로판 집단 중독이다.

05 1900년 이전에 일어난 산업보건 역사에 해당하지 <u>않는</u> 것은? `2017년`
① 영국에서 음낭암 발견   ② 독일 뮌헨대학에서 위생학 개설
③ 영국에서 공장법 제정   ④ 영국에서 황린 사용금지
⑤ 독일에서 노동자질병보호법 제정

> **정답** ④
> **해설** ④ (×) 황린(성냥개비 끝에 바름)은 턱뼈의 괴사를 유발하여 1912년 세계적으로 사용을 전면 금지하였다.

06 산업위생전문가가 수행한 활동으로 옳지 않은 것은? [2015년]

① 트리클로로에틸렌을 사용하는 작업자가 하루 10시간 동안 이 물질에 노출되는 것을 발견하고, 노출기준을 보정하여 측정치를 평가하였다.
② 결정체 석영은 노출기준이 호흡성 분진으로 되어 있어 이에 노출되는 작업자에 대하여 은막 여과지로 채취하였다.
③ 유성페인트를 여러 가지 유기용제가 포함된 시너로 희석하여 도장하는 작업장에서 노출평가 시 각각의 노출기준과 상호작용을 고려하여 평가하였다.
④ 발암성이 있는 목재분진도 있으므로 원목의 재질을 조사하여 평가하였다.
⑤ 폭이 넓은 도금조에 측방형 후드가 설치되어 있는 작업장에서 적절한 제어속도가 나오지 않아 이를 푸쉬-풀 후드로 교체할 것을 제안하였다.

정답 ②
해설 ② (×) 석영(Quartz), 크리스토바라이트(cristobalite), 트리디마이트(tridymite) 등 결정체 산화규소 성분을 함유한 광물성 분진은 37mm PVC 여과지를 장착한 카세트를 사용하여 시료를 채취하고 적외선 분광 분석기(FTIR)을 이용하여 분석한다.

종류	내용
MCE막	• 산에 쉽게 용해됨 • 입자상 물질 중의 금속을 채취하여 원자흡광법 분석에 적정함. 원소분석에 적합하나 중량 분석에는 부적합함 • 석면, 유리섬유 등 현미경 분석을 위한 시료채취에도 사용
PVC막	• 분진/먼지 등의 중량분석을 위한 측정에 이용 • 유리규산(석영)을 채취하여 X-선 회절 분석법으로 분석. • 6가크롬, 아연 산화물 채취에 이용
유리섬유	• 흡습성이 적고 열에 강하며 과부하에서도 채취효율이 높은 장점을 갖고 있어 대부분의 작업환경측정에 사용됨
은막	• 열적 그리고 화학적 안정성이 있음 • 열에 강함 • 코크스 오븐배출물질, 콜타르피치 휘발물질, 다핵방향족 탄화수소 채취에 사용

07 산업위생전문가의 윤리강령 중 사업주에 대한 책임에 해당하지 않는 것은? [2017년]

① 쾌적한 작업환경을 만들기 위하여 산업위생의 이론을 적용하고 책임있게 행동한다.
② 신뢰를 바탕으로 정직하게 권고하고 결과와 개선점은 정확히 보고한다.
③ 결과와 결론을 위해 사용된 모든 자료들을 정확히 기록·보관한다.
④ 업무 중 취득한 기밀에 대해 비밀을 보장한다.
⑤ 근로자의 건강에 대한 궁극적인 책임은 사업주에게 있음을 인식시킨다.

정답 ④
해설 ④ (×) 전문가로서의 책임에 대한 설명이다.

08 산업위생전문가(industrial hygienist)의 주요 활동으로 옳지 않은 것은? _{2018년}
① 근로자 건강영향을 설문으로 묻고 진단한다.
② 근로자의 근무기간별 직무활동을 기록한다.
③ 근로자가 과거에 소속된 공정을 설문으로 조사한다.
④ 구매할 기계장비에서 발생될 수 있는 유해요인을 예측한다.
⑤ 유해인자 노출을 평가한다.

> 정답 ①
> 해설 ① (×) 근로자 건강영향을 면담을 통해 묻고 진단한다.

09 산업위생의 목적 달성을 위한 활동으로 옳지 않은 것은? _{2019년}
① 메탄올의 생물학적 노출지표를 검사하기 위하여 작업자의 혈액을 채취하여 분석한다.
② 노출기준과 작업환경측정결과를 이용하여 작업환경을 평가한다.
③ 피토관을 이용하여 국소배기장치 닥트의 속도압(동압)과 정압을 주기적으로 측정한다.
④ 금속 흄 등과 같이 열적으로 생기는 분진 등이 발생하는 작업장에서는 1급 이상의 방진마스크를 착용하게 한다.
⑤ 인간공학적 평가도구인 OWAS를 활용하여 작업자들에 대한 작업 자세를 평가한다.

> 정답 ①
> 해설 ① (×) 메탄올의 생물학적 노출지표를 검사하기 위하여 작업자의 소변을 채취하여 분석한다.

10 산업위생의 범위에 관한 설명으로 옳지 않은 것은? _{2020년}
① 새로운 화학물질을 공정에 도입하려고 계획할 때, 알려진 참고자료를 바탕으로 노출 위험성을 예측한다.
② 화학물질 관리를 위해 국소배기장치를 직접 제작 및 설치한다.
③ 작업환경에서 발생할 수 있는 감염성질환을 포함한 생물학적 유해인자에 대한 위험성 평가를 실시한다.
④ 노출기준이 설정되지 않은 물질에 대하여 노출수준을 측정하고 참고자료와 비교하여 평가한다.
⑤ 동일한 직무를 수행하는 노동자 그룹별로 직무특성을 상세하게 기술하고 유사 노출그룹을 분류한다.

> 정답 ②
> 해설 ② (×) 화학물질 관리를 위해 국소배기장치를 직접 제작 및 설치할 필요는 없다.

11 미국산업위생학회에서 산업위생의 정의에 관한 설명으로 옳지 않은 것은? 2020년

① 인지란 현재 상황의 유해인자를 파악하는 것으로 위험성 평가(Risk Assessment)를 통해 실행할 수 있다.
② 측정은 유해인자의 노출 정도를 정량적으로 계측하는 것이며 정성적 계측도 포함한다.
③ 평가의 대표적인 활동은 측정된 결과를 참고자료 혹은 노출기준과 비교하는 것이다.
④ 관리에서 개인보호구의 사용은 최후의 수단이며 공학적, 행정적인 관리와 병행해야 한다.
⑤ 예측은 산업위생 활동에서 마지막으로 요구되는 활동으로 앞 단계들에서 축적된 자료를 활용하는 것이다.

정답 ⑤
해설 ⑤ (×) 예측은 마지막이 아니라 처음으로 요구되는 활동이다.

12 산업위생관리의 기본원리 중 작업관리에 해당하는 것은? 2020년

① 유해물질의 대체
② 국소배기 시설
③ 설비의 자동화
④ 작업방법 개선
⑤ 생산공정의 변경

정답 ④
해설 ④ (○) 작업적 관리에 해당한다. 작업적 관리는 유해 환경에 대한 노출을 줄이기 위해 작업자의 행동이나 작업 방식을 바꾸는 것을 포함한다. 여기에는 작업방법 개선, 작업시간 단축, 휴식시간 조정, 교육 및 훈련 등이 해당한다.
① 유해물질의 대체, ③ 설비의 자동화, ⑤ 생산공정의 변경: 이들은 유해 물질이나 공정 자체를 변경하거나 제거하는 방식으로, 공학적 관리에 해당한다.
② 국소배기 시설: 유해물질의 발생원에서 유해물질을 포집하여 제거하는 장치로, 역시 공학적 관리에 속한다.

구분	내용	예시
물리적 관리 (공학적 관리)	유해요인을 근원적으로 제거하거나 차단	국소배기장치, 밀폐화, 환기, 방음시설 등
작업관리 (관리적 관리)	작업조건·방법을 조정하여 노출을 줄이는 방법	작업방법 개선, 교대제 운영, 작업시간 단축, 휴식시간 부여 등
개인보호관리 (개인적 관리)	개인 보호구 착용을 통한 노출 방지	마스크, 보호장갑, 보호안경 등 착용

13 산업위생의 목적에 해당하는 것을 모두 고른 것은? `2021년`

> ㄱ. 유해인자 예측 및 관리
> ㄴ. 작업조건의 인간공학적 개선
> ㄷ. 작업환경 개선 및 직업병 예방
> ㄹ. 작업자의 건강보호 및 생산성 향상

① ㄱ, ㄴ, ㄷ
② ㄱ, ㄴ, ㄹ
③ ㄱ, ㄷ, ㄹ
④ ㄴ, ㄷ, ㄹ
⑤ ㄱ, ㄴ, ㄷ, ㄹ

정답 ⑤

14 우리나라에서 발생한 대표적인 직업병 집단 발생 사례들이다. 가장 먼저 발생한 것부터 연도순으로 나열한 것은? `2022년`

> ㄱ. 경남 소재 에어컨 부속 제조업체의 세척 작업 중 트리클로로메탄에 의한 간독성 사례
> ㄴ. 전자부품 업체의 2-bromopropane에 의한 생식독성 사례
> ㄷ. 휴대전화 부품 협력업체의 메탄올에 의한 시신경 장해 사례
> ㄹ. 노말-헥산에 의한 외국인 근로자들의 다발성 말초신경계 장해 사례
> ㅁ. 원진레이온에서 발생한 이황화탄소 중독 사례

① ㄱ → ㄴ → ㄷ → ㄹ → ㅁ
② ㄱ → ㅁ → ㄹ → ㄷ → ㄴ
③ ㄹ → ㄷ → ㄴ → ㄱ → ㅁ
④ ㅁ → ㄴ → ㄹ → ㄷ → ㄱ
⑤ ㅁ → ㄹ → ㄷ → ㄴ → ㄱ

정답 ④

15 산업재해의 인적 요인이라고 볼 수 없는 것은? `2022년`

① 작업 환경 ② 불안전행동
③ 인간 오류 ④ 사고 경향성
⑤ 직무 스트레스

> **정답** ①
> **해설** ① (×) 산업재해의 발생요인은 물리적 환경 요인과 인적 요인으로 구분된다. 물리적 환경 요인은 작업환경, 작업시간, 조명, 온도, 장비 등과 같은 요인, 인적 요인은 인간의 지능, 건강, 신체조건, 피로도, 근로경험, 연령, 성격 등이다.
> ② (○) 불안전상태는 재해 발생을 야기하는 물리적 환경을 뜻하고 불안전행동은 재해를 유발하는 행동 혹은 재해를 발생시키는 오류로 인간의 부적절한 행동 혹은 인간에게 내재되어 있는 시력, 질병, 걱정, 중독, 근육 운동의 부적절함, 업무 지식 부족과 같은 요인들이다.
> ④ (○) 사고 경향성(accident proness)이란 다른 사람보다 사고를 겪고 부상을 당하는 경향이 더 큰 사람을 가리키는 말이다(예 초보자, 충동 경향이 강한 사람). 자동차 사고는 젊은 남성 운전자에게 발생할 가능성이 가장 크다고 할 수 있다.

16 다음은 산업위생을 연구한 학자이다. 누구에 관한 설명인가? `2023년`

> - 독일 의사
> - "광물에 대하여(De Re Metallica)" 저술
> - 먼지에 의한 규폐증 기록

① Alice Hamilton ② Percival Pott
③ Thomas Percival ④ Georgius Agricola
⑤ Pliny the Elder

> **정답** ④

Topic 02 작업환경노출기준

1 노출기준의 의의(고용노동부고시 제2020-48호)

(1) 노출기준
   근로자가 유해인자에 노출되는 경우 노출기준 이하 수준에서는 거의 모든 근로자에게 건강상 나쁜 영향을 미치지 아니하는 기준을 말한다.

(2) 시간가중평균노출기준(Time Weighted Average, TWA)
   1일 8시간 작업을 기준으로 하여 유해인자의 측정치에 발생시간을 곱하여 8시간으로 나눈 값을 말한다.

$$TWA환산값 = \frac{C_1 \cdot T_1 + C_2 \cdot T_2 + \cdots + C_n \cdot T_n}{8}$$

   주) C : 유해인자의 측정치(단위 : ppm, mg/m³ 또는 개/cm³)
   　　T : 유해인자의 발생시간(단위 : 시간)

(3) 단시간노출기준(Short Term Exposure Limit, STEL)
   15분간의 시간가중평균노출값으로서 노출농도가 시간가중평균노출기준(TWA)을 초과하고 단시간노출기준(STEL) 이하인 경우에는 1회 노출 지속시간이 15분 미만이어야 하고, 이러한 상태가 1일 4회 이하로 발생하여야 하며, 각 노출의 간격은 60분 이상이어야 한다.

(4) 최고노출기준(Ceiling, C)
   근로자가 1일 작업시간동안 잠시라도 노출되어서는 아니 되는 기준을 말한다.

(5) 노출기준 설정방법
   ① 노동으로 인한 외부로부터 노출량(dose)과 반응(response)의 관계를 정립한 사람은 Theodore Hatch(1972)이다.
   ② 노출에 따른 활동능력의 상실과 조절능력의 상실 관계는 지수형 곡선으로 나타난다.
   ③ 항상성(homeostasis)이란 노출에 대해 적응할 수 있는 단계로 정상조절이 가능한 단계이다.
   ④ 정상기능 유지단계는 노출에 대해 방어기능을 동원하여 기능장해를 방어할 수 있는 대상성(compensation) 조절기능 단계이다.
   ⑤ 대상성(compensation) 조절기능 단계를 벗어나면 회복이 불가능하여 질병이 야기된다.

(6) 노출기준 사용상의 유의사항
   ① 각 유해인자의 노출기준은 해당 유해인자가 단독으로 존재하는 경우의 노출기준을 말하며, 2종 또는 그 이상의 유해인자가 혼재하는 경우에는 각 유해인자의 상가작용(synergistic toxicity)으로 유해성이 증가할 수 있으므로 다음식에 따라 산출하는 노출기준을 사용하여야 한다.

화학물질이 2종 이상 혼재하는 경우에 혼재하는 물질간에 유해성이 인체의 서로 다른 부위에 작용한다는 증거가 없는 한 유해작용은 가중되므로 노출기준은 다음식에 따라 산출하되, 산출되는 수치가 1을 초과하지 아니하는 것으로 한다.

$$\frac{C_1}{T_1} + \frac{C_2}{T_2} + \cdots + \frac{C_n}{T_n}$$

혼재하는 물질간에 유해성이 인체의 서로 다른 부위에 유해작용을 하는 경우에 유해성이 각각 작용하므로 혼재하는 물질 중 어느 한 가지라도 노출기준을 넘는 경우 노출기준을 초과하는 것으로 한다.

주) C : 화학물질 각각의 측정치
　　T : 화학물질 각각의 노출기준

② 노출기준은 1일 8시간 작업을 기준으로 하여 제정된 것이므로 이를 이용할 경우에는 근로시간, 작업의 강도, 온열조건, 이상기압 등이 노출기준 적용에 영향을 미칠 수 있으므로 이와 같은 제반요인을 특별히 고려하여야 한다.

③ 유해인자에 대한 감수성은 개인에 따라 차이가 있고, 노출기준 이하의 작업환경에서도 직업성 질병에 이환되는 경우가 있으므로 노출기준은 직업병진단에 사용하거나 노출기준 이하의 작업환경이라는 이유만으로 직업성질병의 이환을 부정하는 근거 또는 반증자료로 사용하여서는 아니 된다.

④ 노출기준은 대기오염의 평가 또는 관리상의 지표로 사용하여서는 아니 된다.

(7) 적용범위

이 고시에 유해인자의 노출기준이 규정되지 아니하였다는 이유로 법, 영, 규칙 및 안전보건규칙의 적용이 배제되지 아니하며, 이와 같은 유해인자의 노출기준은 미국산업위생전문가협회(American Conference of Governmental Industrial Hygienists, ACGIH)에서 매년 채택하는 노출기준(TLVs)을 준용한다.

2 국가별 노출기준의 명칭과 제정기관

노출기준의 명칭	제정기관	국가
PEL(Permissible Exposure Limits)	OSHA	미국
TLV(Threshold Limit Value)	ACGIH	
REL(Recommendation Exposure Limits)	NIOSH	
WEL(Workplace Exposure Levels)	HSE	영국
MAK(Maximum Concentration Values)	연방노동사회성	독일
OEL(Occupational Exposure Limits)		프랑스 스웨덴
노동안전위생법상 관리농도	후생 노동성	일본
권고농도	산업보건위원회	
법적기준(허용기준/노출기준)	고용노동부	한국

3 고용노동부 고시 제2020-48호 화학물질 및 물리적 인자의 노출기준

(1) 발암성(「화학물질의 분류·표시 및 물질안전보건자료에 관한 기준」)

표기	발암성 정보물질
1A	사람에게 충분한 발암성 증거가 있는 물질
1B	시험동물에서 발암성 증거가 충분히 있거나, 시험동물과 사람 모두에서 제한된 발암성 증거가 있는 물질
C	사람이나 동물에서 제한된 증거가 있지만, 구분1로 분류하기에는 증거가 충분하지 않은 물질

(2) 생식세포 변이원성 및 생식독성

① 유럽연합의 분류·표시에 관한 규칙(EU CLP)을 기준으로 작성한다.

② 생식세포 변이원성 및 생식독성 정보물질의 표기는 「화학물질의 분류·표시 및 물질안전보건자료에 관한 기준」에 따라 1A, 1B, 2로 표기한다.

(3) 소음의 노출기준(충격소음제외)

1일 노출시간(hr)	소음강도 dB(A)
8	90
4	95
2	100
1	105
1/2	110
1/4	115

(4) 충격소음의 노출기준

1일 노출시간(hr)	소음강도 dB(A)
100	140
1,000	130
10,000	120

(5) 고온의 노출기준

	경작업	중등작업	중작업
계속작업	30.0	26.7	25
매시간 75% 작업, 25% 휴식	30.6	28.0	25.9
매시간 50% 작업, 50% 휴식	31.4	29.4	27.9
매시간 25% 작업, 75% 휴식	32.2	31.1	30.0

(6) 라돈의 노출기준(신설 2018.3.20.)

작업장 농도(Bq/m^3)
600

4 고용노동부 화학물질 및 물리적 인자 노출 기준표

유해인자 명칭	노출기준				비고
	TWA		STEL		
	ppm	mg/m³	ppm	mg/m³	
몰리브덴 (불용성 화합물)		5			호흡성
불화수소	0.5		C 3		Skin
우라늄 (가용성 및 불용성 화합물)		0.2		0.6	발암성 1A
이염화에틸렌	10				발암성 1B
인듐 및 그 화합물		0.01			호흡성
일산화탄소	30		200		생식독성 1A
크롬산 아연		0.01			발암성 1A
트리클로로에틸렌	10		25		발암성 1A, 생식세포 변이원성 2

피부흡수에 관한 주의(Skin notation)
① Skin 표시 물질은 점막과 눈 그리고 경피로 흡수되어 전신 영향을 일으킬 수 있는 물질을 말함
② 피부자극성을 뜻하는 것이 아님

5 생물학적 노출지표검사 유해인자

유해인자	생물학적 노출지표	노출기준 값
노말-헥산	소변 중 2,5-헥산디온	5 mg/L
메틸클로로포름	소변 중 삼염화초산	10 mg/L
크실렌	소변 중 메틸마뇨산	1.5 g/g crea
톨루엔	소변 중 o-크레졸	0.8 mg/g crea
인듐	혈청 중 인듐	1.2 μg/L

6 직업병과 원인이 되는 물질

유해인자	직업병
크롬	비중격 천공
석면	종피종
수은	신장장해
유리규산	진폐증
노말헥산, 이황화탄소	말초신경장해

Topic 02 관련 기출 문제

01 우리나라와 세계적으로 널리 인용되고 있는 노출기준에 대해 명칭과 제정기관이 옳은 것만을 모두 고른 것은? `2013년`

보기	노출기준의 명칭	제정기관(국가)
ㄱ	PEL	HSE(영국)
ㄴ	REL	OSHA(미국)
ㄷ	TVL	ACGIH(미국)
ㄹ	WEEL	NIOSH(미국)
ㅁ	허용기준	고용노동부(대한민국)

① ㄱ, ㄴ
② ㄱ, ㄷ
③ ㄷ, ㄹ
④ ㄷ, ㅁ
⑤ ㄹ, ㅁ

> **정답** ④
> **해설** ㄱ. (×) WEL – HSE(영국)
> ㄴ. (×) PEL – OSHA(미국)
> ㄹ. (×) REL – NIOSH(미국), WEEL – AIHA(미국)

02 작업환경 중 물리적 요인에 관한 설명으로 옳지 않은 것은? `2014년`

① 우리나라 8시간 소음기준은 85 dB이다.
② 적외선에 과다하게 노출되면 백내장을 일으킨다.
③ 진동으로 인한 대표적인 건강장해는 레이노 증후군이다.
④ 해수면으로부터 20m를 잠수할 경우 잠수작업자가 받는 압력은 약 3기압이다.
⑤ 자외선 중 파장이 짧은 영역은 전리방사선이며, 피부에 노출될 경우 피부암을 일으킬 수 있다.

> **정답** ①
> **해설** ① (×) 우리나라 8시간 소음기준은 90dB 이상이다.

03 다음은 대표적인 직업병과 그 원인이 되는 물질을 연결한 것이다. 직업병의 원인이 되는 요인으로 옳지 않은 것은? 2014년
① 비중격천공 – 크롬
② 중피종–석면
③ 신장장해 – 수은
④ 진폐증 – 유리규산
⑤ 말초신경장해 – 메탄올

> **정답** ⑤
> **해설** ⑤ (×) 시신경 손상(실명) 및 뇌손상 – 메탄올
> 말초신경장해 – 노말헥산, 이황화탄소

04 근로자 보호를 위한 작업환경 노출기준에 관한 설명으로 옳은 것은? 2014년
① 단시간 노출기준은 8시간 시간가중평균 노출기준보다 높게 설정된다.
② TLV란 미국 산업안전보건청(OSHA)에서 설정한 법적 노출기준을 말한다.
③ 단시간 노출기준은 주로 만성독성을 일으키는 물질을 대상으로 설정된다.
④ 노출기준은 직업병의 발생여부를 판단하는 기준이다.
⑤ 두 가지 이상의 화학물질에 동시에 노출될 때는 기준이 낮은 화학물질을 기준으로 노출기준 여부를 판단한다.

> **정답** ①
> **해설** ② (×) PEL이란 미국 산업안전보건청(OSHA)에서 설정한 법적 노출기준을 말한다.
> ③ (×) 단시간 노출기준은 주로 급성독성을 일으키는 물질을 대상으로 설정된다.
> ④ (×) 노출기준이라 함은 근로자가 유해인자에 노출되는 경우 노출기준이하 수준에서는 거의 모든 근로자에게 건강상 나쁜 영향을 미치지 아니하는 기준을 말한다.
> ⑤ (×) 혼재하는 물질간에 유해성이 인체의 서로 다른 부위에 유해작용을 하는 경우에 유해성이 각각 작용하므로 혼재하는 물질 중 어느 한 가지라도 노출기준을 넘는 경우 노출기준을 초과하는 것으로 한다.

05 다음 중 노출기준(occupational exposure limits)에 관한 설명으로 옳은 것은? <small>2015년</small>

① 고용노동부 노출기준은 작업환경 측정 결과의 평가와 작업환경 개선 기준으로 사용할 수 있다.
② 일반 대기오염의 평가 또는 관리상의 기준으로는 사용할 수 없으나, 실내공기오염의 관리 기준으로는 사용할 수 있다.
③ MSDS에서 아세톤의 노출기준은 500ppm, 폭발하한계(LEL)는 2.5%로 표시되었다면, LEL은 노출기준보다 500배 높은 수준이다.
④ 우리나라는 작업자가 노출되는 소음을 누적노출량계로 측정할 때 Threshold 80dB, Criteria 90dB, Exchange rate 5dB 기준을 적용하므로, 만일 78dBA에 8시간 동안 노출되었다면 누적소음량은 10~50% 사이에 있을 것이다.
⑤ 최고노출기준(C)은 1일 작업시간 중 잠시라도 넘어서는 안 되는 농도이므로, 만일 15분 동안 측정했다면 측정치를 15로 보정하여 노출기준과 비교한다.

정답 ①

해설 ② (×) 노출기준은 대기오염의 평가 또는 관리상의 지표로 사용하여서는 아니 된다(화학물질 및 물리적 인자의 노출기준 제3조 제4항). 실내공기오염의 관리 기준은 「실내공기질 관리법」에 규정되어 있다.
③ (×) %를 ppm으로 환산하면 1%는 10,000ppm이다. 폭발하한계(LEL) 2.5%는 25,000pm이다. 따라서 LEL은 노출기준보다 50배 높은 수준이다.
④ (×) 만일 78dBA에 8시간 동안 노출되었다면 누적소음량은 15~20% 사이에 있을 것이다.

〈부록 2〉 누적 소음노출계에 의한 소음측정량(%)과 시간가중평균치(TWA)사이의 관계

(%)소음노출량	TWA[dB(A)]
10	73.4
15	76.3
20	78.4
25	80.0

㉠ 역치(Threshold)가 80dB란 의미는 80dB 이상의 소음수준만을 누적하여 측정한다는 의미가 된다.
㉡ 노출기준(Criteria)은 8시간 시간가중치를 의미하므로 90dB를 설정한다.
㉢ 교환율(Exchange Rate)은 소음수준이 어느 정도 증가할 때마다 노출 시간을 절반으로 감소시킬 것인가를 의미한다. 국내와 미국 OSHA에서는 5dB을 정하고 있다.
⑤ (×) 노출기준 고시에 최고노출기준(Ceiling, C)이 설정되어 있는 대상물질을 측정하는 경우에는 최고 노출 수준을 평가할 수 있는 최소한의 시간동안 측정하여야 한다. 「화학물질 및 물리적 인자의 노출기준(고용노동부 고시, 이하 '노출기준 고시'라 한다)」에 시간가중평균기준(TWA)이 설정되어 있는 대상물질을 측정하는 경우에는 1일 작업시간동안 6시간 이상 연속 측정하거나 작업시간을 등간격으로 나누어 6시간 이상 연속분리하여 측정하여야 한다.

06 유해인자 노출기준에 관한 설명으로 옳은 것은? [2016년]

① ACGIH TLV는 미국에서 법적 구속력이 있다.
② 대부분의 노출기준은 인체 실험에 의한 결과에서 설정된 것이다.
③ 우리나라 노출기준은 미국 OSHA PEL을 준용하고 있다.
④ 노출기준이 초과하면 질병이 대부분 발생한다.
⑤ 일반적으로 노출기준 설정은 인체면역에 의한 보상 수준을 고려한 것이다.

> **정답** ⑤
> **해설** ① (×) ACGIH TLV는 미국에서 법적 구속력이 없다.
> ② (×) 대부분의 노출기준은 동물 실험에 의한 결과에서 설정된 것이다.
> ③ (×) 유해인자의 노출기준은 미국산업위생전문가협회(American Conference of Governmental Industrial Hygienists, ACGIH)에서 매년 채택하는 노출기준(TLVs)을 준용한다(화학물질 및 물리적 인자의 노출기준 제4조).
> ④ (×) 노출기준이 초과하면 질병이 발생할 가능성이 높아지는 것이지 질병이 반드시 발생하는 것만은 아니다. 유해인자에 대한 감수성은 개인에 따라 차이가 있고, 노출기준 이하의 작업환경에서도 직업성 질병에 이환되는 경우가 있으므로 노출기준은 직업병진단에 사용하거나 노출기준 이하의 작업환경이라는 이유만으로 직업성질병의 이환을 부정하는 근거 또는 반증자료로 사용하여서는 아니 된다(화학물질 및 물리적 인자의 노출기준 제3조).

07 화학물질 및 물리적 인자의 노출기준에 관한 설명으로 옳지 않은 것은? [2023년]

① "최고노출기준(C)"이란 근로자가 1일 작업시간동안 잠시라도 노출되어서는 아니 되는 기준이다.
② 노출기준을 이용할 경우에는 근로시간, 작업의 강도, 온열조건, 이상기압도 고려하여야 한다.
③ "Skin" 표시물질은 피부자극성을 뜻하는 것은 아니며, 점막과 눈 그리고 경피로 흡수되어 전신 영향을 일으킬 수 있는 물질이다.
④ 발암성 정보물질의 표기는 화학물질의 분류·표시 및 물질안전보건자료에 관한 기준에 따라 1A, 1B, 2로 표기한다.
⑤ "단시간노출기준(STEL)"이란 15분간의 시간가중평균노출값으로서 노출농도가 시간가중평균노출기준(TWA)을 초과하고 단시간노출기준(STEL) 이하인 경우에는 1회 노출 지속시간이 15분 미만이어야 하고, 이러한 상태가 1일 3회 이하로 발생하여야 하며, 각 노출의 간격은 45분 이상이어야 한다.

> **정답** ⑤
> **해설** ⑤ (×) 15분간의 시간가중평균노출값으로서 노출농도가 시간가중평균노출기준(TWA)을 초과하고 단시간노출기준(STEL) 이하인 경우에는 1회 노출 지속시간이 15분 미만이어야 하고, 이러한 상태가 1일 4회 이하로 발생하여야 하며, 각 노출의 간격은 60분 이상이어야 한다.

08 화학물질 급성 중독으로 인한 건강영향을 예방하기 위한 노출기준만으로 옳은 것은? 〔2018년〕
① TWA, STEL
② Excursion limit, TWA
③ STEL, Ceiling
④ STEL, TLV
⑤ Excursion limit, TLV

정답 ③
해설 ③ (○) 화학물질의 급성 중독(acute toxicity) 예방을 위한 노출기준은 단시간 또는 순간적인 고농도 노출을 제한하기 위한 기준이다. 따라서 단시간노출기준(STEL, Short-Term Exposure Limit) 과 천정치·최고노출기준(Ceiling limit)가 이에 해당한다.

09 화학물질 및 물리적 인자의 노출기준 중 2018년에 신설된 유해인자로 옳은 것은? 〔2019년〕
① 우라늄(가용성 및 불용성 화합물)
② 몰리브덴(불용성 화합물)
③ 이브롬화에틸렌
④ 이염화에틸렌
⑤ 라돈

정답 ⑤

10 국가별 노출기준 중 법적 제재력이 없는 것은? 〔2020년〕
① 독일 GCIHHCC의 MAK
② 영국 HSE의 WEL
③ 일본 노동성의 CL
④ 우리나라 고용노동부의 허용기준
⑤ 미국 OSHA의 PEL

정답 ①
해설

노출기준의명칭	제정기관(국가)	법적 제재력
WEEL	AIHA(미국)	×
REL	NIOSH(미국)	×
TVL	ACGIH(미국)	×
MAK	GCIHHCC(독일)	×
OEL	JSOH(일본)	×
CL	후생 노동성(일본)	○
PEL	OSHA(미국)	○
WEL	HSE(영국)	○
허용기준	고용노동부(대한민국)	○

11 노출기준 설정방법 등에 관한 설명으로 옳지 <u>않은</u> 것은? [2021년]
① 노동으로 인한 외부로부터 노출량(dose)과 반응(response)의 관계를 정립한 사람은 Pearson Norman(1972)이다.
② 노출에 따른 활동능력의 상실과 조절능력의 상실 관계는 지수형 곡선으로 나타난다.
③ 항상성(homeostasis)이란 노출에 대해 적응할 수 있는 단계로 정상조절이 가능한 단계이다.
④ 정상기능 유지단계는 노출에 대해 방어기능을 동원하여 기능장해를 방어할 수 있는 대상성 (compensation) 조절기능 단계이다.
⑤ 대상성(compensation) 조절기능 단계를 벗어나면 회복이 불가능하여 질병이 야기된다.

> **정답** ①
> **해설** ① (×) 노동으로 인한 외부로부터 노출량과 반응의 관계를 정립한 사람은 Theodore Hatch(1972)이다.

12 화학물질 및 물리적 인자의 노출기준에서 유해물질별 그 표시 내용의 연결이 옳은 것은? [2021년]
① 인듐 및 그 화합물 - 흡입성
② 크롬산 아연 - 발암성 1A
③ 일산화탄소 - 호흡성
④ 불화수소 - 생식세포 변이원성 2
⑤ 트리클로로에틸렌 - 생식독성 1A

> **정답** ②
> **해설** ① 인듐 및 그 화합물 - 호흡성(노동부 고시)
> ③ 일산화탄소 - 생식특성 1A
> ④ 불화수소 - Skin
> ⑤ 트리클로로에틸렌 - 발암성 1A, 생식세포 변이원성 2

13 화학물질 및 물리적 인자의 노출기준에서 STEL에 관한 설명이다. ( )안의 ㄱ, ㄴ, ㄷ을 모두 합한 값은? [2022년]

> "단시간노출기준(STEL)"이란 (ㄱ) 분의 시간가중평균노출값으로서 노출농도가 시간가중평균노출기준(TWA)을 초과하고 단시간노출기준 이하인 경우에는 1회 노출 지속시간이 (ㄴ) 분 미만이어야 하고, 이러한 상태가 1일 4회 이하로 발생하여야 하며, 각 노출의 간격은 (ㄷ) 분 이상이어야 한다.

① 15
② 30
③ 65
④ 90
⑤ 105

> **정답** ④
> **해설** 90 = ㄱ. 15분 + ㄴ. 15분 + ㄷ. 60분

14 근로자건강진단 실무지침에서 화학물질에 대한 생물학적 노출지표의 노출기준 값으로 옳지 않은 것은? 2023년
① 노말-헥산 : [소변 중 2,5-헥산디온, 5 mg/L]
② 메틸클로로포름 : [소변 중 삼염화초산, 10 mg/L]
③ 크실렌 : [소변 중 메틸마뇨산, 1.5g/g crea]
④ 톨루엔 : [소변 중 o-크레졸, 1mg/g crea]
⑤ 인듐 : [혈청 중 인듐, 1.2㎍/L]

> 정답 ④
> 해설 ④ (×) 톨루엔 : [소변 중 o-크레졸, 0.8 mg/g crea]

15 고용노동부 고시에 따른 화학물질의 노출기준(TWA)으로 옳지 않은 것은? 2025년
① 납 및 그 무기화합물 : 0.05mg/㎥
② 니켈(불용성 무기화합물) : 0.2mg/㎥
③ 망간 및 무기 화합물 : 1mg/㎥
④ 인듐 및 그 화합물 : 0.5mg/㎥
⑤ 주석(유기화합물) : 0.1mg/㎥

> 정답 ④
> 해설 ④ (×) 고용노동부 고시에 따른 화학물질 노출기준(TWA)에서 인듐 및 그 화합물의 노출기준은 0.01mg/㎥이다.

16 산업안전보건기준에 관한 규칙에서 정하고 있는 특별관리물질이 아닌 것은? 2024년
① 디메틸포름아미드(68-12-2), 벤젠(71-43-2), 포름알데히드(50-00-0)
② 납(7439-92-1) 및 그 무기화합물, 1-브로모프로판(106-94-5), 아크릴로니트릴 (107-13-1)
③ 아크릴아미드(79-06-1), 포름아미드(75-12-7), 사염화탄소(56-23-5)
④ 트리클로로에틸렌(79-01-6), 2-브로모프로판(75-26-3), 1,3-부타디엔(106 99-0)
⑤ 니트로글리세린(55 63-0), 트리에틸아민(121-44-8), 이황화탄소(75-15-0)

> 정답 정답 ④, ⑤

17 화학물질 및 물리적 인자의 노출기준에서 노출기준 사용상의 유의사항으로 옳지 <u>않은</u> 것은?

_{2024년}

① 각 유해인자의 노출기준은 해당 유해인자가 단독으로 존재하는 경우의 노출기준이다.
② 노출기준은 1일 8시간 작업을 기준으로 하여 제정된 것이다.
③ 노출기준은 직업병진단에 사용하거나 노출기준 이하의 작업환경이라는 이유만으로 직업성 질병의 이환을 부정하는 근거 또는 반증자료로 사용하여서는 아니 된다.
④ 노출기준은 대기오염의 평가 또는 관리상의 지표로 사용하여서는 아니 된다.
⑤ 상승작용을 하는 화학물질이 2종 이상 혼재하는 경우에는 유해인자별로 각각 독립적인 노출기준을 사용하여야 한다.

정답 ⑤
해설 ⑤ (×) 제3조(노출기준 사용상의 유의사항) 각 유해인자의 노출기준은 해당 유해인자가 단독으로 존재하는 경우의 노출기준을 말하며, 2종 또는 그 이상의 유해인자가 혼재하는 경우에는 각 유해인자의 상가작용으로 유해성이 증가할 수 있으므로 제6조에 따라 산출하는 노출기준을 사용하여야 한다.

> 제6조(혼합물) ① 화학물질이 2종 이상 혼재하는 경우에 혼재하는 물질간에 유해성이 인체의 서로 다른 부위에 작용한다는 증거가 없는 한 유해작용은 가중되므로 노출기준은 다음식에 따라 산출하되, 산출되는 수치가 1을 초과하지 아니하는 것으로 한다.
>
> $$\frac{C_1}{T_1} + \frac{C_2}{T_2} + \cdots + \frac{C_n}{T_n}$$
>
> 주) C : 화학물질 각각의 측정치
>   T : 화학물질 각각의 노출기준
> ② 제1항의 경우와는 달리 혼재하는 물질간에 유해성이 인체의 서로 다른 부위에 유해작용을 하는 경우에 유해성이 각각 작용하므로 혼재하는 물질 중 어느 한 가지라도 노출기준을 넘는 경우 노출기준을 초과하는 것으로 한다.

18 화학물질 및 물리적인자의 노출기준에서 정보물질의 표기 내용에 해당하는 물질은? <u>2025년</u>

> - 시험동물에서 발암성 증거가 있거나 시험동물과 사람 모두에서 제한된 발암성 증거가 있는 물질
> - 생식세포 변이원성(1B)에 해당하는 물질

① 2-부톡시에탄올
② 디메틸포름아미드
③ 불화수소
④ 1,2-에폭시프로판
⑤ 벤조트리클로라이드

정답 ④

해설 화학물질 및 물리적 인자의 노출기준

일련번호	유해물질의 명칭 국문표기	화학식	노출기준 TWA ppm	TWA mg/m³	STEL ppm	STEL mg/m³	비 고 (CAS번호 등)
236	2-부톡시에탄올	$C_4H_9OCH_2CH_2OH$	20	–	–	–	[111-76-2] 발암성 2, Skin
77	디메틸포름아미드	$HCON(CH_3)_2$	10	–	–	–	[68-12-2] 생식독성 1B, Skin
230	벤조트리클로라이드	$C_7H_5Cl_3$	–	–	C 0.1	–	[98-07-7] 발암성 1B, Skin
415	1,2-에폭시프로판	CH_3CHOCH_2	2	–	–	–	[75-56-9] 발암성 1B, 생식세포 변이원성 1B
243	불화수소	HF	0.5	–	C 3	–	[7664-39-3] Skin

주: 1. Skin 표시 물질은 점막과 눈 그리고 경피로 흡수되어 전신 영향을 일으킬 수 있는 물질을 말함(피부자극성을 뜻하는 것이 아님)
2. 발암성 정보물질의 표기는 「화학물질의 분류·표시 및 물질안전보건자료에 관한 기준」에 따라 다음과 같이 표기함
   가. 1A: 사람에게 충분한 발암성 증거가 있는 물질
   나. 1B: 시험동물에서 발암성 증거가 충분히 있거나, 시험동물과 사람 모두에서 제한된 발암성 증거가 있는 물질
   다. 2: 사람이나 동물에서 제한된 증거가 있지만, 구분1로 분류하기에는 증거가 충분하지 않은 물질
3. 생식세포 변이원성 정보물질의 표기는 「화학물질의 분류·표시 및 물질안전보건 자료에 관한 기준」에 따라 다음과 같이 표기함
   가. 1A: 사람에게서의 역학조사 연구결과 양성의 증거가 있는 물질
   나. 1B: 다음 어느 하나에 해당하는 물질
     ① 포유류를 이용한 생체내(in vivo) 유전성 생식세포 변이원성 시험에서 양성
     ② 포유류를 이용한 생체내(in vivo) 체세포 변이원성 시험에서 양성이고, 생식세포에 돌연변이를 일으킬 수 있다는 증거가 있음
     ③ 노출된 사람의 정자 세포에서 이수체 발생빈도의 증가와 같이 사람의 생식세포 변이원성 시험에서 양성

19 화학물질 및 물리적 인자의 노출기준에서 공기 중 석면 농도의 표시 단위는? 2017년
① ppm
② mg/m³
③ mppcf
④ CFU/m³
⑤ 개/cm³

> **정답** ⑤
> **해설** ⑤ (O) 석면의 농도 표시는 세제곱센티미터 당 섬유개수(개/㎤)로 표시한다(작업환경측정 및 정도관리 등에 관한 고시 제20조).

20 화학물질 및 물리적 인자의 노출기준에서 용어 정의 및 노출 기준에 관한 설명으로 옳지 않은 것은? 2025년
① "노출기준"이란 근로자가 유해인자에 노출되는 경우 노출기준 이하 수준에서는 거의 모든 근로자에게 건강상 나쁜 영향을 미치지 아니하는 기준을 말한다.
② "최고노출기준(C)"이란 근로자가 1일 작업시간동안 잠시라도 노출되어서는 아니되는 기준을 말한다.
③ 가스 및 증기의 노출기준 표시단위는 ppm이다.
④ 노출기준은 1일 작업시간동안의 시간가중평균노출기준(TWA), 단시간노출기준(STEL), 최고노출기준(C)으로 표시한다.
⑤ 내화성세라믹섬유의 노출기준 표시단위는 mg/m³이다.

> **정답** ⑤
> **해설** ⑤ (×) 석면 및 내화성세라믹섬유의 노출기준 표시단위는 개/cm³이다. 분진 및 미스트 등 에어로졸(Aerosol)의 노출기준 표시단위는 세제곱미터당 밀리그램(mg/m³)을 사용한다.

Topic 03 작업환경 측정 및 평가

1 노출수준 등급 분류

등급	내용
1	화학물질의 노출수준이 10% 미만
2	화학물질의 노출수준이 10% 이상~50% 미만
3	화학물질의 노출수준이 50% 이상~100% 이하
4	화학물질의 노출수준이 100% 초과

2 화학물질의 노출수준

$$노출수준(\%) = \frac{측정결과}{노출기준(TWA)} \times 100$$

3 작업환경측정단위

(1) 물리적 유해인자
① 소음 : dB(A)
② 진동 : m/sec2
③ 전리방사선 : mSv(Sievert)
④ 비전리방사선 : μW/cm2

(2) 화학적 및 생물학적 유해인자
① 공기 중의 화학물질의 양 : μg/m³, mg/m³, ppm 등
② 공기 중에 존재하는 입자상 물질의 양 : μg/m³, mg/m³
③ 공기 중에 섬유 상태로 존재하는 석면이나 유리섬유 : 개/cm³
④ 공기 중에 존재하는 총 세균(곰팡이) 수 : CFU(Colony Forming Unit)/m³

4 작업환경 측정 대상 작업장

(1) 대상
상시근로자 1인 이상 고용사업장으로서 소음, 분진(6종), 고열, 금속가공유, 화학물질(182종) 등에 노출되는 근로자가 있는 옥·내외 작업장

(2) 측정 대상 제외 작업장
　① 임시작업(월 24시간 미만) 및 단시간작업(1일1시간 미만)
　② 관리대상 유해물질의 허용소비량을 초과하지 않는 작업장
　③ 분진적용제외 작업장

5 측정 시간

(1) 원칙
　1일 작업시간동안 6시간 이상 연속 측정하거나 작업시간을 등간격으로 나누어 6시간 이상 연속분리 측정하여야 한다.

(2) 예외
　① 1일 작업시간 중 대상물질의 발생시간이 6시간 이하이거나, 불규칙작업으로 6시간 이하의 작업 또는 발생원에서의 발생시간이 간헐적인 경우에는 발생시간동안 측정한 경우
　② 화학물질 및 물리적 인자의 노출기준에 단시간 노출기준(STEL)이 설정되어 있는 대상물질로서 단시간 고농도에 노출된 경우에는 1회에 15분간, 1시간 이상의 등간격으로 4회 이상 단시간 측정한 경우
　③ 화학물질 및 물리적 인자의 노출기준에 최고노출기준(Ceiling, C)이 설정되어 있는 대상물질에 대하여는 순간농도측정을 위한 기기를 이용하여 최고노출기준 값의 측정이 가능한 최소한의 시간동안 실시한 경우.

6 위치에 따른 시료채취 방법

(1) 개인시료(personal sample)
　① 근로자의 호흡위치(호흡기를 중심으로 반경 30cm인 반구)에서 채취
　② 작업자의 옷깃 영역에 시료채취용 펌프를 부착

(2) 지역시료(area sample)
　① 시료채취기를 이용하여 가스·증기·분진·흄(fume)·미스트(mist) 등을 근로자의 작업행동 범위에서 호흡기 높이에 고정하여 채취하는 것을 말한다.
　② 직독식 측정(실시간 현장에서 농도를 측정)기기

7 흡착관 종류

(1) 활성탄
　① 비극성류의 유기용제, 각종 방향족 유기용제, 할로겐화 지방족 유기용제, 에스테르류, 알코올류, 에테르류, 케톤류 등
　② 탈착용매는 이황화탄소를 주로 사용함

(2) 실리카겔
① 극성류의 유기용제, 산(무기산 : 불산, 염산), 방향족 아민류, 지방족 아민류, 아미노에탄올, 아마이드류, 니트로벤젠류, 페놀류 등
② 탈착용매로 물과 메탄올을 주로 사용함

(3) 다공성중합체
활성탄보다 반응성과 표면적이 낮으며 Tenax, XAD-2, Chromosorb, Porapaks 등이 있다.

8 수동식 시료채취기(passive sampler, 확산포집기)

(1) 개념
① 공기채취펌프가 필요하지 않고, 작업장에 존재하는 자연적인 기류를 이용하여 흡착제에 공기 중 유기물질 등 시료채취하는 방식
② 확산(diffusion)에 의하여 측정매체에 포집되는 원리

(2) 장점
① 간편성과 편리성이다.
② 근로자들이 착용하기 쉽다.
③ 능동식 시료채취기와 달리 포집하는 펌프가 필요 없어 유량보정을 필요로 하지 않는다.

(3) 단점
① 시료채취시간, 기류, 온도, 습도 등의 영향을 받는다.
② 매우 낮은 농도를 측정하려면 능동식에 비하여 더 많은 시간이 소요된다.
③ 작업장 내 최소한의 기류가 있어야 한다.
④ 측정할 수 있는 물질의 종류가 제한적이다.

9 능동식 시료채취기(active sampler)

(1) 개념
샘플링 메디아(펌프, 유리관)로 펌프를 이용하여 공기를 당기는 포집법

(2) 장점
① 공정시험법이 대부분, 법적 측정
② 포집 부피의 정확성을 위하여 보정, 측정이 가능
③ 한 개의 펌프로 여러 인자 포집이 가능(증기, 에어로졸 등
④ 파과 여부를 알 수 있음

(3) 단점
① 장비가 무거워 근로자에게 불편

② 준비하는데 시간이 오래 소요
③ 사용시 교육이 필요함
④ 펌프 가격이 높음

10 작업환경 측정 시료 분석

(1) 유기용제 분석
① 의의
크로마토그래프란 두 가지 이상의 성분으로 된 물질을 단일성분으로 분리하는 기법을 말한다.
② 종류
㉠ 이온크로마토그래피(IC) : 전도도검출기, 암모니아 작업환경 측정 및 분석
㉡ 기체크로마토그래피(GC) : 불꽃이온화검출기, 전자포획검출기, 열전도도검출기
㉢ 고성능액체크로마토그래피(HPLC) : 자외선검출기, 전기화학검출기

(2) 중금속 분석
미세먼지에서 중금속은 원자흡광분석장치로 정량한다.

11 표준기기(보정기구)

(1) 1차 표준기구
① 물리적 크기에 의하여 공간의 부피를 직접 측정하여 펌프 유량을 보정
② 비누거품미터, 피토튜브, 폐활량계, 흑연 피스톤 미터(무마찰 피스톤미터) 등이 있음

(2) 2차 표준기구
① 공간의 부피를 직접 알 수 없기 때문에 1차 표준기구를 다시 보정
② 로터미터, 습식 세스트미터, 건식 가스미터, 오리피스 미터 등이 있음

12 소리와 소음

(1) 개념
① 소리(Sound) : 인간의 귀가 감지해 낼 수 있는 어떤 압력 변동
② 소음(Noise) : 사람이 원하지 않는 소리 또는 정신적·신체적으로 인체에 유해한 소리

(2) 특성
① 인간의 가청주파수(Frequence) 영역 : 20~20,000 Hz
② 회화주파수 영역 : 250~3,000 Hz

(3) 소음의 노출기준

① 연속음[18]

노출시간 (시간/일)	음압수준 [dB(A)]
8	90
4	95
2	90
1	105
1/2(30분)	110
1/4(15분)	115

② 충격소음[19]

1일 노출 회수	충격소음의 강도 [dB(A)]
100	140
1,000	130
10,000	120

(4) 소음이 인체에 미치는 영향 : 소음성 난청

① 일시적 난청
   ㉠ 강력한 소음에 노출된 직후에 발생
   ㉡ 휴식을 취할 경우 회복 가능한 피로현상
② 영구적 난청
   강력한 소음에 반복적으로 노출되면 영구적 청력변화가 되며, 회복이 불가능

13 작업환경 측정(유해인자 노출평가) 과정

(1) 예비조사
   ① 여러 유해인자 중 위험이 큰 측정대상 유해인자 선정
   ② 노출 가능한 유해인자 파악
   ③ 시료채취전략 수립
   ④ 공정과 직무 파악

(2) 작업환경 시료채취

(3) 시료 분석

(4) 결과보고서 작성

---

[18] 하루 종일 일정한 크기의 소리가 발생되는 것, 1초에 1회 이상일 때
[19] 최대음압수준이 120 dB 이상인 소음이 1초 이상간격으로 발생하는 것

Topic 03 관련 기출 문제

01 현재 국내 작업환경측정 대상이면서 물리적 유해인자로 옳은 것은? `2025년`
① 분진 ② 고열
③ 진동 ④ 전리방사선
⑤ 미스트(mist)

정답 ②
해설 ① (×) 분진은 작업환경측정 대상 유해인자이지만 물리적 유해인자는 아니다.
③ (×) 진동은 작업환경측정 대상 유해인자가 아니다.
④ (×) 전리방사선은 작업환경측정 대상 유해인자가 아니다.
⑤ (×) 미스트(mist)는 액체가 외부의 충격이나 힘에 의하여 액체 입자형태(예 : 분진, 흄, 오일미스트 등)로 공기 중으로 비산되어 있는 물질이다. 지문에 해당하는 사항은 아니다.

- 산업안전보건법 시행규칙 별표 21
  작업환경측정 대상 유해인자
1. 화학적 인자
   가. 유기화합물(114종)
   나. 금속류(24종)
   다. 산 및 알칼리류(17종)
   라. 가스 상태 물질류(15종)
   마. 영 제88조에 따른 허가 대상 유해물질(12종)
   바. 금속가공유[Metal working fluids, 1종]
2. 물리적 인자(2종)
   가. 8시간 시간가중평균 80dB 이상의 소음
   나. 안전보건규칙 제558조에 따른 고열
3. 분진(dust, 7종)
   가. 광물성 분진
      1) 규산
         가) 석영 나) 크리스토발라이트 다) 트리디마이트
      2) 규산염
         가) 소우프스톤 나) 운모 다) 포틀랜드 시멘트 라) 활석(석면 불포함) 마) 흑연
      3) 그 밖의 광물성 분진
   나. 곡물 분진
   다. 면 분진
   라. 목재 분진
   마. 석면 분진
   바. 용접 흄
   사. 유리섬유
4. 그 밖에 고용노동부장관이 정하여 고시하는 인체에 해로운 유해인자

02 작업환경 측정방법에 관한 설명으로 옳은 것은? 2013년
① 일반적으로 입자상 물질의 측정결과 단위는 mg/m³ 또는 ppm으로 표기한다.
② 시너와 같은 비극성 유기용제를 공기 중에서 시료채취하기 위해서는 실리카겔관을 매체로 사용한다.
③ 일반적으로 실내에서 온열환경을 측정하기 위해서는 자연습구온도(NWBT)와 흑구온도(GT)만 측정한다.
④ 작업장 근로자의 소음 노출수준을 측정하기 위해 사용하는 지시소음계는 'fast' 모드로 설정하여 측정하여야 한다.
⑤ MCE 여과지를 이용하여 석면을 포집하기 전·후에 실시하는 시료채취펌프의 유량보정을 실제보다 낮게 평가했다면 최종 측정결과인 공기 중 석면농도는 과소평가하게 된다.

> **정답** ③
> **해설** ① (×) 일반적으로 입자상 물질의 측정결과 단위는 μg/m³, mg/m³이다. ppm은 화학물질의 측정결과 단위이다.
> ② (×) 시너와 같은 비극성 유기용제를 시료채취하기 위해서는 활성탄관을 매체로 사용한다.
> ④ (×) 'slow' 모드로 설정하여 측정하여야 한다(작업환경측정 및 지정측정기관 평가 등에 관한 고시 제26조).
> ⑤ (×) MCE 여과지를 이용하여 석면을 포집하기 전·후에 실시하는 시료채취펌프의 유량보정을 실제보다 낮게 평가했다면 최종 측정결과인 공기 중 석면농도는 과대평가하게 된다.

03 축전지 제조 작업장에서 측정된 5개의 공기 중 카드뮴 시료의 농도가 0.02, 0.08, 0.05, 0.25, 0.01 mg/m³일 때, 다음 중 옳은 것은? 2013년
① 측정치들은 정규분포를 하고 있다.
② 대표치는 노출기준을 초과하였다.
③ 측정치의 변이가 너무 커서 재측정하여야 한다.
④ 측정치의 대표치인 기하평균(GM)은 0.082 mg/m³이다.
⑤ 측정치의 변이인 기하표준편차(GSD)는 약 0.098이다.

> **정답** ②
> **해설** ② (○) 카드뮴의 노출한계는 0.03mg/m³이다. 대표치인 기하평균은 약 0.045730이므로 노출기준을 초과하였다. 산술평균값인 0.082 또한 노출기준을 초과하였다.
> ① (×) 정규 분포는 평균을 중심으로 하며, 종모양의 대칭적인 형태를 가지고 있습니다. 평균에 샘플(sample)들이 집중되어 있어야 한다. 지문처럼 단순히 평균이 중앙에 있다고 하여 정규 분포를 이룬다고 판단할 수 없다.
> ③ (×) 표준편차가 클 경우 변이의 정도가 크다고 할 수 있다. 반대로 표준편차가 작을 경우 변이의 정도가 작다고 할 수 있다. 표준편차는 분산의 제곱근으로부터 구할 수 있다. 분산이란 측정값과 산술평균(0.082) 편차를 제곱한 것의 평균값이다.

④ (×) 0.082는 산술평균값이다. 0.082=(0.02+0.08+0.05+0.25+0.01)/5이다. 측정치의 대표치인 기하평균이란 주어진 n개의 양수의 곱의 n제곱근의 값을 말한다.

기하평균 = $\sqrt[5]{0.02 \times 0.08 \times 0.05 \times 0.25 \times 0.01}$, 대략적으로 0.045730505192733 정도가 도출된다.

⑤ (×) 기하표준편차는 데이터가 기하평균에서 얼마나 흩어져 있는가를 나타내는 값이다. 실제 시험장에서는 단순히 산술평균(0.082)만을 구하더라도 정답을 고를 수 있다.

04 작업환경측정에 관한 설명으로 옳은 것은? 〈2014년〉

① 비극성 유기용제는 주로 활성탄으로 채취한다.
② 작업환경측정에서 일반적으로 개인시료는 직독식 측정기기를, 지역시료는 시료 채취용 펌프를 이용한다.
③ 최고노출기준(ceiling)이 설정되어 있는 화학물질은 15분 동안 측정하여야 한다.
④ 소음노출량계로 소음을 측정할 때에는 Threshold는 80dB, Criteria는 90dB, Exchange rate는 5dB로 설정한다.
⑤ 산업안전보건법에 의하여 실시하는 작업환경측정에서 8시간 시간가중평균(8hr-TWA)을 측정하기 위해서는 최소한 5시간 이상 측정하여야 한다.

정답 ①, ④
해설 ② (×) 반대로 설명되어 있다.
③ (×) 단기간 노출기준(STEL)이 설정되어 있는 화학물질은 15분 동안 측정하여야 한다.
⑤ (×) 「화학물질 및 물리적 인자의 노출기준(고용노동부 고시)에 시간가중평균기준(TWA)이 설정되어 있는 대상물질을 측정하는 경우에는 1일 작업시간동안 6시간 이상 연속 측정하거나 작업시간을 등간격으로 나누어 6시간 이상 연속분리하여 측정하여야 한다. 시간가중평균노출기준(TWA)이란 1일 8시간 작업을 기준으로 하여 유해인자의 측정치에 발생시간을 곱하여 8시간으로 나눈 값을 말한다.

05 CHARM(Chemical Hazard Risk Management) 시스템에 따른 사업장의 화학물질에 대한 위험성 평가에 있어서 작업환경측정 결과를 활용한 노출수준 등급 구분으로 옳지 않은 것은? 〈2015년〉

① 4등급 - 화학물질 노출기준 초과
② 3등급 - 화학물질 노출기준의 50% 이상~100% 이하
③ 2등급 - 화학물질 노출기준의 10% 이상~50% 미만
④ 1등급 - 화학물질 노출기준의 10% 미만
⑤ 1등급 상향조정 - 직업병 유소견자가 확인된 경우

정답 ⑤

06 다음 작업환경 측정 및 평가에 관한 설명으로 옳은 것은? 2015년

① 가스상 물질을 시료 채취할 때 일반적으로 수동식 방법이 능동식 방법보다 정확성과 정밀도가 더 높다.
② 유기용제나 중금속의 검출한계는 시료를 반복 분석하여 구할 수 있지만, 중량분석을 하는 호흡성 분진은 검출한계를 구할 수 없다.
③ 월 30시간 미만인 임시 작업을 행하는 작업장의 경우 법적으로 작업환경측정 대상에서 제외될 수 있다.
④ 작업환경측정 자료에서 만일 기하표준편차가 1미만이라면 이 통계치는 높은 신뢰성을 가졌다고 할 수 있다.
⑤ 콜타르피치, 코크스오븐배출물질, 디젤배출물질에 공통적으로 함유된 산업보건학적 유해인자 중 하나는 다핵방향족탄화수소이다.

정답 ⑤

해설 ① (×) 가스상 물질[20]을 시료 채취할 때 일반적으로 능동식 방법이 수동식 방법보다 정확성과 정밀도가 더 높다.
② (×) 호흡성 분진은 중량분석이 아니라 호흡성분진용 분립장치 또는 호흡성 분진을 채취할 수 있는 기기를 이용한다.

유해인자	측정 및 분석방법
석면의 농도	여과채취방법, 계수방법 등
광물성분진	여과채취방법
용접흄	여과채취방법
기타 입자상 물질	여과채취방법으로 측정한 후 중량분석방법이나 유해물질 종류에 따른 적합한 방법으로 분석
호흡성분진	호흡성분진용 분립장치, 호흡성분진을 채취할 수 있는 기기를 이용한 여과채취방법
흡입성분진	흡입성분진용 분립장치, 흡입성분진을 채취할 수 있는 기기를 이용한 여과채취방법

③ (×) 월 24시간 미만인 임시 작업을 행하는 작업장의 경우 법적으로 작업환경측정 대상에서 제외될 수 있다.
④ (×) 작업환경측정 자료에서 만일 기하표준편차가 1미만이라면 이 통계치는 낮은 신뢰성을 가졌다고 할 수 있다.

---

20) 황화합물, 질소화합물, 탄소함유화합물, 탄화수소류, 휘발성 유기화합물 등을 말한다.

07 소음에 관한 설명으로 옳은 것을 모두 고른 것은? 2016년

> ㄱ. 소음의 크기 지각은 소음의 주파수와 관련이 없다.
> ㄴ. 8시간 근무를 기준으로 작업장 평균 소음 크기가 60dB이면 청력손실의 위험이 있다.
> ㄷ. 큰 소음에 반복적으로 노출되면 일시적으로 청지각의 임계값이 변할 수 있다.
> ㄹ. 소음원과 작업자 사이에 차단벽을 설치하는 것은 효과적인 소음 통제 방법이다.
> ㅁ. 한 여름에는 전동 공구 작업자에게 귀마개를 착용하지 않도록 한다.

① ㄱ, ㄴ   ② ㄴ, ㄷ
③ ㄷ, ㄹ   ④ ㄱ, ㄹ, ㅁ
⑤ ㄴ, ㄷ, ㄹ

정답 ③
해설 ㄱ. (×) 소음의 크기 지각은 소리의 크기와 주파수 구성 외에도 지속시간, 발생횟수, 소음수준의 변동, 예측가능성 등이 소음의 지각에 영향을 미친다.
ㄴ. (×) 8시간 근무를 기준으로 작업장 평균 소음 크기가 90dB이면 청력손실의 위험이 있다.
ㅁ. (×) 귀마개는 계절에 관계없이 착용해야 한다.

08 유해인자 노출평가에서 고려할 사항이 아닌 것은? 2016년

① 흡수경로(침입경로)   ② 노출시간
③ 노출빈도   ④ 작업강도
⑤ 작업숙련도

정답 ⑤

09 공기 중 화학물질 농도(섬유 포함)를 표현하는 단위가 아닌 것은? 2016년

① ppm   ② $\mu g/m^3$
③ CFU/m^3 ④ 개수/cc
⑤ mg/m^3

정답 ③
해설 ③ (×) CFU/m^3는 공기 중 세균(곰팡이) 농도를 표현하는 단위이다.

10 비누거품미터의 뷰렛 용량은 500ml이고, 거품이 지나가는데 10초가 소요되었다면 공기시료채취기의 유량(L/min)은? `2017년`

① 2.0
② 3.0
③ 4.0
④ 5.0
⑤ 6.0

> **정답** ②
> **해설** 유량(L/분) = $\dfrac{\text{비누거품이 통과한 용량}(L)}{\text{비누거품이 통과한 시간(분)}}$
> $= \dfrac{1/2(500ml)l}{10초/60(초/분)}$
> $= 3.0$

11 공기시료채취펌프를 무마찰 비누거품관을 이용하여 보정하고자 한다. 비누거품관의 부피는 500cm3이었고 3회에 걸쳐 측정한 평균시간이 20초였다면, 펌프의 유량(L/min)은? `2019년`

① 1.0
② 1.5
③ 2.0
④ 2.5
⑤ 3.0

> **정답** ②
> **해설** $\dfrac{1/2(500cm3)}{20/60} = 1.5$

12 소리와 소음에 관한 설명으로 옳은 것은? `2018년`

① 인간의 가청주파수 영역은 20,000 Hz~30,000 Hz다.
② 인간이 지각한(perceived) 음의 크기는 음의 세기(dB)와 항상 정비례한다.
③ 강력한 소음에 노출된 직후에 발생하는 일시적 청력손실은 휴식을 취하더라도 회복되지 않는다.
④ 우리나라 소음노출기준은 소음강도 90 dB(A)에 8시간 노출될 때를 허용기준선으로 정하고 있다.
⑤ 소음노출지수가 100% 이상이어야 소음으로부터 안전한 작업장이다.

정답 ④
해설 ① (×) 인간의 가청주파수 영역은 20Hz~20,000 Hz다.
② (×) 인간이 지각한(perceived) 음의 크기는 음의 세기(dB)와 항상 정비례하지는 않는다.
③ (×) 강력한 소음에 노출된 직후에 발생하는 일시적 청력손실은 휴식을 취할 경우 청력이 회복이 된다. 소음 노출 후 휴식기간을 가지면 청력이 회복되는 가역성 청력 손실을 일시적 청력 손실이라고 하며 영구적 감각신경성 청력 손실을 소음성 난청이라고 말하기도 한다.
⑤ (×) 소음노출지수가 1미만이어야 소음으로부터 안전한 작업장이다.

$$\text{소음노출지수} = \frac{\text{노출시간}}{\text{허용시간}}$$

13 유해물질 측정과 분석에 관한 설명으로 옳은 것은? 〔2018년〕
① 공기 중 먼지 농도를 표현하는 단위는 ppm이다.
② 공기 채취 펌프와 화학물질 분석기기는 1차 표준기구이다.
③ 미세먼지에서 중금속은 크로마토그래피로 정량한다.
④ 개인시료(personal sample) 채취에 의한 농도는 종합적인 유해인자 노출을 나타낸다.
⑤ 공기 중 유기용제는 대부분 고체 흡착관으로 채취한다.

정답 ⑤
해설 ⑤ (○) 고체 흡착관이란 고체로 된 흡착제가 들어있는 관이다. 그 관에 공기가 통과하게 되면 냄새 및 악취성분들이 흡착제에 달라붙게 되어 탈착되는 것이다.
① (×) 공기 중 먼지 농도를 표현하는 단위는 ㎍/m³, mg/m이다.
② (×) 1차 표준기구로는 비누거품미터, 피토튜브, 폐활량계, 흑연 피스톤 미터(무마찰 피스톤미터) 등이 있다.
③ (×) 미세먼지에서 중금속은 원자흡광분석장치로 정량한다.
④ (×) 지역시료(area sample) 채취에 의한 농도는 종합적인 유해인자 노출을 나타낸다.

14 작업환경측정(유해인자 노출평가) 과정에서 예비조사 활동에 해당하지 않는 것은? 〔2018년〕
① 여러 유해인자 중 위험이 큰 측정대상 유해인자 선정
② 시료채취전략 수립
③ 노출기준 초과여부 결정
④ 공정과 직무 파악
⑤ 노출 가능한 유해인자 파악

정답 ③
해설 ③ (×) 시료분석 과정에서 노출기준 초과여부 결정이 이뤄진다.

15 나노먼지가 주로 발생되는 공정 또는 작업이 <u>아닌</u> 것은? 　2018년
① 용접
② 유리 용융
③ 선철 용해
④ CNC 가공
⑤ 디젤 연소(diesel combustion)

> **정답** ④
> **해설** ④ (×) 나노먼지는 용접, 유리 용융, 선철 용해, 디젤 연소 등으로 인해 발생한다. CNC 가공이란 CNC공작기계를 이용하여 금속, 플라스틱 등의 재료를 다양한 공구로 깎아 가공하는 기술이다.

16 소음의 특성과 청력손실에 관한 설명으로 옳지 <u>않은</u> 것은? 　2020년 수정
① 0dB 청력수준은 20대 정상 청력을 근거로 산출된 최소역치수준이다.
② 소음성 난청은 달팽이관의 유모세포 손상에 따른 영구적 청력손실이다.
③ 소음성 난청은 주로 1,000Hz 주변의 청력손실로부터 시작된다.
④ 소음작업이란 1일 8시간 작업을 기준으로 90dBA 이상의 소음이 발생하는 작업이다.
⑤ 중이염 등으로 고막이나 이소골이 손상된 경우 기도와 골도 청력에 차이가 발생할 수 있다.

> **정답** ③
> **해설** ③ (×) 소음성 난청은 주로 4,000Hz 주변의 청력손실로부터 시작된다.

17 우리나라 작업환경측정에서 화학적 인자와 시료채취 매체의 연결이 옳은 것은? 　2021년
① 2-브로모프로판 - 실리카겔관
② 디메틸포름아미드 - 활성탄관
③ 시클로헥산 - 실리카겔관
④ 트리클로로에틸렌 - 활성탄관
⑤ 니켈 - 활성탄관

> **정답** ④
> **해설** ① (×) 2-브로모프로판 - 활성탄관
> ② (×) 디메틸포름아미드 - 실리카겔관
> ③ (×) 시클로헥산 - 활성탄관
> ⑤ (×) 니켈 - 막여과지와 패드가 장착된 3단 카세트

18 수동식 시료채취기(passive sampler)에 관한 설명으로 옳지 않은 것은? 2022년
① 간섭의 원리로 채취한다.
② 장점은 간편성과 편리성이다.
③ 작업장 내 최소한의 기류가 있어야 한다.
④ 시료채취시간, 기류, 온도, 습도 등의 영향을 받는다.
⑤ 매우 낮은 농도를 측정하려면 능동식에 비하여 더 많은 시간이 소요된다.

정답 ①
해설 ① (×) 수동식 시료채취기는 흡착의 원리 또는 확산의 자연원리로 채취한다(기류에 의한 확산과 투과).

19 작업환경측정 및 정도관리 등에 관한 고시에서 정하는 용어의 정의로 옳지 않은 것은? 2024년
① "정확도"란 일정한 물질에 대해 반복측정·분석을 했을 때 나타나는 자료 분석치의 변동크기가 얼마나 작은가 하는 수치상의 표현을 말한다.
② "직접채취방법"이란 시료공기를 흡수, 흡착 등의 과정을 거치지 아니하고 직접 채취대 또는 진공채취병 등의 채취용기에 물질을 채취하는 방법을 말한다.
③ "호흡성분진"이란 호흡기를 통하여 폐포에 축적될 수 있는 크기의 분진을 말한다.
④ "흡입성분진"이란 호흡기의 어느 부위에 침착하더라도 독성을 일으키는 분진을 말한다.
⑤ "고체채취방법"이란 시료공기를 고체의 입자층을 통해 흡입, 흡착하여 해당 고체입자에 측정하려는 물질을 채취하는 방법을 말한다.

정답 ①
해설 ① (×) "정밀도"에 관한 설명이다. "정확도"란 분석치가 참값에 얼마나 접근하였는가 하는 수치상의 표현을 말한다.

20 작업환경측정 및 정도관리 등에 관한 고시에서 정하는 시료채취에 관한 설명으로 옳은 것은? 2024년
① 8명이 있는 단위작업 장소에서는 평균 노출근로자 2명 이상에 대하여 동시에 개인 시료채취방법으로 측정한다.
② 개인 시료채취 시 동일 작업근로자수가 20명을 초과하는 경우에는 매 5명당 1명 이상 추가하여 측정하여야 한다.
③ 개인 시료채취 시 동일 작업근로자수가 50명을 초과하는 경우에는 최대 시료채취 근로자수를 10명으로 조정할 수 있다.
④ 지역 시료채취 방법으로 측정을 하는 경우 단위작업장소 내에서 1개 이상의 지점에 대하여 동시에 측정하여야 한다.
⑤ 지역시료 채취 시 단위작업 장소의 넓이가 50평방미터 이상인 경우에는 매 30 평방미터마다 1개 지점 이상을 추가로 측정하여야 한다.

정답 ⑤

해설 ① (×) 단위작업 장소에서는 최고 노출근로자 2명 이상에 대하여 동시에 측정하되, 단위작업장소에 근로자가 1명인 경우에는 그러하지 아니하다.
② (×) 개인 시료채취 시 동일 작업근로자수가 10명을 초과하는 경우에는 매 5명당 1명(1개지점) 이상 추가하여 측정하여야 한다.
③ (×) 개인 시료채취 시 동일 작업근로자수가 100명을 초과하는 경우에는 최대 시료채취 근로자수를 20명으로 조정할 수 있다.
④ (×) 지역 시료채취 방법으로 측정을 하는 경우 단위작업장소 내에서 2개 이상의 지점에 대하여 동시에 측정하여야 한다.

21 암모니아를 작업환경측정·분석 기술지침에 따라 측정을 실시할 때 분석기기와 검출기로 옳은 것은?
<small>2025년</small>
① GC - 불꽃이온화검출기
② GC - 전자포획검출기
③ HPLC - 자외선검출기
④ HPLC - 전기화학검출기
⑤ IC - 전도도검출기

정답 ⑤

해설 ⑤ (○) 암모니아(NH_3)는 작업환경측정 시 이온크로마토그래피(IC, Ion Chromatography) 방법으로 분석하며, 전도도검출기(Conductivity Detector)를 사용한다. 이는 「작업환경측정·분석 기술지침」(고용노동부 고시)에 명시된 공식적인 분석 방법이다.
① (×) GC - 불꽃이온화검출기(FID, Flame Ionization Detector) : 탄소 등 유기화합물 분석용으로 주로 쓰이고, 암모니아 같은 무기화합물 측정에는 적합하지 않다.
② (×) GC - 전자포획검출기(Electron Capture Detector, ECD) : 주로 전자 친화력이 높은 물질(예 : 할로겐화합물, 일부 농약, 환경 오염물질)을 검출하는 데 특화되어 있다.
③ (×) HPLC - 자외선검출기 : 비휘발성, 극성 물질 분석에 적합하다.
④ (×) HPLC - 전기화학검출기 : 분석 물질이 전극에서 산화 또는 환원될 때 발생하는 전류를 측정하여 정량한다.

Topic 04 국소배기시스템

1 국소배기장치

작업장 내 발생한 유해물질이 근로자에게 노출되기 전에 포집·제거·배출하는 장치를 말한다.

2 후드(Hood)

(1) 형식 및 종류

① 포위식(부스식)
  ㉠ 유해물질의 발생원을 전부 또는 부분적으로 포위하는 형식, 발생원이 후드 안에 있는 경우
  ㉡ 5면은 막혀있고, 전면부만 개방된 형태
  ㉢ 후드 개구부 면에서 제어속도(capture velocity)를 측정해야 하는 후드 형태에 해당
  ㉣ 포위형, 장갑부착상자형, 드래프트 챔버형, 건축부스형

② 외부식
  ㉠ 유해물질의 발생원을 포위하지 않고 발생한 가까운 위치에 설치하는 형식, 발생원과 후드가 일정거리(X. m) 떨어져 있는 경우
  ㉡ 흡입 방향에 따라 상방흡인형, 하방흡인형, 측방흡인형이 있다.
  ㉢ 특수한 형태의 후드로는 슬롯형(Slot) 후드, 푸쉬-풀형(Push-pull) 후드가 있다.

③ 레시버식
  ㉠ 유해물질이 발생원에서 상승기류, 관성기류 등 일정방향의 흐름을 가지고 발생할 때 설치하는 형식
  ㉡ 그라인더 커버형, 캐노피형

(2) 후드의 선정요령

① 필요 환기량[21]을 최소화할 것. 후드를 유해물질 발생원에 가깝게 설치한다. 제어거리를 단축하면 환기량이 줄어들기 때문이다.
② 공기보다 무거운 증기가 발생하더라도 발생원보다 낮은 위치에 후드를 설치해서는 안 된다. 공기와 혼합된 오염물질은 공기와 비중이 거의 같아지므로 오염원의 위치를 고려하여 후드의 위치를 선정하여야 한다.
③ 공정에 지장을 받지 않으면 후드 개구부에 플랜지(갓)[22]를 부착하여 오염원 가까이 설치한다. 플랜지가 없는 후드대비 송풍량을 약 25% 감소시킨다.

---

[21] 실내의 쾌적성과 위생의 관점에서 필요로 하는 최소한의 신선한 외기각공급량
[22] 흡인시 후드 뒤쪽에서 오는 공기의 흐름을 방지하고 흡인속도를 증가시키기 위해 후드의 개구부에 부착하는 판

④ 주관과 분지관 합류점의 정압(내부압력) 차이를 작게 한다.

(3) 후드의 제어속도(capture velocity)

① 개념

㉠ 오염물질을 후드 쪽으로 흡인하기 위하여 필요한 속도

㉡ 오염원에서 뿐만 아니라 오염원에서 후드 반대쪽으로 비산하는 오염물질의 초기속도가 0이 되는 지점까지 도달해야 제대로 오염물질을 처리할 수 있다.

② 관리대상유해물질관련 국소배기장치 후드의 제어풍속

물질의 상태	후드 형식	제어풍속(m/sec)
가스상	포위식 포위형	0.4
	외부식 측방흡인형	0.5
	외부식 하방흡인형	0.5
	외부식 상방흡인형	1.0
입자상	포위식 포위형	0.7
	외부식 측방흡인형	1.0
	외부식 하방흡인형	1.0
	외부식 상방흡인형	1.2

3 덕트(Duct)

(1) 덕트 직경 계산

- A(단면적, m2)
  = Q(흐르는 공기량, m³/min) / V(반송속도, m/sec)
- D(직경) = $\sqrt{4 \times A / \pi}$

(2) 레이놀즈 수(Reynolds number)

"관성에 의한 힘(inertial force)과 점성에 의한 힘(viscous force)의 비"

- Re = $\dfrac{\rho VD}{\mu}$
  - μ = 공기 점도(the viscosity of the fluid)
  - V = 공기 속도(the velocity of the object)
  - D = 덕트 직경(the diameter or length)
  - ρ = 공기 밀도(the density of the fluid)

(3) 베르누이 정리

덕트내에서 유체가 흐를 때, 에너지 손실은 유체밀도, 유체의 속도 및 관의 직경에 비례한다는 것을 의미한다. 에너지 손실은 유체의 점도와는 무관하다고 가정한다.

4 집단장치

(1) 세정
  ① 함진(含塵)가스에 세정액을 분사시켜 액점, 역막, 기포 등을 다량으로 형성하고, 분진입자의 확산, 응집, 부착에 의해 분리 포집하는 장치
  ② 가스흡수와 분진 포집이 동시에 가능하며, 설치비용이 저렴하다.

(2) 여과(여포)
  ① 함진가스를 여포에 통과시켜 입자의 관성충돌, 확산, 차단 등에 의해 먼지를 분리, 포집하는 장치
  ② 미세입자에 대한 집진효율이 높으며, 다양한 용량을 처리할 수 있다.

(3) 원심력
  ① 함진가스를 선회원동시켜 입자에 원심력을 작용하여, 이 원심력에 의해 분리, 포집하는 장치
  ② 사용범위가 광범위하다.

(4) 전기 전하
  ① 코로나 방전을 이용하여 함진가스입자에 전하를 부여하여 이온화시켜 집진극에 분리, 포집하는 장치
  ② 미세입자에 대한 집진효율이 높으며, 비교적 운영비가 적게 든다.

(5) 중력
  ① 중력에 의한 자연 침강을 이용하여 분리, 포집하는 장치
  ② 압력손실이 적으며, 비용이 적게 든다.

Topic 04 관련 기출 문제

01 국소배기시스템에 관한 설명으로 옳은 것은? `2013년`
① 후드 개구면에서 유해물질까지의 거리를 가깝게 하면 필요환기량이 증가한다.
② 외부식 포집형 후드(capture type hood)의 제어속도를 측정하는 대표적인 기구는 피토관(pitot tube)이다.
③ 후드에서 덕트로 공기가 유입될 때의 속도압이 같다면 유입계수(Ce)가 큰 후드일수록 후드정압이 더 커진다.
④ 베르누이 정리는 덕트내에서 유체가 흐를 때, 에너지 손실은 유체밀도, 유체의 속도 및 관의 직경에 비례하며, 유체의 점도에는 반비례한다는 것을 의미한다.
⑤ 사업장에서 탈지제로 사용되는 사염화에틸렌에 대한 국소배기시스템을 설계할 때는 공기보다 비중이 높다는 점을 고려할 필요 없이 후드는 정상적으로 설치하면 된다.

> **정답** ⑤
> **해설** ① (×) 국소배기시설에서 필요 환기량을 감소시키기 위해서 포집형이나 레시버형 후드를 사용할 때에는 가급적 후드를 배출 오염원에 가깝게 설치한다.
> ② (×) 제어속도(Control velocity 또는 Capture velocity)란 오염물질을 후드 쪽으로 흡인하기 위하여 필요한 속도를 말한다. 피토관(pitot tube)은 덕트 내 유속을 측정하는 장비이다.
> ③ (×) 후드에서 덕트로 공기가 유입될 때의 속도압이 같다면 유입계수(Ce)가 큰 후드일수록 후드정압이 더 작아진다. 정압과 유입계수는 반비례 관계이다.
> - $Ce = \sqrt{\dfrac{VP}{SPh}}$
>   - Ce = 유입손실계수(coefficient of entry loss)
>   - VP = 동압(velocity pressure of the duct)
>   - SPh = 정압(static pressure of the hood)
> ④ (×) 베르누이 정리는 덕트내에서 유체가 흐를 때, 에너지 손실은 유체밀도, 유체의 속도 및 관의 직경에 비례한다는 것을 의미한다. 하지만, 베르누이 정리의 가정 조건과는 달리 실제 유체는 점성을 가지고 있어 유동시 마찰 손실이 발생된다.

02 작업장에 설치되어 있는 기존의 국소배기시스템에 관한 설명으로 옳지 <u>않은</u> 것은? `2014년`
① 덕트의 길이를 줄이면 후드에서의 풍량은 감소한다.
② 송풍기 날개의 회전수를 2배 늘리면 송풍기의 풍량은 2배 증가한다.
③ 송풍기의 배출구 뒤쪽에 있는 덕트 내의 압력은 대기압보다 높다.
④ 덕트 내에 분진이 퇴적되어 내경이 좁아지면 후드정압이 감소한다.
⑤ 송풍기의 앞쪽에 있는 덕트에 구멍이 생기면 후드에서 풍량이 감소한다.

정답 ①
해설 ① (×) 덕트의 길이를 줄이면 손실이 줄어들기 때문에 후드에서의 풍량은 증가한다.

03 후드 개구부 면에서 제어속도(capture velocity)를 측정해야 하는 후드 형태에 해당하는 것은?
2023년

① 외부식 후드　　　　　　　② 포위식 후드
③ 리시버(receiver)식 후드　　④ 슬롯(slot) 후드
⑤ 캐노피(canopy) 후드

정답 ②
해설 ② (○) 포위식 후드의 경우, 오염원이 후드 내부에 위치하기 때문에 후드의 개구면(열린 면)에서의 최소 풍속을 제어속도로 측정한다.

04 원형 덕트에서 반송속도가 10m/sec이고, 이곳을 흐르는 공기량은 20m³/min이다. 이 덕트 직경의 크기(mm)는?
2016년

① 약 100　　　　　　② 약 200
③ 약 300　　　　　　④ 약 400
⑤ 약 500

정답 ②
해설 $A = \dfrac{Q}{V \times 60}$ [23] $= 20/600 = 0.0333$

$D = \sqrt{\dfrac{4A}{\pi}} = \sqrt{\dfrac{0.13332}{3.14}}$
$\quad = 0.206\text{m} = 206\text{mm}$

05 덕트 내 공기에 의한 마찰손실을 표시하는 레이놀드 수(Reynolds No.)에 포함되지 <u>않는</u> 요소는?
2017년

① 공기 속도(velocity)　　　② 덕트 직경(diameter)
③ 덕트면 조도(roughness)　④ 공기 밀도(density)
⑤ 공기 점도(viscosity)

정답 ③

---

23) min단위를 sec단위로 환산하기 위해 60으로 나누었다.

06 작업장에서 기계를 이용한 환기(ventilation)에 관한 설명으로 옳은 것은? 2018년
① HVACs(공조시설)는 발암물질을 제거하기 위해 설치하는 환기장치이다.
② 국소배기장치 덕트 크기(size)는 후드 유입 공기량(Q)과 반송속도(V)를 근거로 결정한다.
③ HVACs(공조시설) 공기 유입구와 국소배기장치 배기구는 서로 가까이 설치하는 것이 좋다.
④ HVACs(공조시설)에서 신선한 공기와 환류공기(returned air)의 비는 7 : 3이 적정하다.
⑤ 국소배기장치에서 송풍기는 공기정화장치 앞에 설치하는 것이 좋다.

> **정답** ②
> **해설** ① (×) 공기조화시스템(HVAC)은 Heating Ventilation and Air Conditioning의 약자로, Heating(난방), Ventilation(환기), Air Conditioning(공기조화)를 뜻한다. 사람 또는 물품에 공기조화의 4대요소(온도, 습도, 기류, 청정도)를 목적에 알맞은 상태로 조정하여 쾌적한 환경을 조성하는 것이 주목적이다.
> ③ (×) HVACs(공조시설) 공기 유입구와 국소배기장치 배기구는 서로 멀리 설치하는 것이 좋다.
> ④ (×) HVACs(공조시설)에서 신선한 공기와 환류공기(returned air)의 비는 3 : 7이 적정하다.
> ⑤ (×) 배기계통의 배열은 일반적으로 후드→배관(덕트)→공기정화시설→송풍기→배출구(배기구)와 같은 순서이지만 특수한 경우에 한하여 송풍기를 공기정화시설 앞에 설치할 때가 있다.

07 국소배기장치의 환기효율을 위한 설계나 설치방법으로 옳지 않은 것은? 2019년
① 사각형관 닥트보다는 원형관 닥트를 사용한다.
② 공정에 방해를 주지 않는 한 포위형 후드로 설치한다.
③ 푸쉬-풀(push-pull) 후드의 배기량은 급기량보다 많아야 한다.
④ 공기보다 증기밀도가 큰 유기화합물 증기에 대한 후드는 발생원보다 낮은 위치에 설치한다.
⑤ 유기화합물 증기가 발생하는 개방처리조(open surface tank) 후드는 일반적인 사각형 후드 대신 슬롯형 후드를 사용한다.

> **정답** ④
> **해설** ④ (×) 공기보다 무거운 증기가 발생하더라도 발생원보다 낮은 위치에 후드를 설치해서는 안 된다.

08 관리대상 유해물질 관련 국소배기장치 후드의 제어풍속에 관한 설명으로 옳지 않은 것은? 2020년

① 가스 상태 물질 포위식 포위형 후드는 제어풍속이 0.4 m/s 이상이다.
② 가스 상태 물질 외부식 측방흡인형 후드는 제어풍속이 0.5 m/s 이상이다.
③ 가스 상태 물질 외부식 상방흡인형 후드는 제어풍속이 1.0 m/s 이상이다.
④ 입자 상태 물질 포위식 포위형 후드는 제어풍속이 1.0 m/s 이상이다.
⑤ 입자 상태 물질 외부식 상방흡인형 후드는 제어풍속이 1.2 m/s 이상이다.

정답 ④
해설 ④ (×) 0.7m/s 이상이다.

---

09 산업안전보건기준에 관한 규칙상 관리대상 유해물질에 관한 물질상태, 후드형식, 제어풍속이 옳게 연결된 것은? [2025년]

① 가스 - 외부식 측방흡인형 - 0.4m/sec 이상
② 가스 - 외부식 상방흡인형 - 0.8m/sec 이상
③ 입자 - 포위식 포위형 - 0.6m/sec 이상
④ 입자 - 외부식 상방흡인형 - 1.2m/sec 이상
⑤ 가스 - 외부식 하방흡인형 - 0.4m/sec 이상

정답 ④
해설 ① (×) 가스 - 외부식 측방흡인형 - 0.5m/sec 이상
② (×) 가스 - 외부식 상방흡인형 - 1.0m/sec 이상
③ (×) 입자 - 포위식 포위형 - 0.7m/sec 이상
⑤ (×) 가스 - 외부식 하방흡인형 - 0.5m/sec 이상

---

09 공기정화장치 중 집진(먼지제거) 장치에 사용되는 방법 또는 원리에 해당하지 않는 것은? [2021년]

① 세정
② 여과(여포)
③ 흡착
④ 원심력
⑤ 전기 전하

정답 ③
해설 ③ 흡착(Adsorption)은 가스상 물질의 처리방법에 해당한다. 가스상 물질의 처리방법에는 흡수(Absorption)와 흡착(Adsorption)이 대표적인 방법으로 사용되고 있다.

흡수	• 가스상 오염물질을 흡수액에 용해시켜 제거 • 도금공정과 같이 산알칼리 물질이 많이 배출되는 곳에 사용
흡착	• 유기용제 가스를 처리할 때 사용 • 활성탄을 흡착제로 사용 • 도장부스에서 배출되는 신나증기를 처리

10 국소배기장치에 관한 설명으로 옳은 것을 모두 고른 것은? `2022년`

> ㄱ. 공기보다 무거운 증기가 발생하더라도 발생원보다 낮은 위치에 후드를 설치해서는 안 된다.
> ㄴ. 오염물질을 가능한 모두 제거하기 위해 필요환기량을 최대화한다.
> ㄷ. 공정에 지장을 받지 않으면 후드 개구부에 플랜지를 부착하여 오염원 가까이 설치한다.
> ㄹ. 주관과 분지관 합류점의 정압 차이를 크게 한다.

① ㄱ, ㄴ ② ㄱ, ㄷ
③ ㄴ, ㄹ ④ ㄷ, ㄹ
⑤ ㄱ, ㄴ, ㄷ, ㄹ

정답 ②
해설 ㄴ. (×) 필요환기량이란 쾌적하고 건강한 실내공기질을 유지하기 위하여 필요한 최소 환기량을 의미한다. 오염물질을 모두 제거하는 것은 불가능하다.
ㄹ. (×) 주관과 분지관 합류점의 정압 차이를 작게 한다.

11 국소배기장치에서 후드 개구면 속도를 균일하게 분포시키는 방법으로 옳지 <u>않은</u> 것은? `2025년`

① 피토관(pilot tube) 사용
② 경사접합부(taper)와 플레넘(plenum) 사용
③ 차폐막(baffle) 사용
④ 슬롯(slot) 사용
⑤ 분리날개(splitter vanes) 설치

정답 ①
해설 ① (○) 피토관(pilot tube) : 유체(공기)의 속도, 즉 유속을 측정하는 장치이다. 후드의 개구면 속도를 균일하게 분포시키는 것이 아니라, 이미 형성된 속도 분포를 측정하는 데 사용된다.
② (×) 경사접합부(taper)와 플레넘(plenum) 사용 : 후드와 덕트가 연결되는 부위에 경사진 테이퍼관을 설치하면 공기 흐름이 점진적으로 변화하여 압력 손실을 줄이고 속도 분포를 고르게 한다. 플레넘(충만실)이 설치된 슬롯을 사용하면 유속 분포를 좋게 할 수 있다.
③ (×) 차폐막(baffle) 사용 : 부스형 후드나 포위형 후드의 내부에 차폐막을 설치하여 공기 흐름을 조절함으로써 개구면의 속도 분포를 균일하게 만든다.
④ (×) 슬롯(slot) 사용 : 후드 개구부의 형태를 길고 좁은 슬롯(slot)형으로 만들어 균일한 흡입 기류를 형성한다. 특히 충만실이 있는 슬롯을 사용하면 더욱 균일한 유속 분포를 얻을 수 있다.
⑤ (×) 분리날개(splitter vanes) 설치 : 후드 내부에 분리날개를 설치하여 개구면을 여러 부분으로 나누고 공기를 분할하여 흡입함으로써 속도 분포를 균일하게 만든다.

Topic 05 개인보호구

1 방독마스크

(1) 흡입공기 중 가스·증기상 유해물질을 막아주기 위해 착용하는 호흡보호구를 말한다.
(2) 산소농도가 18% 이상인 작업장에서는 방독마스크를 착용하여야 한다.
(3) 발암성 유기용제에 노출되는 경우 방독마스크를 착용하여야 한다.
(4) 방독마스크는 오래 사용하면 여과효율은 감소하지만 흡배기(흡기+배기) 저항은 증가한다.

2 방진마스크

(1) 흡입공기 중 입자상(분진, 흄, 미스트 등) 유해물질을 막아주기 위해 착용하는 호흡보호구를 말한다.
(2) 나노입자에 노출되는 경우 특급 방진마스크를 착용하도록 한다.
(3) 방진마스크는 여과효율이 높을수록, 흡기저항이 낮을수록 성능은 향상된다.

구분	등급	사용장소
방진마스크	특급	• 베릴륨 등과 같이 독성이 강한 물질(발암성 물질) 등을 함유한 분진 등 발생장소 • 석면 취급장소
	1급	• 특급마스크 착용장소를 제외한 분진 등 발생장소 • 금속흄 등과 같이 열적으로 생기는 분진 등 발생장소 • 기계적으로 생기는 분진 등 발생장소
	2급	특급 및 1급 마스크 착용장소를 제외한 분진 등 발생장소
방독마스크	고농도	가스 또는 증기의 농도가 100분의 2(암모니아에 있어서는 100분의 3) 이하의 대기 중에서 사용하는 것
	중농도	가스 또는 증기의 농도가 100분의 1(암모니아에 있어서는 100분의 1.5) 이하의 대기 중에서 사용하는 것
	저농도 및 최저농도	가스 또는 증기의 농도가 100분의 0.1 이하의 대기 중에서 사용하는 것으로서 긴급용이 아닌 것

3 송기마스크

(1) 호흡용 보호구 중에서 공기호스 등으로 호흡용 공기를 공급할 수 있도록 만들어진 호흡용 보호구

(2) 산소농도가 18% 미만이거나, 유해물질 농도가 2%(암모니아 3%) 이상인 장소에서 작업할 때 착용

4 「산업안전보건기준에 관한 규칙」상 마스크 착용 업무

(1) 국소배기장치의 설비 특례에 따라 밀폐설비나 국소배기장치가 설치되지 아니한 장소에서의 유기화합물 취급업무

(2) 임시작업인 경우의 설비 특례에 따라 밀폐설비나 국소배기장치가 설치되지 아니한 장소에서의 유기화합물 취급업무

(3) 단시간작업인 경우의 설비 특례에 따라 밀폐설비나 국소배기장치가 설치되지 아니한 장소에서의 유기화합물 취급업무

(4) 유기화합물 취급 장소에 설치된 환기장치 내의 기류가 확산될 우려가 있는 물체를 다루는 유기화합물 취급업무

(5) 청소 등으로 유기화합물이 제거된 설비는 제외한다.

Topic 05 관련 기출 문제

01 유해요인 노출로부터 근로자를 보호하기 위한 개인보호구에 관한 설명으로 옳은 것은? 2014년
① 산소농도가 18% 이하인 작업장에서는 방독마스크를 착용하여야 한다.
② 나노입자에 노출되는 경우 특급 방진마스크를 착용하도록 한다.
③ 발암성 유기용제에 노출되는 경우 특급 이상의 방진마스크를 착용하여야 한다.
④ 방진마스크는 여과효율이 낮을수록, 흡기저항이 높을수록 성능은 향상된다.
⑤ 방독마스크는 오래 사용하면 여과효율은 증가하지만 흡배기 저항은 감소한다.

> **정답** ②
> **해설** ① (×) 산소농도가 18% 이상인 작업장에서는 방독마스크를 착용하여야 한다.
> ③ (×) 발암성 유기용제에 노출되는 경우 방독마스크를 착용하여야 한다. 발암성 물질 등을 함유한 분진에 노출되는 경우 특급 이상의 방진마스크를 착용하여야 한다.
> ④ (×) 방진마스크는 여과효율이 높을수록, 흡기저항이 낮을수록 성능은 향상된다.
> ⑤ (×) 방독마스크는 오래 사용하면 여과효율은 감소하고, 흡배기 저항은 증가한다. 흡배기 저항이란 마스크로 인하여 숨쉬기 어려운 정도를 말한다.

02 산업안전보건기준에 관한 규칙상 사업주가 근로자에게 송기마스크나 방독마스크를 지급하여 착용하도록 하여야 하는 업무에 해당하지 않는 것은? 2021년
① 국소배기장치의 설비 특례에 따라 밀폐설비나 국소배기장치가 설치되지 아니한 장소에서의 유기화합물 취급업무
② 임시작업인 경우의 설비 특례에 따라 밀폐설비나 국소배기장치가 설치되지 아니한 장소에서의 유기화합물 취급업무
③ 단시간작업인 경우의 설비 특례에 따라 밀폐설비나 국소배기장치가 설치되지 아니한 장소에서의 유기화합물 취급업무
④ 유기화합물 취급 장소에 설치된 환기장치 내의 기류가 확산될 우려가 있는 물체를 다루는 유기화합물 취급업무
⑤ 유기화합물 취급 장소에서 청소 등으로 유기화합물이 제거된 설비를 개방하는 업무

> **정답** ⑤
> **해설** ⑤ (×) 「산업안전보건기준에 관한 규칙」 제450조 규정상 "유기화합물 취급 장소에서 유기화합물의 증기 발산원을 밀폐하는 설비(청소 등으로 유기화합물이 제거된 설비는 제외한다)를 개방하는 업무"의 경우 사업주는 해당 근로자에게 송기마스크나 방독마스크를 지급하여 착용하도록 하여야 한다.

Topic 06 특수건강진단

1 실시 근거
산업안전보건법 제130조 근거

2 실시 대상자
특수건강진단 대상유해인자에 노출되는 업무에 종사하는 근로자를 대상으로 함

3 특수건강진단의 시기 및 주기

구분	유해인자	첫 번째 진단 시기	주기
①	N,N-디메틸아세트아미드 N,N-디메틸포름아미드	1개월 이내	6개월
②	벤젠	2개월 이내	6개월
③	1,1,,2,2-테트라클로로에탄, 사염화탄소 아크릴로니트릴, 염화비닐	3개월 이내	6개월
④	석면, 면분진	12개월 이내	12개월
⑤	광물성분진, 목재(나무)분진, 소음 및 충격소음	12개월 이내	24개월
⑥	제1호부터 제5호까지의 규정의 대상 유해인자를 제외한 별표 12의 2의 모든 대상 유해인자	6개월 이내	12개월

4 산업안전보건법 시행규칙 별지 제85호 서식의 작성 사항

특수·배치전·수시·임시 건강진단 결과표	
유해인자별 건강진단을 받은 근로자 현황	야간작업, 소음, 이상기압, 분진, 유기화합물, 금속, 산·알칼리·가스, 진동, 유해광선, 기타
질병코드별 질병유소견자 현황	질병코드, 남, 여
질병별 조치 현황	근로금지 및 제한, 작업전환, 근로시간단축, 근무중치료, 추적검사, 보호구착용, 직업병확진의뢰안내, 그 밖의 사항
건강진단 결과표 작성일, 송부일, 검진기관명	년 월 일

5 근로자 건강진단 실시기준에 따른 건강관리구분

건강관리 구분	내용
A	건강한 근로자 또는 경미한 이상소견이 있는 근로자
C1	직업성 질병으로 진전 될 우려가 있어 추적 검사 등 관찰이 필요한 근로자(요관찰자)
C2	일반질병으로 진전될 우려가 있어 추적 관찰이 필요한 근로자(요관찰자)
CN	질병으로 진전될 우려가 있어 야간 작업시 추적관찰이 필요한 근로자(요관찰자)
D1	직업성질병의 소견이 있는 근로자(직업병 유소견자)
D2	일반질병의 소견이 있는 근로자(일반질병 유소견자)
DN	질병의 소견을 보여 야간작업 시 사후관리가 필요한 근로자(유소견자)
R	건강진단 1차 검사결과 건강수준의 평가가 곤란하거나 질병이 의심되는 근로자 (제2차 건강진단 대상자)

6 근로자 건강진단 실시기준에서 유해요인과 인체에 미치는 영향

유해요인			인체에 미치는 영향
1. 화학적 인자	유기화합물		
	금속류	수은	미나마타병
		연·4알킬연	
		카드뮴	폐암
		망간	수면방해, 행동이상, 신경증상, 발음부정확 등
		오산화바나듐	천식, 폐부종, 피부습진, 폐염, 흉통, 비염, 인두염, 기관지염, 눈물이 나옴
		니켈	폐암, 비강암, 눈의 자극증상, 발한, 메스꺼움, 어지러움, 경련, 정신착란 등
	산 및 알카리류		
	가스상 물질류		
	영제30조에 의한 허가대상 물질	석면	석면폐증, 폐암, 악성중피종
		베릴륨	기침, 호흡곤란, 폐의 육아종 형성, 기관지염, 폐염, 접촉성 피부염
		비소	접촉성 피부염, 비중격 점막의 괴사, 다발성신경염 등
2. 분진			
3. 물리적 인자	소음		불쾌감, 정신피로, 작업능률 저하, 청력장해 초래
	진동		손가락의 창백현상, 손가락의 감각이상, 두통, 감작
	자외선		피부의 홍반현상, 색소침착, 각막의 부종과 괴사, 피부암 등을 유발 용접 시에 발생되는 자외선은 각막결막염과 노출된 피부에 장해를 일으킴
	이상기압		피부의 가려움 및 근육통, 관절통, 호흡곤란, 시력장해, 반신불수
4. 야간작업			뇌심혈관질환의 위험을 증가, 수면장애, 소화성궤양 등 위장관질환 유발, 유방암 관련 국제암연구소에서 2A 등급 지정

Topic 06 관련 기출 문제

01 직무 배치 후 유해인자에 대한 첫 번째 특수건강진단의 시기 및 주기로 옳지 <u>않은</u> 것은? 2015년

	유해인자	첫 번째 진단 시기	주기
①	나무 분진	6개월 이내	12개월
②	N, N-디메틸아세트아미드	1개월 이내	6개월
③	벤젠	2개월 이내	6개월
④	면 분진	12개월 이내	12개월
⑤	충격소음	12개월 이내	24개월

① ①   ② ②   ③ ③   ④ ④   ⑤ ⑤

정답 ①
해설 ① (×) 12개월 이내, 24개월이 맞는 표현이다.

02 카드뮴 및 그 화합물에 대한 특수건강진단 시 제1차 검사항목에 해당하는 것은? (단, 근로자는 해당 작업에 처음 배치되는 것은 아니다.) 2023년

① 소변 중 카드뮴 ② 베타 2 마이크로글로불린
③ 혈중 카드뮴   ④ 객담세포검사
⑤ 단백뇨정량

정답 ③
해설 ① (×) 나머지 항목들은 제2차 검사항목에 해당한다.

유해인자	제1차 검사항목
카드뮴 [7440-43-9] 및 그 화합물	(1) 직업력 및 노출력 조사 (2) 주요 표적기관과 관련된 병력조사 (3) 임상검사 및 진찰 　① 비뇨기계 : 요검사 10종, 혈압 측정, 전립선 증상 문진 　② 호흡기계 : 청진, 흉부방사선(후전면), 폐활량검사 (4) 생물학적 노출지표 검사: 혈중 카드뮴

유해인자	제2차 검사항목
카드뮴 [7440-43-9] 및 그 화합물	(1) 임상검사 및 진찰 　① 비뇨기계 : 단백뇨정량, 혈청 크레아티닌, 요소질소, 전립선특이항원(남), 베타 2 마이크로글로불린 　② 호흡기계 : 흉부방사선(측면), 흉부 전산화 단층촬영, 객담세포검사 (2) 생물학적 노출지표 검사 : 소변 중 카드뮴

03 다음 중 특수건강진단 대상 유해인자가 <u>아닌</u> 것은? `2016년`
① 염화비닐
② 트리클로로에틸렌
③ 니켈
④ 수산화나트륨
⑤ 자외선

> **정답** ④
> **해설** ④ (×) 수산화나트륨은 5% 이상의 용액에 한하여 특수건강진단 대상인 산 및 알칼리류에 포함된다. 따라서, 농도 언급이 없거나 일반적인 경우 5% 미만의 수산화나트륨 용액은 대상이 아니다.

04 근로자 건강진단 실시기준에서 유해요인과 인체에 미치는 영향으로 옳지 <u>않은</u> 것은? `2023년`
① 니켈 – 폐암, 비강암, 눈의 자극증상
② 오산화바나듐 – 천식, 폐부종, 피부습진
③ 베릴륨 – 기침, 호흡곤란, 폐의 육아종 형성
④ 카드뮴 – 만성 폐쇄성 호흡기 질환 및 폐기종
⑤ 망간 – 접촉성 피부염, 비중격 점막의 괴사

> **정답** ⑤
> **해설** ⑤ (×) 비소에 관한 설명이다.
> 망간 – 수면방해, 행동이상, 신경증상, 발음부정확 등

05 근로자 건강진단 실시기준에 따른 건강관리구분 C_N의 내용은? `2017년`
① 직업성 질병으로 진전될 우려가 있어 추적검사 등 관찰이 필요한 근로자
② 일반질병으로 진전될 우려가 있어 추적관찰이 필요한 근로자
③ 질병으로 진전될 우려가 있어 야간작업시 추적관찰이 필요한 근로자
④ 질병의 소견을 보여 야간작업시 사후관리가 필요한 근로자
⑤ 건강진단 1차 검사결과 건강수준의 평가가 곤란하거나 질병이 의심되는 근로자

> **정답** ③

06 특수건강진단 결과의 활용으로 옳지 않은 것은? [2018년]
① 근로자가 소속된 공정별로 분석하여 직무관련성을 추정한다.
② 근로자의 근무시기별로 비교하여 직무관련성을 분석한다.
③ 특수건강진단 대상자가 걸린 질병의 직무 영향을 고찰한다.
④ 직업병 요관찰자 또는 유소견자는 작업을 전환하는 방안을 강구한다.
⑤ 유해인자 노출기준 초과여부를 평가한다.

> 정답 ⑤
> 해설 ⑤ (×) 특수건강진단이 아니라 작업환경 측정(유해인자 노출평가) 과정에 해당하는 내용이다.

07 작업환경측정 대상 유해인자에는 해당하지만 특수건강진단 대상 유해인자는 아닌 것은? [2023년]
① 디에틸아민
② 디에틸에테르
③ 무수프탈산
④ 브롬화메틸
⑤ 피리딘

> 정답 ①

08 근로자 건강증진활동 지침에 따라 건강증진활동 계획을 수립할 때, 포함해야 하는 내용을 모두 고른 것은? [2019년]

> ㄱ. 건강진단결과 사후관리조치
> ㄴ. 작업환경측정결과에 대한 사후조치
> ㄷ. 근골격계질환 징후가 나타난 근로자에 대한 사후조치
> ㄹ. 직무스트레스에 의한 건강장해 예방조치

① ㄱ, ㄴ
② ㄱ, ㄹ
③ ㄱ, ㄷ, ㄹ
④ ㄴ, ㄷ, ㄹ
⑤ ㄱ, ㄴ, ㄷ, ㄹ

> 정답 ③

09 근로자 건강진단에 관한 설명으로 옳지 않은 것은? 2020년
① 납땜후 기판에 묻어 있는 이물질을 제거하기 위하여 아세톤을 취급하는 근로자는 특수건강 진단 대상자이다.
② 우레탄수지 코팅공정에 디메틸포름아미드 취급 근로자의 배치후 첫 번째 특수 건강진단 시기는 3개월 이내이다.
③ 6개월간 오후 10시부터 다음날 오전 6시 사이의 시간 중 작업을 월 평균 60시간 이상 수행하는 근로자는 야간작업 특수건강진단 대상자이다.
④ 직업성 천식 및 직업성 피부염이 의심되는 근로자에 대한 수시건강진단의 검사 항목이 있다.
⑤ 정밀기계 가공작업에서 금속가공유 취급시 노출되는 근로자는 배치전·특수건강 진단 대상자이다.

정답 ②
해설 ② (×) 1개월 이내이다.

10 산업안전보건법 시행규칙 별지 제85호 서식(특수·배치전·수시·임시 건강진단 결과표)의 작성 사항이 아닌 것은? 2021년
① 작업공정별 유해요인 분포 실태
② 유해인자별 건강진단을 받은 근로자 현황
③ 질병코드별 질병유소견자 현황
④ 질병별 조치 현황
⑤ 건강진단 결과표 작성일, 송부일, 검진기관명

정답 ①
해설 ① (×) 작업환경측정 결과표의 작성 사항에 해당한다.
작업환경측정 결과표에는 ㉠ 작업공정별 유해요인 분포 실태, ㉡ 작업환경 측정대상 공정별 및 유해인자별 측정계획, ㉢ 공정별 화학물질 사용 상태 등을 들 수 있다.

Topic 07 유해인자의 인체영향

1 납

(1) 의의

납에 의한 건강상의 영향은 신경독성, 복통, 혈색소 합성이 저해되어 나타나는 빈혈 증상(조혈기능 장해) 등을 들 수 있다.

(2) heme 합성 장해
① 혈청 중 δ-ALA 증가
② δ-ALAD 작용 억제
③ 적혈구내 프로토폴피린 증가
④ heme 합성효소 작용 억제

2 디메틸포름아미드(DMF)

(1) 2006년 중국동포가 급성간독성(독성간염)을 일으켜 사망한 사례가 있음
(2) 폴리우레탄을 이용해 아크릴 등의 섬유, 필름, 표면코팅, 합성가죽 등을 제조하는 과정에서 노출될 수 있음

3 라돈

(1) 색, 냄새, 맛이 없는 방사성 불활성 기체이다.
(2) 밀도는 9.73 g/L로 공기보다 무겁다.
(3) IARC(국제암연구소) 발암 물질 분류에서 사람에게 발암성이 확인된 물질로 분류(Group 1)하고 있다.
(4) 고용노동부에서는 작업장에서의 노출기준으로 600Bq/㎥를 제시하고 있다(사무실에서의 노출기준은 148Bq/㎥).
(5) 미국 환경보호청(EPA)에서는 4pCi/L를 규제기준으로 제시하고 있다.

4 유기용제(organic solvent, 유기화합물)

(1) 의의

상온, 상압하에서 휘발성이 있는 액체로서 유기화합물이며, 다른 물질을 녹이는 성질이 있는 유기 화합물을 말한다.

(2) 특성 및 독성
① 탄소사슬의 길이가 길수록 유기화학물질의 중추신경 억제효과는 증가한다.
② 불포화탄화수소는 포화탄화수소보다 자극성이 작다.

5 석면
(1) 주성분으로 규산과 산화마그네슘 등을 함유
(2) 일반적으로 석면폐증, 폐암, 악성중피종을 발생시켜 1급 발암물질군에 포함

6 감염성 질환
(1) 개념 : 병원체가 인체나 동물에 침입하여 증식하는 감염에 인해서 전파되는 질병
(2) 세균(박테리아)성 질환 : 항생제 치료
① 종류
  ㉠ 폐렴(pneumonia)
  ㉡ 결핵(tuberculosis)
  ㉢ 파상풍(tetanus)
  ㉣ 세균성 식중독
  ㉤ 콜레라(cholera)
  ㉥ 탄저병(anthrax)
  ㉦ 레지오넬라증(legionnaires' disease)
② 주요 세균의 종류
  ㉠ 콜레라균, ㉡ 대장균, ㉢ 살모넬라균, ㉣ 포도상구균
(3) 바이러스성 질환
① 감기
② 독감
③ 소아마비
④ 코로나(COVID-19)
⑤ 후천성면역결핍증(AIDS)
⑥ 광견병(rabies)
(4) 진균(fungi)성 질환
  무좀, 칸디다증

(5) 원생생물성 질환
　　① 원생생물(기생충)이 원인이 되어 발생
　　② 말라리아, 수면병

7 기타

(1) 감압환경 : 잠함병, 관절 통증, 뇌졸중 증상과 유사

(2) 노말헥산 : 다발성신경염

(3) 디젤배출물 : 폐암, 방광암

(4) 망간 : 용파킨슨병 유사 증상, 용접공에 주로 노출

(5) 메탄올 : 시력 흐림, 영구 실명, 신경계 손상

(6) 벤젠 : 백혈병 등 혈액암의 원인, 재생불량성빈혈

(7) 사염화탄소 : 간독성(간손상, 간섬유증)

(8) 산화규소 : 규폐증, 폐암

(9) 수은 : 미나마타병, 신장염, 간염

(10) 아세톤 : 당뇨, 폐암, 천식, 신장병

(11) 아크릴아미드 : 말최신경염

(12) 에탄올(에틸알코올) : 신경계 문제, 간 손상

(13) 염화비닐 : 간 혈관육종

(14) 이산화규소(유리규산) : 진폐증

(15) 이황화탄소 : 중추신경장애, 말초신경장애

(16) 일산화탄소 : 심근경색, 부정맥, 심정지 등 심혈관계 이상 발생

(17) 크롬, 니켈 : 비중격천공(코속 구멍이 생김)

(18) 황산 : 폐렴, 기관지염, 천식

Topic 07 관련 기출 문제

01 다음 작업에서 발생하는 유해요인과 건강장애가 옳게 짝지어진 것은? <small>2013년</small>
① 유리가공작업 – 적외선 – 백내장(cataract)
② 페인트칠작업 – 카드뮴 – 백혈병(leukemia)
③ 금속세척작업 – 노말헥산 – 진폐증(pneumoconiosis)
④ 굴착작업 – 진동 – 사구체신염(glomerular nephritis)
⑤ 목재가공작업 – 목분진 – 간혈관육종(hepatic angiosarcoma)

> **정답** ①
> **해설** ② (×) 페인트칠작업 – 카드뮴 – 진폐증
> ③ (×) 금속세척작업 – 노말헥산 – 앉은뱅이 증후군
> ④ (×) 굴착작업 – 진동 – 레이노드 증후군(손발저림 등)
> ⑤ (×) 목재가공작업 – 목분진 – 진폐증(염화비닐이 간혈관육종의 원인)

02 유해인자별 건강장애에 관한 설명으로 옳은 것은? <small>2013년</small>
① 아세톤에 만성적으로 노출되면 다발성 신경염이 발생한다.
② 크롬은 손톱 및 구강점막의 색소침착, 모공의 흑점화, 간장애를 일으킨다.
③ 삼염화에틸렌은 스펀지의 원료로 사용되며, 화재시 치명적인 가스를 발생시켜 폐수종을 일으킨다.
④ 라돈은 방사성 물질 중 유일한 기체상의 물질이며, 폐포나 기관지에 침착되어 β-입자를 방출한다.
⑤ 납에 의한 건강상의 영향은 신경독성, 복통, 혈색소 합성이 저해되어 나타나는 빈혈 증상 등을 들 수 있다.

> **정답** ⑤
> **해설** ① (×) 아세톤에 만성적으로 노출되면 다발성 경화증(예 뇌, 척수, 시신경 → 사지마비)이 발생한다. 다발성 신경염(예 안면신경마비, 언어장애 등)은 노말헥산에 의한다.
> ② (×) PCB(polychlorinated biphenyl, 절연유)에 대한 설명이다.
> ③ (×) 삼염화에틸렌은 보통 유지 추출 용제나 살충제로 사용된다. 급성노출시 간, 신장질환으로 사망할 수 있다. 에틸렌 글라이콜은 가열되었거나 증기 형태로 존재한 것을 흡입한 경우 폐수종을 일으킬 수 있다.
> ④ (×) 전리방사선이 β-입자를 방출한다.

03 다음 유해인자의 평가 및 인체영향에 관한 설명으로 옳은 것은? 2015년
① 호흡성 입자상 물질(a)과 흡입성 입자상 물질(b)의 농도비(a/b)는 일반적으로 용접작업장이 목재가공작업장 보다 크다.
② 석면이 치명적인 이유는 폐포에 있는 대식세포가 석면에 전혀 접근하지 못하여 탐식작용을 못하기 때문이다.
③ 옥외 작업장에서 누출될 수 있는 불화수소를 관리하기 위하여 작업환경 노출기준인 0.5ppm을 3으로 나누어(24시간 노출) 0.17ppm을 기준으로 정하였다.
④ 석영, 크리스토발라이트, 트리디마이트는 모두 실리카가 주성분인 물질로 암을 유발한다.
⑤ 주성분이 카드뮴인 나노입자는 피부흡수를 우선적으로 고려하여야 한다.

> **정답** ①
> **해설** ② (×) 폐로 흡입된 석면섬유는 폐포에 있는 대식세포(탐식세포, 이물질을 탐식 소화)의 공격을 받게 되는데 길이가 5μm이상이고 직경이 3μm이하의 석면섬유는 대식세포에 의한 완전히 포위되지 못하고 오히려 석면소체(asbestos body)를 형성하여 조직의 섬유화를 가져온다.
> ③ (×) 고용노동부 노출기준은 하루 8시간 근무할 때 시간가중평균농도(Time Weighted Average : TWA)로 0.5 ppm이고, 최고 노출기준(Ceiling)로 3ppm(2.5 mg/m3)이다.
> ④ (×) 석영, 크리스토발라이트, 트리디마이트는 모두 실리카(규산)가 주성분인 물질로 진폐증을 유발한다.
> ⑤ (×) 카드뮴은 주로 증기로 흡입하거나 음식 섭취를 통해서 체내 흡수가 된다(경구적 노출과 호흡기계를 통한 노출).

04 다음 중 유해인자별 건강영향을 연결한 것으로 옳은 것은? 2016년
① 디젤배출물 - 폐암
② 수은 - 피부암
③ 벤젠 - 비강암
④ 에탄올 - 시각 손상
⑤ 황산 - 뇌암

> **정답** ①
> **해설** ② (×) 수은 - 미나마타병, 자외선 노출 - 피부암
> ③ (×) 벤젠 - 백혈병, 니켈 - 비강암
> ④ (×) 에탄올 - 정신이상, 메탄올 - 시각 손상
> ⑤ (×) 황산 - 폐렴/기관지염/천식, 전자파/방사선 - 뇌암

05 납 중독시 나타나는 heme 합성 장해에 관한 설명으로 옳지 <u>않은</u> 것은? 2017년
① 혈중 유리철분 감소
② 혈청 중 δ-ALA 증가
③ δ-ALAD 작용 억제
④ 적혈구내 프로토폴피린 증가
⑤ heme 합성효소 작용 억제

정답 ①
해설 ① (×) 혈중 유리철분 '증가'가 맞는 표현이다.

06 다음 설명에 해당하는 중금속은? 2024년

> ○ 중독의 임상증상은 급성 복부 산통의 위장계통 장해, 손처짐을 동반하는 팔과 손의 마비가 특징인 신경근육계통의 장해, 주로 급성 뇌병증이 심한 중추신경계동의 장해로 구분할 수 있다.
> ○ 적혈구의 친화성이 높아 뼈조직에 결합된다.
> ○ 중독으로 인한 빈혈증은 heme의 생합성 과정에 장해가 생겨 혈색소량이 감소하고 적혈구의 생존기간이 단축된다.

① 크롬
② 수은
③ 납
④ 비소
⑤ 망간

정답 ③

07 작업장에서 휘발성 유기화합물(분자량 100, 비중 0.8) 1L가 완전히 증발하였을 때, 공기 중 이 물질이 차지하는 부피(L)는? (단, 25℃, 1기압) 2019년
① 179.2
② 192.8
③ 195.6
④ 241.0
⑤ 244.5

정답 ③
해설 ③ (○) 휘발성 유기화합물의 비중이 0.8이므로 1L의 부피에 해당하는 질량은 0.8kg이다. 휘발성 유기화합물의 분자량은 100g/mol이므로, 0.8kg은 800g이기에, 몰질량은 800/100=8mol이다.
절대온도(T)=273+℃
몰질량(n)=실체질량/분자량
PV = nRT
절대압력 P는 1기압, 체적 V는 구하고자 하는 부피, 몰수 n은 몰질량(8), R은 기체상수(0.08205)[24], 절대온도 T(K=273+℃)는 298(273+25)이다. 8×0.08205×298÷195.6L

08 다음에서 설명하는 화학물질은? `2019년`

> ○ 2006년에 이 화학물질을 취급하던 중국동포가 수개월 만에 급성간독성을 일으켜 사망한 사례가 있었다.
> ○ 이 화학물질은 폴리우레탄을 이용해 아크릴 등의 섬유, 필름, 표면코팅, 합성가죽 등을 제조하는 과정에서 노출될 수 있다.

① 벤젠 ② 메탄올
③ 노말헥산 ④ 이황화탄소
⑤ 디메틸포름아미드

정답 ⑤

09 유기용제의 일반적인 특성 및 독성에 관한 설명으로 옳은 것을 모두 고른 것은? `2020년`

> ㄱ. 탄소사슬의 길이가 길수록 유기화학물질의 중추신경 억제효과는 증가한다.
> ㄴ. 염화메틸렌이 사염화탄소보다 더 강력한 마취특성을 가지고 있다.
> ㄷ. 불포화탄화수소는 포화탄화수소보다 자극성이 작다.
> ㄹ. 유기분자에 아민이 첨가되면 피부에 대한 부식성이 증가한다.

① ㄱ, ㄴ ② ㄱ, ㄷ
③ ㄱ, ㄹ ④ ㄴ, ㄷ
⑤ ㄴ, ㄹ

정답 ③
해설 ㄴ. (×) 사염화탄소가 염화메틸렌보다 더 강력한 마취특성을 가지고 있다.
ㄷ. (×) 포화탄화수소는 불포화탄화수소보다 자극성이 작다.

10 유해인자와 주요 건강 장해의 연결이 옳지 <u>않은</u> 것은? `2022년`
① 감압환경 : 관절 통증 ② 일산화탄소 : 재생불량성 빈혈
③ 망간 : 파킨슨병 유사 증상 ④ 납 : 조혈기능 장해
⑤ 사염화탄소 : 간독성

정답 ②
해설 ② (×) 재생불량성 빈혈의 가장 흔한 원인은 항암제, 설폰아마이드 같은 항생제, 벤젠 등 유기용매, 살충제나 염색제 등의 화학물질 등이다.

---

24) 이 수치는 상수로써 시험장갈 때 암기해서 가져가야 한다.

11 라돈에 관한 설명으로 옳지 않은 것은? `2022년`
① 색, 냄새, 맛이 없는 방사성 기체이다.
② 밀도는 9.73 g/L로 공기보다 무겁다.
③ 국제암연구기구(IARC)에서는 사람에게서 발생하는 폐암에 대하여 제한적 증거가 있는 group 2A로 분류하고 있다.
④ 고용노동부에서는 작업장에서의 노출기준으로 600 Bq/㎥를 제시하고 있다.
⑤ 미국 환경보호청(EPA)에서는 4pCi/L를 규제기준으로 제시하고 있다.

> **정답** ③
> **해설** ③ (×) IARC(국제암연구소) 발암 물질 분류에서 사람에게 발암성이 확인된 물질로 분류(Group 1)하고 있다.

12 세균성 질환이 아닌 것은? `2022년`
① 파상풍(tetanus)
② 탄저병(anthrax)
③ 레지오넬라증(legionnaires' disease)
④ 결핵(tuberculosis)
⑤ 광견병(rabies)

> **정답** ⑤
> **해설** ⑤ (×) 광견병은 바이러스성 질환이다.

13 포름알데히드에 관한 설명으로 옳은 것을 모두 고른 것은? `2024년`

> ㄱ. 자극성 냄새가 나는 무색기체이다.
> ㄴ. 호흡기를 통해 빠르게 흡수되고 피부접촉에 의한 노출은 극히 적다.
> ㄷ. 대사경로는 포름알데히드 → 포름산 → 이산화탄소이다.
> ㄹ. 생물학적 모니터링을 위한 생체지표가 많이 존재하며 발암성은 없다.

① ㄱ, ㄹ
② ㄴ, ㄷ
③ ㄱ, ㄴ, ㄷ
④ ㄱ, ㄷ, ㄹ
⑤ ㄱ, ㄴ, ㄷ, ㄹ

> **정답** 모두 정답

14 산업안전보건법령상 근로자 건강진단의 종류가 <u>아닌</u> 것은? `2024년`
① 특수건강진단
② 배치전건강진단
③ 건강관리카드 소지자 건강진단
④ 종합건강진단
⑤ 임시건강진단

정답 ④
해설 근로자 건강진단의 종류

종 류	실 시 목 적
1. 채용시건강진단	신규채용 근로자의 기초건강자료 확보 및 배치적합성 평가
2. 일반건강진단 (직장가입자건강검진)	근로자의 건강 보호·유지 및 주기적인 업무적합성 평가
3. 배치전건강진단	유해인자(120종) 노출업무 신규배치 근로자의 기초건강자료 추가 확보 및 해당 노출업무에 대한 배치적합성 평가
4. 특수건강진단	유해인자(120종) 노출업무 종사근로자의 직업병 예방 및 해당 노출업무에 대한 주기적인 업무적합성 평가
5. 수시건강진단	유해인자(120종) 노출업무 종사근로자가 호소하는 직업성 천식, 피부질환 기타 건강장해의 신속한 예방 및 해당 노출업무에 대한 업무적합성 재평가
6. 임시건강진단	직업병 집단발생 예방 및 직업병 발생부서 근로자의 긴급한 건강 보호·유지

> 에듀콕스(educox)는 책에 관한 소재와 원고를 설레는 마음으로 기다리고 있습니다.
> 책으로 만들고 싶은 좋은 소재와 기획이 있으신 분은 이메일(educox@hanmail.net)로 간단한 개요와 취지, 연락처 등을 보내주시면 됩니다.

최종정리 **기업진단지도**

초판발행 2025년 11월 10일
공 편 저 이남영 · 이동호
발 행 인 이상옥
발 행 처 에듀콕스(educox)
출판등록번호 제25100-2018-000073호
주　　소 서울시 관악구 신림로23길 16 일성트루엘 907호
팩　　스 02)6499-2839
홈페이지 www.educox.co.kr
이 메 일 educox@hanmail.net

저자와의
협의하에
인지생략

이 책에 실린 내용에 대한 저작권은 에듀콕스(educox)에 있으므로 함부로 복사·복제할 수 없습니다.

정가 30,000원

ISBN 979-11-93666-39-5